H. H. Gloistehn

Mathematische Unterhaltungen und Spiele mit dem programmierbaren Taschenrechner (AOS)

Hans Heinrich Gloistehn

Mathematische Unterhaltungen und Spiele

mit dem programmierbaren
Taschenrechner (AOS)

Friedr. Vieweg & Sohn   Braunschweig/Wiesbaden

CIP-Kurztitelaufnahme der Deutschen Bibliothek

Gloistehn, Hans Heinrich:
Mathematische Unterhaltungen und Spiele mit
dem programmierbaren Taschenrechner (AOS)/
Hans Heinrich Gloistehn. — Braunschweig,
Wiesbaden: Vieweg, 1981.

1. Auflage 1981
   Nachdruck 1982

Satz: Friedr. Vieweg & Sohn, Braunschweig
Umschlaggestaltung: Schiemann

ISBN-13: 978-3-528-04125-0   e-ISBN-13: 978-3-322-85935-8
DOI: 10.1007/978-3-322-85935-8

Hermann Athen

zum 70. Geburtstag
am 7. Mai 1981
gewidmet

Vorwort

Vor etwa fünf Jahren erschienen die ersten programmierbaren Taschenrechner
auf dem deutschen Markt. Sie waren hauptsächlich zur Durchführung lang-
wieriger numerischer Berechnungen gedacht. Aber schon bald zeigte sich der
Spieltrieb im Menschen. Mit den kleinen „Computern" konnte man allerlei
unnütze Mathematik und Spielereien treiben, die — jedenfalls auf den ersten
Blick — keinerlei Bedeutung im Sinne einer praktischen Anwendung besaßen.
Nur weil es Spaß machte, *spielten* die Benutzer mit ihren Rechnern.

Das vorliegende Buch gibt eine Auswahl mathematischer Spielereien, die sich
gut für einen programmierbaren Taschenrechner eignen. Es wendet sich nicht
an den Fachmann, sondern an den interessierten Laien, für den Mathematik
vor allen Dingen ein Hobby ist. Die Grundbegriffe des Programmierens werden
beim Leser vorausgesetzt. Wer auf diesem Gebiet noch Schwierigkeiten besitzen sollte, möge im TI-Handbuch oder in einem der im Literaturverzeichnis
aufgeführten Lehrbücher nachlesen. Wer sich aber bereits ausführlich mit dem
Programmieren von Spielen beschäftigt hat, der wird in diesem Buch wenig
Neues und Interessantes finden. Für ihn wurde dieses Buch nicht geschrieben.

Für die Lektüre des Buches sind keine großen mathematischen Vorkenntnisse
erforderlich. Lediglich im Abschnitt 4 wird einiges Schulwissen aus der soge-
nannten „Höheren Mathematik" vorausgesetzt. Die einzelnen Abschnitte sind
so abgefaßt, daß sie jeweils für sich lesbar sind. Dadurch treten an einigen
Stellen unvermeidliche Wiederholungen auf. Ich habe mich aber bemüht, bei
gleichen Problemstellungen verschiedene Betrachtungsweisen und Programmier-
techniken anzuweden. Mit den mathematischen Anmerkungen, die im Anschluß
einiger Probleme gegeben werden, möchte ich die Neugier des Lesers auf
gewisse mathematische Gebiete wecken, die auch ohne programmierbaren
Taschenrechner ihren Reiz haben und mit denen es sich zu beschäftigen lohnt.

Im Buch werden die drei in den letzten Jahren weitverbreiteten Taschenrechner **SR-56, TI-57, TI-58** und **TI-59** benutzt. Die Programme sind durch-
weg für alle Geräte vollständig angegeben. Natürlich soll das Buch keine
Programmsammlung sein, aus der der Leser ohne viel Verständnis nur Programme in seinen Rechner eintastet, um dann hiermit spielen zu können.
Mir kam es hauptsächlich auf den Aufbau und die Entwicklung des Programms
an. Hier beginnen bereits die ersten mathematischen Unterhaltungen.

Und nun wünsche ich allen Hobbymathematikern viel Spaß beim Lesen der
nächsten Seiten und beim Spielen!

Hamburg, Dezember 1980 *H. H. Gloistehn*

Inhalt

Mathematische Zeichen und Abkürzungen

$\mathbb{N}$	Menge der natürlichen Zahlen
$\mathbb{N}_0$	Menge der natürlichen Zahlen einschließlich 0
$\mathbb{N}_k$	Menge der ersten k natürlichen Zahlen
$\mathbb{N}_{0,k}$	Menge der ersten k natürlichen Zahlen einschließlich 0
$\mathbb{Z}$	Menge der ganzen Zahlen
$\mathbb{Q}$	Menge der rationalen Zahlen
$\mathbb{R}$	Menge der reellen Zahlen
$\{\ldots\}$	Menge mit den Elementen ...
$\in$	ist Element von
$\notin$	ist nicht Element von
$[a; b]$	abgeschlossenes Intervall: $a \leq x \leq b$ und $x \in \mathbb{R}$
$]a; b[$	offenes Intervall: $a < x < b$ und $x \in \mathbb{R}$
$a \mid b$	a teilt b oder a ist Teiler von b
$a \nmid b$	a teilt b nicht oder a ist kein Teiler von b
$\wedge$	und
$\vee$	oder
$\neg$	nicht
$*$	steht für Präfixtaste $\boxed{\text{2nd}}$, z.B. $\boxed{\text{*Exc}}$ statt $\boxed{\text{2nd}}$ $\boxed{\overset{\text{Exc}}{\text{RCL}}}$
R_n	Datenspeicher (Datenregister) mit einer zulässigen Adresse n, z.B. $n \in \mathbb{N}_{0,29}$ beim TI-58
(R_n)	Inhalt des Datenspeichers R_n
T	Austauschspeicher, Vergleichsspeicher, Testspeicher
(T)	Inhalt des T-Speichers
AR	Anzeigeregister, im Text auch: Sichtfenster des Rechners
$(R_n) \rightarrow AR$	Inhalt des R_n wird ins AR gebracht
$(AR) \rightarrow R_n$	Inhalt des AR wird in R_n gebracht
$(AR) \leftrightarrow (R_n)$	Austausch der Inhalte des AR und R_n
$:=$	Ergibt-Zeichen; gelesen: ‚wird ersetzt durch' oder ‚ergibt sich aus'
PSS	Programmspeicherstelle
Drucke a	Der Zahlenwert der Variablen a wird ausgedruckt
Drucke '...'	Der von den beiden ' eingeschlossene Text wird geschrieben

1 Würfelspiele

Viele Spiele werden mit einer durch Zufall bestimmten Zahl gespielt. So wird
z.B. bei einem Würfelspiel eine Zahl aus der Menge $\mathbb{N}_6 = \{1, 2, 3, 4, 5, 6\}$
ermittelt. Beim Lottospiel werden 6 (oder 7 mit der Zusatzzahl) verschiedene
Zahlen aus $\mathbb{N}_{49} = \{1, 2, 3 \ldots 48, 49\}$ gezogen. Um solche Spiele mit dem
Taschenrechner spielen zu können, schreiben wir zunächst ein Programm, mit
dem wir Zufallszahlen erzeugen können. Danach geben wir eine Reihe von
Spielen an, in denen dieses Würfelprogramm benutzt wird.

1.1 Der Taschenrechner als Würfel

Beim Würfeln soll uns der Taschenrechner eine zufällige natürliche Zahl $w \in \mathbb{N}_6$
anzeigen, so wie uns der Würfel eine nicht vorhersagbare Zahl 1 bis 6 angibt.
Um dieses zu erreichen, gehen wir folgendermaßen vor. Wir geben zunächst
eine willkürliche Dezimalzahl x aus dem Intervall von 0 bis 1, d.h. $0 < x < 1$
oder $x \in \,]0; 1[$, in den Rechner. Zum Beispiel indem wir nach dem Dezimalpunkt beliebige Ziffern von 0 bis 9 eintasten, so wie sie uns gerade einfallen.
Wir geben möglichst so viele Nachkommastellen ein, wie der Rechner aufnehmen kann (beim TI-57 sind es 7, beim SR-56 und TI-58/59 sind es 10 Ziffern). Oder wir wählen $x = \sin 64{,}7°$, $x = e^{-1{,}81}$, $x = \text{INV Int } \sqrt{859}$,
$x = 1/(2 + 5^{\ln 2})$ usw. Mit dieser Glückszahl x (auch *seed* (Saat) genannt) berechnen wir nach einer passend gewählten Vorschrift eine neue Zahl $x \in \,]0; 1[$.
Wir wählen hier

$$x := \text{INV Int } (x \cdot 997) \, ,$$

d.h. den Dezimalteil der reellen Zahl $x \cdot 997$. Diese so berechnete Zahl x benutzen wir einmal als neue Glückszahl beim nächsten Würfeln, und zum anderen erzeugen wir daraus eine Würfelzahl $w \in \mathbb{N}_6$ nach der Vorschrift

$$w := \text{Int } (6 \cdot x + 1) \, .$$

Wegen $0 < x < 1$ gilt $1 < 6 \cdot x + 1 < 7$, und der ganzzahlige Anteil von
$6 \cdot x + 1$ ist daher stets eine der natürlichen Zahlen von 1 bis 6.

Nach den obigen Erklärungen und mit $x \to R_0$ schreiben wir das Programm 1.1a
für die in diesem Buch benutzten Rechner.

PSS	TI-57	SR-56 (TI-58/59)
00	STO 0	STO
01	*LBL 0	0
02	RCL 0	RCL
03	X	0
04	9	X
05	9	9
06	7	9
07	=	7
08	INV* Int	=
09	STO 0	INV
10	X	*Int
11	6	STO
12	+	0
13	1	X
14	=	6
15	*Int	+
16	R/S	1
17	GTO 0	=
18		*Int
19		R/S
20		GTO
21		0
22		(0)2

Programm 1.1a: Würfeln

Benutzeranleitung:

(1)   Programm eingeben, $\boxed{\text{RST}}$

(2)   Glückszahl $x \in \,]0; 1[$ eintasten.

(3) $\boxed{\text{R/S}}$ w_1 $\boxed{\text{R/S}}$ w_2 usw.

Nun können wir nur hoffen, daß unser Taschenrechner auch ein guter Würfel ist, d.h. daß beim mehrfachen Würfeln die Zahlen 1 bis 6 gleich häufig auftreten. Mit dieser Frage werden wir uns im Abschnitt 1.5 ausführlicher beschäftigen.

Nehmen wir $x = \sqrt{2} - 1 = 0{,}414 \ldots$ als Ausgangszahl in unserem Programm 1.1a, so erhalten wir für die Taschenrechner SR-56, TI-57 oder TI-58/59 wegen der verschiedenen internen Rechengenauigkeiten unterschiedliche Folgen der gewürfelten Zahlen $w_1, w_2, w_3, \ldots$:

SR-56:   6, 1, 6, 2, 3, 6, 4, 4, 3, 3, 3, 5, ...
TI-57:   6, 1, 4, 6, 6, 3, 2, 1, 5, 6, 3, 5, ...
TI-58/59:   6, 1, 6, 2, 4, 2, 2, 2, 4, 3, 4, 6, ...

Soll unser Taschenrechner mit derselben Wahrscheinlichkeit eine der natürlichen Zahlen aus der Menge $\mathbb{N}_n = \{1, 2, 3, \ldots, n\}$ würfeln, so brauchen wir unsere obige Würfelvorschrift nur abzuändern in $w := \text{Int}\,(n \cdot x + 1)$. Sollen Würfelzahlen $w \in \mathbb{N}_{0,n} = \{0, 1, 2, \ldots, n\}$ vom Rechner angegeben werden, so benutzen wir $w := \text{Int}\,[(n + 1) \cdot x]$. Für $n = 1$ können wir damit z.B. einen Münzwurf simulieren: „Wappen = 0" und „Zahl = 1".

Ein üblicher Spielwürfel besitzt sechs Flächen mit den Zahlen 1, 2, 3, 4, 5, 6, die alle mit derselben Wahrscheinlichkeit gewürfelt werden (sofern der Würfel

nicht verfälscht wurde). Wir wollen diesen Würfel abändern, indem wir die
Flächen mit den Augen 4, 5 und 6 übermalen und eine 2 statt der 4 und eine 3
statt der 5 und 6 aufzeichnen. Dieser Würfel würfelt die 1 mit der Wahrschein-
lichkeit $\frac{1}{6}$, die 2 mit $\frac{2}{6} = \frac{1}{3}$ und die 3 mit $\frac{3}{6} = \frac{1}{2}$. Wie sieht das entsprechende
Würfelprogramm hierzu aus?

Noch allgemeiner können wir das Problem folgendermaßen formulieren: Ein
n-flächiger regelmäßiger Würfel[1] besitzt auf k_1 Flächen die 1, auf k_2 Flächen
die 2, ... auf k_m Flächen die Zahl m. Oder anders ausgedrückt: Aus der
Menge $\mathbb{N}_m$ sollen Zufallszahlen gezogen werden, wobei die Zahl 1 die Wahrscheinlichkeit $\frac{k_1}{n}$, die 2 $\frac{k_2}{n}$, ... und die Zahl m die Wahrscheinlichkeit $\frac{k_m}{n}$
mit $k_1 + k_2 + ... + k_m = n$ und $m \leq n$ besitzen soll. Zur Lösung dieses Pro-
blems gehen wir so vor: Zunächst würfeln wir mit unserem obigen Würfelprogramm eine Zufallszahl $z \in \mathbb{N}_n$ und treffen dann folgende Zuordnung

$$
\begin{aligned}
1 \leq z \leq k_1 &= \bar{k}_1 & &\Rightarrow w := 1 \\
\bar{k}_1 < z \leq \bar{k}_1 + k_2 &= \bar{k}_2 & &\Rightarrow w := 2 \\
\bar{k}_2 < z \leq \bar{k}_2 + k_3 &= \bar{k}_3 & &\Rightarrow w := 3 \\
\text{usw. bis} & & &\quad........ \\
\bar{k}_{m-1} < z \leq \bar{k}_{m-1} + k_m &= \bar{k}_m = n & &\Rightarrow w := m
\end{aligned}
$$

Das Flußdiagramm 1.1b zeigt, wie das Programm aufgebaut werden kann.
Nach Festlegung des Speicherplans schreiben wir das Programm 1.1b. Für die
Rechner TI-57 und SR-56 fassen wir einige häufiger auftretende Anweisungs-
folgen zu einem Unterprogramm zusammen. Wegen der geringen Daten- und
Programmspeicher müssen wir uns beim TI-57 auf $m \leq 5$ und beim SR-56
auf $m \leq 8$ beschränken und die Eingabe aus dem Programm herausnehmen.
Wie aus dem Flußdiagramm hervorgeht, benötigen wir $x, n, k_1, k_2, ..., k_{m-1}$
(nicht mehr k_m). — Beim TI-58/59 arbeiten wir bei der Eingabe der k_j
($j = 1, 2, ..., m$) und beim wiederholten Durchführen des Vergleichs (den wir
hier mit $k < z$ anders als in der Zeichnung im Flußdiagramm durchgeführt
haben) mit der indirekten Adressierung.

Eingabe:
TI-57 und SR-56: $x, n, k_1, k_2, ..., k_{m-1}$ nach Speicherplan

TI-58/59: x $\boxed{A}$ n $\boxed{B}$ k_1 $\boxed{C}$ k_2 $\boxed{C}$ $...k_m$ $\boxed{C}$

---

[1] Tatsächlich gibt es nur fünf regelmäßige Würfel (Polyeder) und zwar für $n = 4, 6, 8, 12$
und 20. Das soll uns aber nicht daran hindern, mit einem elektronischen Würfel für
ein beliebiges n zu spielen.

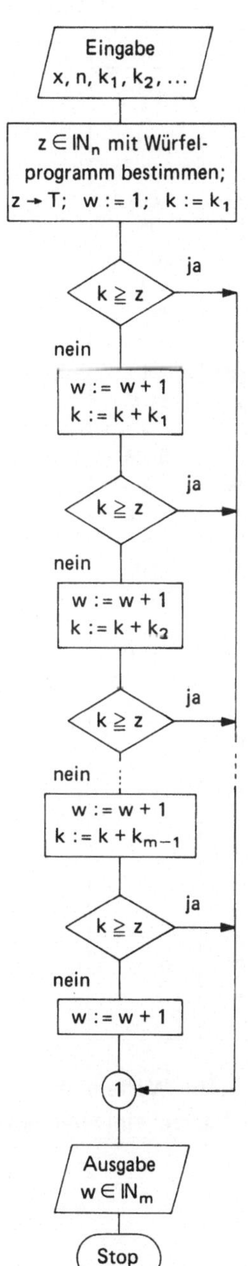

Speicherplan			
	TI-57	SR-56	TI-58/59
T	z	z	z
0	x	x	x
1	k_1	k_1	n
2	k_2	k_2	w
3	k_3	k_3	ind. Adr.
4	k_4	k_4	k
5	n	k_5	k_1
6	w	k_6	k_2
7	(z)	k_7	k_3
8	–	n	k_4
9	–	w	k_5
10	–	–	k_6
11	–	–	…
…	–	–	…

Flußdiagramm 1.1b: Würfeln mit ungleichen Wahrscheinlichkeiten

PSS	TI-57	SR-56	TI-58/59
00	RCL 0	RCL	*LBL
01	×	0	A
02	9	×	STO
03	9	9	0
04	7	9	R/S
05	=	7	*LBL
06	INV* Int	=	B
07	STO 0	INV	STO
08	×	*Int	01
09	RCL 5	STO	5
10	+	0	STO
11	1	×	3
12	=	RCL	R/S
13	*Int	8	*LBL
14	x ⬳ t	+	C
15	1	1	STO *Ind
16	STO 6	=	03
17	RCL 1	*Int	1
18	*x ≥ t	x ⬳ t	SUM
19	GTO 1	1	3
20	+	STO	R/S
21	RCL 2	9	*LBL
22	SBR 0	RCL	E
23	RCL 3	1	RCL
24	SBR 0	*x ≥ t	0
25	RCL 4	6	×
26	=	2	9
27	*x ≥ t	+	9
28	GTO 1	RCL	7
29	1	2	=
30	SUM 6	*subr	INV
31	*LBL 1	6	*Int
32	RCL 6	7	STO
33	R/S	RCL	0
34	RST	3	×
35	*LBL 0	*subr	RCL
36	=	6	1
37	*Exc 6	7	+
38	+	RCL	1
39	1	4	=
40	=	*subr	*Int
41	*Exc 5	6	x ⬳ t
42	*x ≥ t	7	5
43	GTO 1	RCL	STO
44	+	5	03
45	INV SBR	*subr	0

PSS	SR-56	TI-58/59
46	6	STO
47	7	2
48	RCL	STO
49	6	4
50	*subr	*LBL
51	6	D
52	7	RCL *Ind
53	RCL	3
54	7	SUM
55	=	04
56	*x ≥ t	1
57	6	SUM
58	2	2
59	1	SUM
60	SUM	3
61	9	RCL
62	RCL	4
63	9	INV
64	R/S	*x ≥ t
65	RST	D
66	*NOP	RCL
67	=	2
68	*EXC	R/S
69	9	
70	+	
71	1	
72	=	
73	*EXC	
74	9	
75	*x ≥ t	
76	6	
77	2	
78	+	
79	*rtn	

Programm 1.1b: Würfeln mit
ungleichen Wahrscheinlichkeiten

Ausgabe:

TI-57 und SR-56: $\boxed{\text{RST}}$ $\boxed{\text{R/S}}$ w $\boxed{\text{R/S}}$ w   usw.

TI-58/59: $\boxed{\text{E}}$ w $\boxed{\text{E}}$ w   usw.

Testen Sie das Programm z.B. mit

a) $n = 6$, $k_1 = 6$: es wird nur die 1 gewürfelt;

b) $n = 10$, $k_1 = 1$, $k_2 = 9$: es werden die 1 und (im Mittel 9 mal so oft) die 2 gewürfelt;

c) $n = 4$, $k_1 = k_2 = k_3 = k_4 = 1$: Hier müssen im Laufe der Zeit alle Augen 1, 2, 3, 4 auftreten.

Würfelvarianten:

1. Der Taschenrechner soll eine Zufallszahl $w \in \{2, 5, 8, 11, 14, 17, 20, 23\}$ anzeigen. Alle Zahlen der Menge besitzen bei der Auswahl dieselbe Wahrscheinlichkeit $\frac{1}{8}$. (Hinweis: Versuchen Sie, zwischen den Zahlen der oberen Menge und den ersten acht natürlichen Zahlen eine Relation zu finden.)

2. Aus $\{3, 6, 11, 18, 27\}$ ist eine Zahl auszuwählen, wobei die Zahlen in der aufgeführten Reihenfolge die Wahrscheinlichkeiten 0,2; 0,15; 0,1; 0,25; 0,3 besitzen.

3. Schreiben Sie ein Programm, das mit gleicher Wahrscheinlichkeit eine der ersten sieben Primzahlen bestimmt: $w \in \{2, 3, 5, 7, 11, 13, 17\}$. Zusatz für TI-58/59: Würfeln Sie eine der ersten 15 Primzahlen (Hinweis: Indirekte Adressierung!).

1.2 Ziel Zwanzig

Bei diesem Zweipersonenspiel würfeln die beiden Spieler abwechselnd. Die nach dem Würfelprogramm ermittelte Augenzahl w kann entweder zum eigenen oder des Gegners bisherigem Gesamtergebnis addiert oder subtrahiert werden. Gewonnen hat derjenige, der mit seiner Summe s zuerst einen Wert zwischen 18 und 22, also $s \in \{19, 20, 21\}$, erreicht. Jeder Spieler muß sich also überlegen, ob er nach dem Würfeln seine eigene Gesamtsumme verbessern oder die des Gegners verschlechtern will. Würfelt z.B. der 1. Spieler w = 5 bei einem Summenstand $s_1 = 11$ und $s_2 = 17$, so wird er zwar seine eigene Summe auf $s_1 = 11 + 5 = 16$ verbessern können, aber der 2. Spieler wird dann beim nächsten Würfeln mit einer Augenzahl 2, 3 oder 4 gewinnen (50 % Gewinnchance). Subtrahiert dagegen der 1. Spieler die 5 von $s_2 = 17$, so kann der 2. Spieler mit der Ausgangssumme $s_2 = 12$ beim nächsten Würfeln auf keinen Fall gewinnen.

Schreiben wir $*$ für eine der Verknüpfungen $+$ oder $-$, so wird der neue
Summenwert = alter Summenwert $*$ w:

$$s := s * w \quad \text{mit} \quad * \in \{+, -\}.$$

Wir wollen das Programm zunächst für den TI-57 schreiben und hierbei folgendes beachten. Die Würfelzahl $w \in \mathbb{N}_6$ soll den Spielern durch einen Pause-
Befehl mitgeteilt werden. Die Summen s_1 und s_2 sollen in der Form $s_1 . s_2$
oder $xx . xx$ angezeigt werden, d.h. s_1 steht vor dem Dezimalpunkt und s_2
dahinter. Nach dieser Anzeige stoppt der Rechner, und der Spieler gibt an,
mit welcher Summe und mit welcher Verknüpfung fortgefahren werden soll.
Das Flußdiagramm 1.2a zeigt den Ablauf des Spiels. Nach der Anzeige des
Summenstandes $s_1 . s_2$ wird entweder neu gewürfelt (gestrichelte Linie) oder
nach Eingabe von $* \in \{+, -\}$ wahlweise ① oder ② ausgeführt.

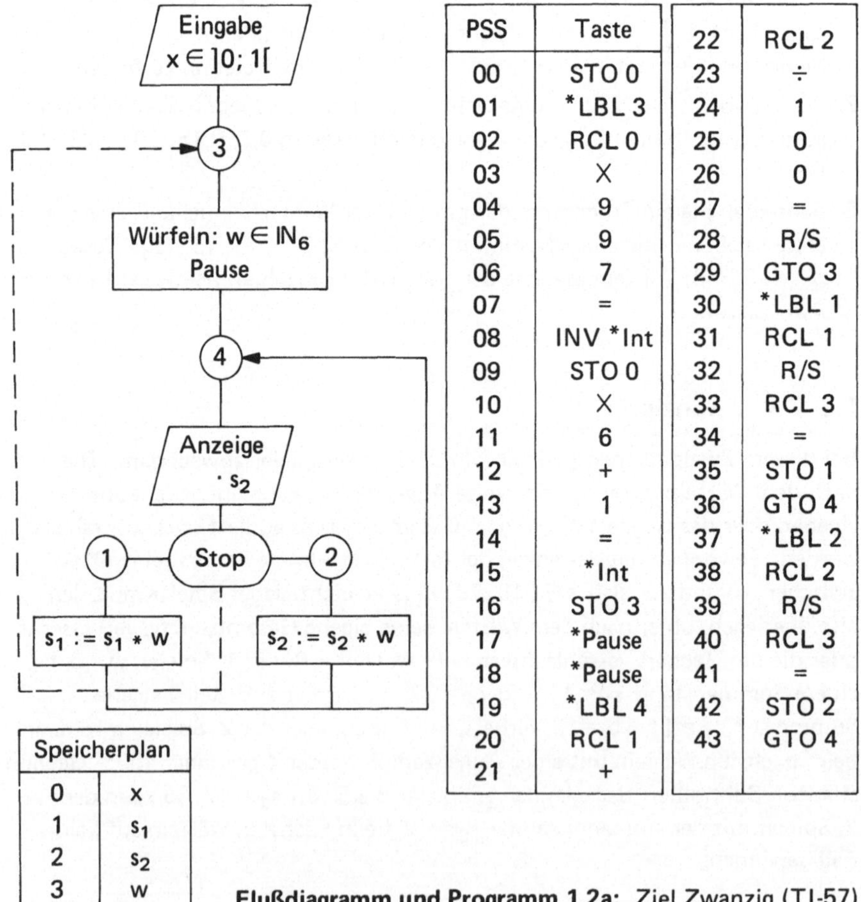

PSS	Taste		22	RCL 2
00	STO 0		23	÷
01	*LBL 3		24	1
02	RCL 0		25	0
03	X		26	0
04	9		27	=
05	9		28	R/S
06	7		29	GTO 3
07	=		30	*LBL 1
08	INV *Int		31	RCL 1
09	STO 0		32	R/S
10	X		33	RCL 3
11	6		34	=
12	+		35	STO 1
13	1		36	GTO 4
14	=		37	*LBL 2
15	*Int		38	RCL 2
16	STO 3		39	R/S
17	*Pause		40	RCL 3
18	*Pause		41	=
19	*LBL 4		42	STO 2
20	RCL 1		43	GTO 4
21	+			

Speicherplan

0	x
1	s_1
2	s_2
3	w

Flußdiagramm und Programm 1.2a: Ziel Zwanzig (TI-57)

Spielanleitung (TI-57):

(1) Programm eingeben, $\boxed{\text{RST}}$

(2) Glückszahl $x \in\ ]0;\ 1[$ eintasten.

(3) 1. Spieler: $\boxed{\text{R/S}}$; gewürfelte Augenzahl erscheint kurz in der Anzeige; der Rechner stoppt mit der Anzeige der bisherigen Summenwerte in der Form $s_1 . s_2$.

(4) Je nachdem, ob w mit s_1 oder s_2 verknüpft werden soll, wird $\boxed{\text{GTO}}$ 1 $\boxed{\text{R/S}}$ oder $\boxed{\text{GTO}}$ 2 $\boxed{\text{R/S}}$ betätigt.

(5) Gewählte Verknüpfung $\boxed{+}$ oder $\boxed{-}$ eintasten; nach $\boxed{\text{R/S}}$ erscheinen die neuen Summenwerte $s_1 . s_2$.

(6) 2. Spieler beginnt bei (3).

(7) Gewonnen hat der Spieler, dessen Summe zuerst einen Wert zwischen 18 und 22 erreicht: $s \in \{19, 20, 21\}$.

Während die TI-57-Besitzer jetzt beginnen können zu spielen und die SR-56-Besitzer ihr eigenes Programm basteln, schreiben wir noch das Programm für den TI-58/59 mit dem Drucker PC-100, wobei wir den höheren Komfort dieser Geräte ein wenig ausnutzen wollen. (Wer keinen Drucker zur Verfügung hat, ersetzt im obigen Programm für den TI-57 die Marken 1, 2, 3, 4 durch A, B, C, D und in der Spielanleitung in (4) $\boxed{\text{GTO}}$ 1 $\boxed{\text{R/S}}$ durch $\boxed{\text{A}}$ und $\boxed{\text{GTO}}$ 2 $\boxed{\text{R/S}}$ durch $\boxed{\text{B}}$.) Die Augenzahl w und die Zwischensummen s_1 und s_2 der Spieler A und B sollen ausgedruckt werden. Wird bei $s \in \{19, 20, 21\}$ das Spiel beendet, so soll der Drucker schreiben:

  SIEGER
  (s) A (oder B)

Der Vergleich $|s - 20| \geq 2$ und die Druckanweisung SIEGER (s. Flußdiagramm 1.2b) werden in einem Unterprogramm, das durch D aufgerufen wird, durchgeführt.

Spielanleitung (TI-58/59):

(1) Programm einlesen.

(2) Glückszahl $x \in\ ]0;\ 1[$ eintasten: $\boxed{\text{C}}$

(3) Spieler A würfelt: $\boxed{\text{E}}$; ausgedruckt werden w, s_1 A, s_2 B.

(4) Soll w zu s_1 (oder s_2) addiert werden: $\boxed{\text{A}}$ (oder $\boxed{\text{B}}$); bei Subtraktion: $\boxed{+/-}$ $\boxed{\text{A}}$ (oder $\boxed{+/-}$ $\boxed{\text{B}}$); wird die Zielmenge $\{19, 20, 21\}$ erreicht: SIEGER, sonst werden wieder s_1 A und s_2 B ausgedruckt.

(5) Spieler B würfelt: nach (3).

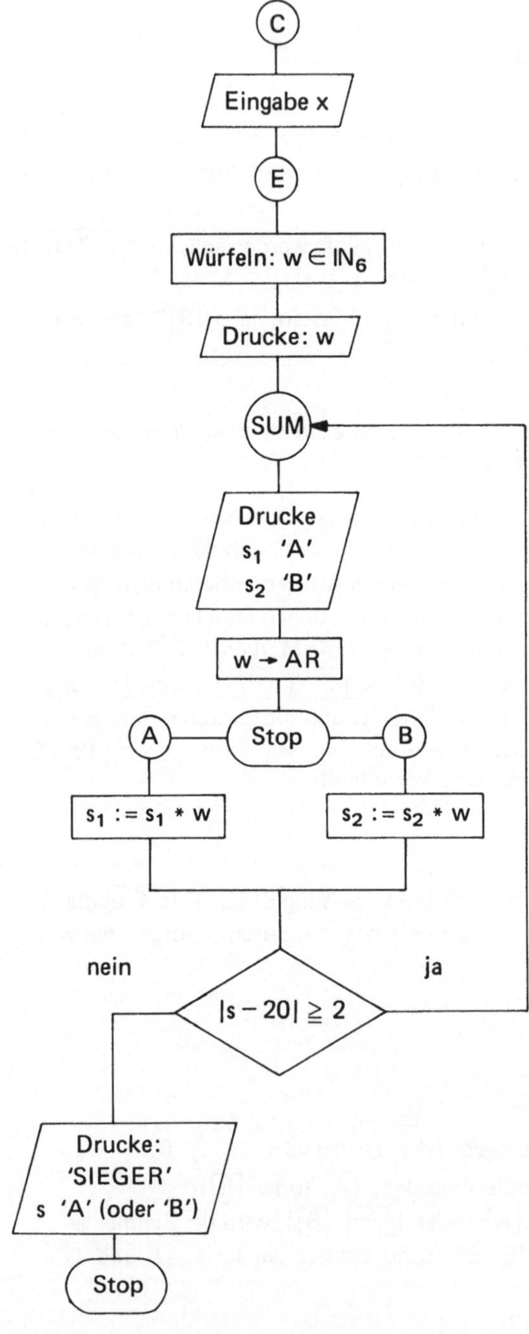

Flußdiagramm 1.2b: Ziel Zwanzig

PSS Code/Taste											
			028	03	3	057	01	01	086	75	−
000	76	LBL	029	98	ADV	058	14	D	087	02	2
001	13	C	030	99	PRT	059	01	1	088	00	0
002	47	CMS	031	76	LBL	060	03	3	089	95	=
003	42	STO	032	44	SUM	061	69	OP	090	50	$|x|$
004	00	00	033	01	1	062	04	04	091	77	GE
005	02	2	034	03	3	063	43	RCL	092	44	SUM
006	32	X⇌T	035	69	OP	064	01	01	093	98	ADV
007	91	R/S	036	04	04	065	69	OP	094	69	OP
008	76	LBL	037	43	RCL	066	06	06	095	00	00
009	15	E	038	01	01	067	91	R/S	096	03	3
010	43	RCL	039	69	OP	068	76	LBL	097	06	6
011	00	00	040	06	06	069	12	B	098	69	OP
012	65	×	041	01	1	070	44	SUM	099	02	02
013	09	9	042	04	4	071	02	02	100	02	2
014	09	9	043	69	OP	072	43	RCL	101	04	4
015	07	7	044	04	04	073	02	02	102	01	1
016	95	=	045	43	RCL	074	14	D	103	07	7
017	22	INV	046	02	02	075	01	1	104	02	2
018	59	INT	047	69	OP	076	04	4	105	02	2
019	42	STO	048	06	06	077	69	OP	106	01	1
020	00	00	049	43	RCL	078	04	04	107	07	7
021	65	×	050	03	03	079	43	RCL	108	03	3
022	06	6	051	91	R/S	080	02	02	109	05	5
023	85	+	052	76	LBL	081	69	OP	110	69	OP
024	01	1	053	11	A	082	06	06	111	03	03
025	95	=	054	44	SUM	083	91	R/S	112	69	OP
026	59	INT	055	01	01	084	76	LBL	113	05	05
027	42	STO	056	43	RCL	085	14	D	114	92	RTN

Programm 1.2b: Ziel Zwanzig

```
 5.             1.            2.            3.            3.
 0.       A     9.      A    10.      A    14.      A    11.      A
 0.       B     4.      B     5.      B    10.      B    10.      B
 5.       A    10.      A    12.      A    17.      A    14.      A
 0.       B     4.      B     5.      B    10.      B    10.      B

 1.             1.            5.            6.            4.
 5.       A    10.      A    12.      A    17.      A    14.      A
 0.       B     4.      B     5.      B    10.      B    10.      B
 5.       A    10.      A    12.      A    11.      A    14.      A
 1.       B     5.      B    10.      B    10.      B    14.      B

 4.             3.            6.            6.            5.
 5.       A    10.      A    12.      A    11.      A    14.      A
 1.       B     5.      B    10.      B    10.      B    14.      B
 9.       A    13.      A    18.      A    17.      A
 1.       B     5.      B    10.      B    10.      B
                                                   SIEGER
                                                   19.      A

 3.             3.            4.            6.
 9.       A    13.      A    18.      A    17.      A
 1.       B     5.      B    10.      B    10.      B
 9.       A    10.      A    14.      A    11.      A
 4.       B     5.      B    10.      B    10.      B
```

Beispiel 1.2b: Ziel Zwanzig (mit x = sin 50°)

Varianten des Spiels:

1. Statt der Zielmenge $\{19, 20, 21\}$ kann natürlich jede andere Menge gewählt werden, z.B. $s \geq n \in \mathbb{N}$ oder $\{20, 22, 25\}$ usw.

2. Die Menge der Verknüpfungen $\{+, -\}$ kann erweitert werden zu $\{+, -, \times\}$ oder auch $\{+, -, \times, \div\}$, wobei die Division nur zugelassen wird, falls s durch w teilbar ist (oder es wird $s := \text{Int}\frac{s}{w}$ gesetzt).

3. Mit dem TI-58/59 kann das Spiel mit 3, 4, ... usw. Personen gespielt werden. (Beim SR-56 und TI-57 reichen hierfür die Programmspeicherplätze nicht aus.)

1.3 Die böse Null

Viele Leser kennen sicherlich das Würfelspiel „Die böse Eins", das in verschiedenen Varianten gespielt werden kann. Hier sollen zwei Spieler mit einem siebenflächigen Würfel[1], also $w \in \mathbb{N}_{0,6} = \{0, 1, 2, 3, 4, 5, 6\}$, gegeneinander spielen. Der Taschenrechner würfelt und übernimmt die Buchhaltung, d.h. er notiert die Summe der gewürfelten Augen. In einer Runde darf ein Spieler solange würfeln, bis eine Null erscheint oder er das Spiel an den Gegenspieler abgibt. Bei freiwilliger Abgabe wird die Zwischensumme z zur bisherigen Summe s des Spielers addiert. Erscheint dagegen die Null, so wird die in dieser Runde erzielte Zwischensumme nicht gezählt. Gewonnen hat der Spieler, dessen Summe zuerst eine vorgegebene Zahl n erreicht oder überschreitet. Unser siebenflächiger Würfel erzeugt aus einer Glückszahl $x \in \,]0; 1[$ die Augenzahl $w \in \mathbb{N}_{0,6}$ nach der Vorschrift

$$w := \text{Int}\,(7 \cdot \text{INV Int}\,(x \cdot 997))\,.$$

Bei einem Taschenrechner ohne Drucker soll der Gesamtsummenstand vor Beginn einer neuen Spielrunde in der Form $s_1 . s_2$ angezeigt werden (wir wollen uns hier auf $n < 100$ beschränken). Beim SR-56 soll die Abgabe des Spiels an den Gegenspieler im Rechner durch eine Vorzeichenänderung im Speicher R_5 markiert werden (beim TI-57 durch die Marken ① und ②, beim TI-58/59 durch Flag 0). Den Programmablaufplan für den SR-56 zeigt das Flußdiagramm 1.3a. Die Abfrage ‚weiterspielen?' programmieren wir auf die folgende Art. In der Anzeige steht der positive Zwischensummenwert z. Lassen wir diesen Wert positiv, dann wird weitergespielt, andernfalls ändern wir das Vorzeichen von z durch $\boxed{+/-}$. Damit geben wir das Spiel an den Gegenspieler ab oder haben es gewonnen. Die Programme für die Rechner SR-56 und TI-57 sind in 1.3a aufgeführt.

---

[1] Den Vorschlag, mit einem siebenflächigen Würfel zu spielen, habe ich von H.-J. Müller und L. Schulz aus DISPLAY (Mikro-Computer-Anwender-Club) V 3 N 4/5, 1977, S. 59 übernommen.

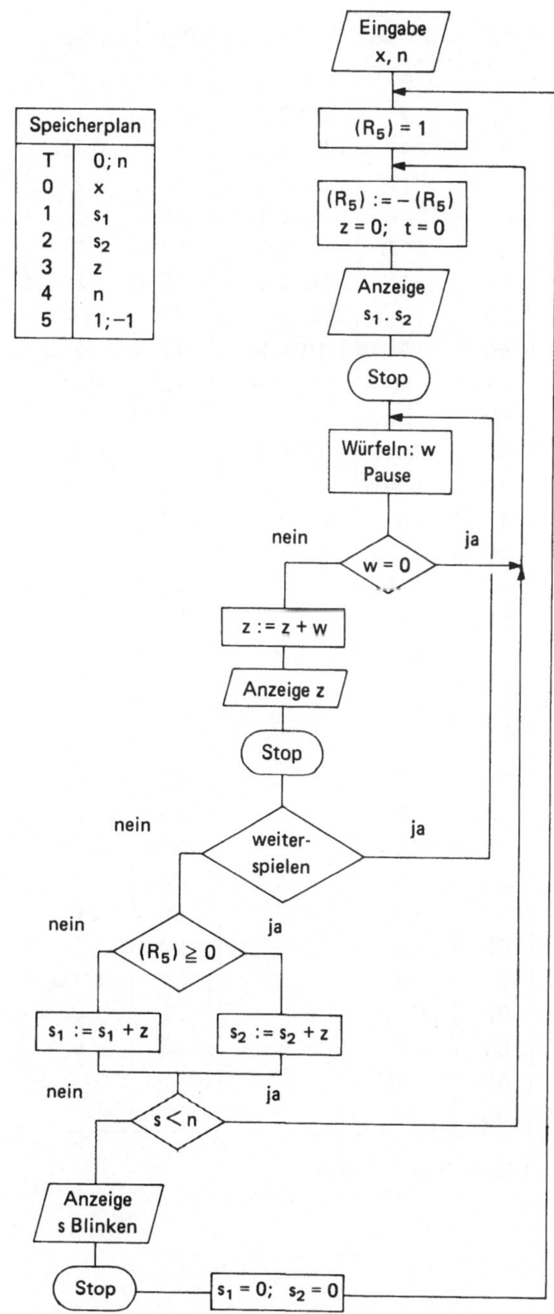

Flußdiagramm 1.3a: Die böse Null (SR-56)

PSS	SR-56	TI-57	PSS	SR-56	TI-57	PSS	SR-56
00	*CM$_s$	STO 4	32	9	R/S	64	RCL
01	STO	*LBL 0	33	7	GTO 3	65	1
02	0	0	34	=	*LBL 1	66	GTO
03	R/S	STO 3	35	INV	SUM 1	67	7
04	STO	x ◣ t	36	*Int	RCL 1	68	5
05	4	RCL 1	37	STO	GTO 4	69	RCL
06	1	+	38	0	*LBL 2	70	3
07	STO	RCL 2	39	X	SUM 2	71	SUM
08	5	÷	40	7	RCL 2	72	2
09	1	1	41	=	*LBL 4	73	RCL
10	+/−	0	42	*Int	x ◣ t	74	2
11	*PROD	0	43	*Pause	RCL 4	75	x ◣ t
12	5	=	44	*x = t	x ◣ t	76	RCL
13	0	R/S	45	0	INV *x $\geq$ t	77	4
14	STO	*LBL 3	46	9	GTO 0	78	x ◣ t
15	3	RCL 0	47	SUM	x^2	79	INV
16	x ◣ t	X	48	3	+/−	80	*x $\geq$ t
17	RCL	9	49	RCL	$\sqrt{x}$	81	0
18	1	9	50	3		82	9
19	+	7	51	R/S		83	x^2
20	RCL	=	52	*x $\geq$ t		84	+/−
21	2	INV *Int	53	2		85	*$\sqrt{x}$
22	÷	STO 0	54	8		86	0
23	1	X	55	RCL		87	STO
24	0	7	56	5		88	1
25	0	=	57	*x $\geq$ t		89	STO
26	=	*Int	58	6		90	2
27	R/S	*Pause	59	9		91	GTO
28	RCL	*x = t	60	RCL		92	0
29	0	GTO 0	61	3		93	6
30	X	SUM 3	62	SUM			
31	9	RCL 3	63	1			

Programm 1.3a: Die böse Null (SR-56 und TI-57)

Spielanleitung (SR-56):

(1)   Programm eingeben, $\boxed{\text{RST}}$.

(2) $x \in\,]0; 1[$ $\boxed{\text{R/S}}$; $n \in \mathbb{N}_{99}$ $\boxed{\text{R/S}}$; Anzeige 0.

(3)   1. Spieler würfelt: $\boxed{\text{R/S}}$; Augenzahl w wird angezeigt durch Pause;
       w = 0: Gegenspieler würfelt mit $\boxed{\text{R/S}}$; w $\neq$ 0: Anzeige Zwischen-
       summe z; weiterspielen: $\boxed{\text{R/S}}$; nicht weiterspielen: $\boxed{+/-}$ $\boxed{\text{R/S}}$;
       bei Sieg: Anzeige s durch Blinken, sonst Anzeige $s_1 . s_2$; Gegenspieler
       würfelt: $\boxed{\text{R/S}}$ usw.

(4)   Neues Spiel: $\boxed{\text{CLR}}$ $\boxed{\text{R/S}}$; Anzeige 0; weiter nach (3).

Beim TI-57 ergeben sich in der obigen Spielanleitung folgende Änderungen:

(2) $\boxed{\text{INV}}$ $\boxed{\text{*C.t}}$; $x \in\,]0; 1[$ $\boxed{\text{STO}}$ 0; $n \in \mathbb{N}_{99}$ $\boxed{\text{R/S}}$; Anzeige 0.

(3)   ... nicht weiterspielen: $\boxed{\text{GTO}}$ 1 (oder 2) $\boxed{\text{R/S}}$ ...

(4)   Neues Spiel: nach (2).

Für den TI-58/59 mit Benutzung des Druckers PC-100 B/C zeichnen wir das
Flußdiagramm 1.3b und entwickeln daraus das Programm 1.3b.

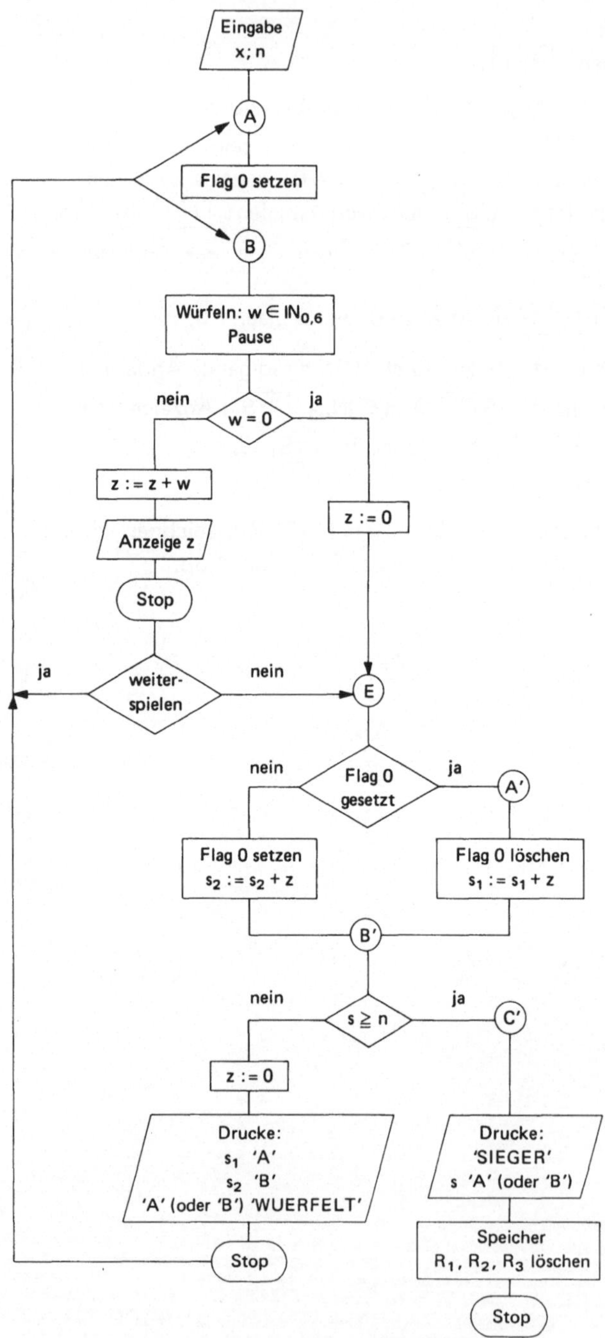

Flußdiagramm 1.3b: Die böse Null (TI-58/59)

PSS	Code	Taste	PSS	Code	Taste	PSS	Code	Taste	PSS	Code	Taste
000	76	LBL	047	02	02	095	75	-	143	87	IFF
001	13	C	048	86	STF	096	04	4	144	00	00
002	29	CP	049	00	00	097	03	3	145	95	=
003	47	CMS	050	43	RCL	098	04	4	146	19	D'
004	42	STO	051	02	02	099	01	1	147	71	SBR
005	00	00	052	17	B'	100	01	1	148	25	CLR
006	91	R/S	053	76	LBL	101	07	7	149	98	ADV
007	76	LBL	054	16	A'	102	69	OP	150	91	R/S
008	14	D	055	44	SUM	103	03	03	151	76	LBL
009	42	STO	056	01	01	104	03	3	152	95	=
010	04	04	057	22	INV	105	05	5	153	10	E'
011	91	R/S	058	86	STF	106	02	2	154	71	SBR
012	76	LBL	059	00	00	107	01	1	155	25	CLR
013	11	A	060	43	RCL	108	01	1	156	98	ADV
014	86	STF	061	01	01	109	07	7	157	91	R/S
015	00	00	062	76	LBL	110	02	2	158	76	LBL
016	76	LBL	063	17	B'	111	07	7	159	19	D'
017	12	B	064	75	-	112	03	3	160	01	1
018	43	RCL	065	43	RCL	113	07	7	161	03	3
019	00	00	066	04	04	114	69	OP	162	69	OP
020	65	×	067	95	=	115	04	04	163	04	04
021	09	9	068	77	GE	116	69	OP	164	43	RCL
022	09	9	069	18	C'	117	05	05	165	01	01
023	07	7	070	00	0	118	00	0	166	69	OP
024	95	=	071	42	STO	119	98	ADV	167	06	06
025	22	INV	072	03	03	120	91	R/S	168	92	RTN
026	59	INT	073	19	D'	121	76	LBL	169	76	LBL
027	42	STO	074	10	E'	122	18	C'	170	10	E'
028	00	00	075	87	IFF	123	69	OP	171	01	1
029	65	×	076	00	00	124	00	00	172	04	4
030	07	7	077	85	+	125	03	3	173	69	OP
031	95	=	078	69	OP	126	06	6	174	04	04
032	59	INT	079	00	00	127	69	OP	175	43	RCL
033	66	PAU	080	01	1	128	02	02	176	02	02
034	67	EQ	081	04	4	129	02	2	177	69	OP
035	15	E	082	69	OP	130	04	4	178	06	06
036	44	SUM	083	02	02	131	01	1	179	92	RTN
037	03	03	084	61	GTO	132	07	7	180	76	LBL
038	43	RCL	085	75	-	133	02	2	181	25	CLR
039	03	03	086	76	LBL	134	02	2	182	00	0
040	91	R/S	087	85	+	135	01	1	183	42	STO
041	76	LBL	088	69	OP	136	07	7	184	01	01
042	15	E	089	00	00	137	03	3	185	42	STO
043	87	IFF	090	01	1	138	05	5	186	02	02
044	00	00	091	03	3	139	69	OP	187	42	STO
045	16	A'	092	69	OP	140	03	03	188	03	03
046	44	SUM	093	02	02	141	69	OP	189	92	RTN
			094	76	LBL	142	05	05	190	00	0

Programm 1.3b: Die böse Null (TI-58/59)

Spielanleitung (TI-58/59):

(1)   Programm einlesen.

(2) $x \in {]}0;\, 1{[}$ $\boxed{C}$; n $\boxed{D}$.

(3)   Spieler A würfelt: $\boxed{A}$,
        w = 0: Spieler B würfelt: $\boxed{B}$;
        w ≠ 0: Anzeige Zwischensumme z; weiterspielen: $\boxed{A}$ (bzw. $\boxed{B}$);

nicht weiterspielen: $\boxed{\text{E}}$; bei Sieg werden Gesamtsumme s und Sieger ausgedruckt, sonst s_1 A, s_2 B, A (oder B) WUERFELT; nächster Spieler würfelt mit seiner Marke.

(4)   Neues Spiel mit gleicher Endzahl n: nach (3), sonst n $\boxed{\text{D}}$ und weiter nach (3).

Beispiel 1.3b zeigt einen Spielverlauf für $n = 80$ mit $x = \dfrac{1}{\sqrt{17}}$.

```
23.        A      23.        A      56.        A      56.        A
 0.        B      54.        B      65.        B      65.        B
B  WUERFELT       A  WUERFELT       B  WUERFELT       A  WUERFELT

23.        A      56.        A      56.        A      56.        A
28.        B      54.        B      65.        B      65.        B
A  WUERFELT       B  WUERFELT       A  WUERFELT       B  WUERFELT

23.        A      56.        A      56.        A      SIEGER
28.        B      65.        B      65.        B      81.        B
B  WUERFELT       A  WUERFELT       B  WUERFELT
```

Beispiel 1.3b: Die böse Null (TI-58/59)

Steht kein Drucker zur Verfügung, so ist ab PSS 73 die nebenstehende Programmfolge zu benutzen. (In diesem Fall ist nur $n < 100$ zugelassen.)

073	RCL		083	R/S
074	1		084	*LBL
075	+		085	C'
076	RCL		086	+
077	2		087	RCL
078	÷		088	4
079	1		089	=
080	0		090	x^2
081	0		091	+/−
082	=		092	$\sqrt{x}$

Varianten des Spiels:

1. Es wird die Anzahl n der zu spielenden Runden angegeben (z.B. jeder Spieler darf zehn Runden würfeln). Wer nach der n-ten Runde die höchste Gesamtsumme besitzt, der hat gewonnen.

2. An dem Spiel beteiligen sich nicht nur zwei, sondern drei, vier, fünf usw. Personen.

3. Beim Spiel ,,Die böse Null und die gute Sechs'' wird bei einer Augenzahl $w = 0$ wie bisher verfahren. Wird aber eine ,6' gewürfelt, dann wird die bisherige Zwischensumme mit 6 (oder einer anderen Zahl) multipliziert. (Noch allgemeiner kann nach der Vorschrift $z := z \cdot w$ gespielt werden.)

4. Das Spiel „Die super-böse Null" wird mit zwei Würfeln gespielt. Die Summe der beiden Augenzahlen wird zur Zwischensumme addiert, wenn keine 0 gewürfelt wurde. Wird nur eine 0 geworfen, so wird die Zwischensumme dieser Runde nicht gezählt. Ergeben beide Würfe eine 0, so wird die bisherige Gesamtsumme des Spielers gelöscht (der Spieler beginnt also beim nächsten Würfeln mit $s = 0$). Einen möglichen Programmablauf für das doppelte Würfeln zeigt der folgende Ausschnitt aus dem Flußdiagramm (mit $\boxed{w}$ wird das Würfelprogramm bezeichnet):

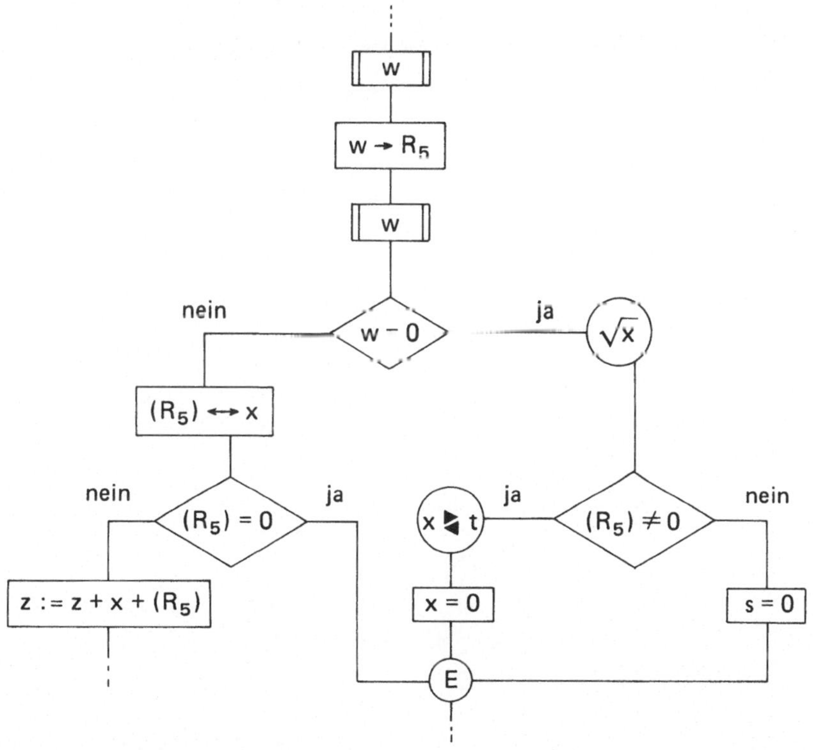

Nach dem Programm 1.3c können Sie das Spiel „Die super-böse Null" spielen. Die Spielanleitung ist dieselbe wie beim Spiel „Die böse Null".

1.4 Craps

In Amerika zählt Craps zu den beliebtesten Würfelspielen. Es wird von n (mindestens zwei) Personen mit zwei Würfeln nach den folgenden Regeln gespielt:

1) Durch einfaches Würfeln wird zunächst der *shooter* S_0 (Spielmacher) ermittelt, der gegen die übrigen Spieler S_1, S_2, usw. spielt.

PSS Code/Taste

PSS	Code	Taste	PSS	Code	Taste	PSS	Code	Taste	PSS	Code	Taste
000	76	LBL	057	76	LBL	115	85	+	173	01	1
001	12	C	058	34	ГX	116	69	OP	174	07	7
002	47	CMS	059	43	RCL	117	00	00	175	03	3
003	42	STO	060	05	05	118	01	1	176	05	5
004	00	00	061	22	INV	119	04	4	177	69	OP
005	91	R/S	062	67	EQ	120	69	OP	178	03	03
006	76	LBL	063	32	X:T	121	02	02	179	69	OP
007	14	D	064	87	IFF	122	61	GTO	180	05	05
008	42	STO	065	00	00	123	75	-	181	87	IFF
009	04	04	066	35	1/X	124	76	LBL	182	00	00
010	91	R/S	067	00	0	125	85	+	183	95	=
011	76	LBL	068	42	STO	126	69	OP	184	19	D'
012	33	X²	069	02	02	127	00	00	185	71	SBR
013	43	RCL	070	15	E	128	01	1	186	25	CLR
014	00	00	071	76	LBL	129	03	3	187	98	ADV
015	65	×	072	35	1/X	130	69	OP	188	91	R/S
016	09	9	073	00	0	131	02	02	189	76	LBL
017	09	9	074	42	STO	132	76	LBL	190	95	=
018	07	7	075	01	01	133	75	-	191	10	E'
019	95	=	076	76	LBL	134	04	4	192	71	SBR
020	22	INV	077	32	X:T	135	03	3	193	25	CLR
021	59	INT	078	00	0	136	04	4	194	98	ADV
022	42	STO	079	76	LBL	137	01	1	195	91	R/S
023	00	00	080	15	E	138	01	1	196	76	LBL
024	65	×	081	87	IFF	139	07	7	197	19	D'
025	07	7	082	00	00	140	69	OP	198	01	1
026	95	=	083	16	A'	141	03	03	199	03	3
027	59	INT	084	44	SUM	142	03	3	200	69	OP
028	66	PAU	085	02	02	143	05	5	201	04	04
029	92	RTN	086	86	STF	144	02	2	202	43	RCL
030	76	LBL	087	00	00	145	01	1	203	01	01
031	11	A	088	43	RCL	146	01	1	204	69	OP
032	86	STF	089	02	02	147	07	7	205	06	06
033	00	00	090	17	B'	148	02	2	206	92	RTN
034	76	LBL	091	76	LBL	149	07	7	207	76	LBL
035	12	B	092	16	A'	150	03	3	208	10	E'
036	71	SBR	093	44	SUM	151	07	7	209	01	1
037	33	X²	094	01	01	152	69	OP	210	04	4
038	42	STO	095	22	INV	153	04	04	211	69	OP
039	05	05	096	86	STF	154	69	OP	212	04	04
040	71	SBR	097	00	00	155	05	05	213	43	RCL
041	33	X²	098	43	RCL	156	00	0	214	02	02
042	67	EQ	099	01	01	157	98	ADV	215	69	OP
043	34	ГX	100	76	LBL	158	91	R/S	216	06	06
044	43	EXC	101	17	B'	159	76	LBL	217	92	RTN
045	05	05	102	75	-	160	18	C'	218	76	LBL
046	67	EQ	103	43	RCL	161	69	OP	219	25	CLR
047	15	E	104	04	04	162	00	00	220	00	0
048	44	SUM	105	95	=	163	03	3	221	42	STO
049	03	03	106	77	GE	164	06	6	222	01	01
050	43	RCL	107	18	C'	165	69	OP	223	42	STO
051	05	05	108	00	0	166	02	02	224	02	02
052	44	SUM	109	42	STO	167	02	2	225	42	STO
053	03	03	110	03	03	168	04	4	226	03	03
054	43	RCL	111	19	D'	169	01	1	227	92	RTN
055	03	03	112	10	E'	170	07	7			
056	91	R/S	113	87	IFF	171	02	2			
			114	00	00	172	02	2			

Programm 1.3c: Die super-böse Null (TI-58/59)

2) Der *shooter* setzt eine beliebige Anzahl von Spielmarken oder einen Betrag an DM[1] in die Kasse. Die Gegenspieler setzen ihre Anzahl von Spielmarken dagegen und zwar insgesamt die gleiche Anzahl wie der *shooter.*

3) Der *shooter* würfelt mit zwei Würfeln, gezählt wird die Augensumme s beider Würfe.

   3a) Erzielt S_0 die Augensumme 7 oder 11 (also $s = 7 \vee 11$ oder $s \in \{7, 11\}$), so gewinnt er alle Einsätze und ist auch in der nächsten Runde wieder der *shooter.*

   3b) Wirft S_0 insgesamt 2 oder 3 oder 12 Augen ($s \in \{2, 3, 12\}$), so hat er verloren. Jeder Gegenspieler erhält als Gewinn den doppelten Betrag seines Einsatzes aus der Kasse. Auch hier bleibt S_0 in der nächsten Runde der *shooter.*

   3c) Beträgt $s \in \{4, 5, 6, 8, 9, 10\}$, so hat zunächst der *shooter* weder verloren noch gewonnen. Die Augensumme wird jetzt der *point* des *shooters,* der mit zwei Würfeln solange weiterwürfelt, bis er entweder seinen *point* oder eine 7 erzielt. Erreicht er seinen *point,* so gewinnt er alle Einsätze; erzielt er dagegen vorher die 7, so hat er verloren und die Gegenspieler gewinnen entsprechend ihren Einsätzen (wie in 3b). Für die nächste Runde wird der neue *shooter,* der aber nicht der alte sein darf, durch einfaches Würfeln bestimmt.

Das Flußdiagramm 1.4 gibt den Ablauf des Spiels in groben Zügen an. Für den TI-58/59 mit dem Drucker PC-100 B/C ist das Programm in 1.4a aufgelistet. Das Unterprogramm „shooter hat gewonnen; Gewinne angeben" wird mit $\boxed{\text{SBR}}$ $\boxed{+}$, „... verloren; ..." mit $\boxed{\text{SBR}}$ $\boxed{-}$ und das Würfelprogramm mit $\boxed{\text{A}}$ aufgerufen. Durch die Hereinnahme der maximal 10-ziffrigen Codes für die Druckanweisung ist das Programm relativ lang geworden. Beim TI-58/59 benötigen wir für die Aufzeichnung auf eine Magnetkarte zwei Blöcke (also eine Karte) in der normalen Speicherbereichseinteilung 479.59. Beim TI-58 wählen wir die Bereichseinteilung 399.09 mit 1 $\boxed{{}^*\text{Op}}$ 17. Die Anzahl der Spieler ist damit auf vier begrenzt (s. Speicherplan).

---

[1] Craps ist ein reines Glücksspiel, beachten Sie daher die Bestimmungen des Strafgesetzbuches:

§ 284: Veranstaltung des Glücksspiels
1. Wer ohne behördliche Erlaubnis öffentlich ein Glücksspiel veranstaltet oder hält oder die Einrichtung hierzu bereithält, wird mit Gefängnis bis zu zwei Jahren und mit Geldstrafe oder mit Geldstrafe bestraft.
2. Als öffentlich veranstaltet gelten auch Glücksspiele in Vereinen oder geschlossenen Gesellschaften, in denen Glücksspiele gewohnheitsmäßig veranstaltet werden.

§ 284a: Beteiligung am Glücksspiel
Wer sich an einem öffentlichen Glücksspiel (§ 284) beteiligt, wird mit Gefängnis bis zu sechs Monaten und Geldstrafe bestraft.

Speicherplan	
0	x
1	n
2	$n - 1, \ldots, 0$
3	$6, 7, \ldots$
4	$3601, 3602, \ldots$
5	point
6	Einsatz S_0
7	Einsatz S_1
8	usw.

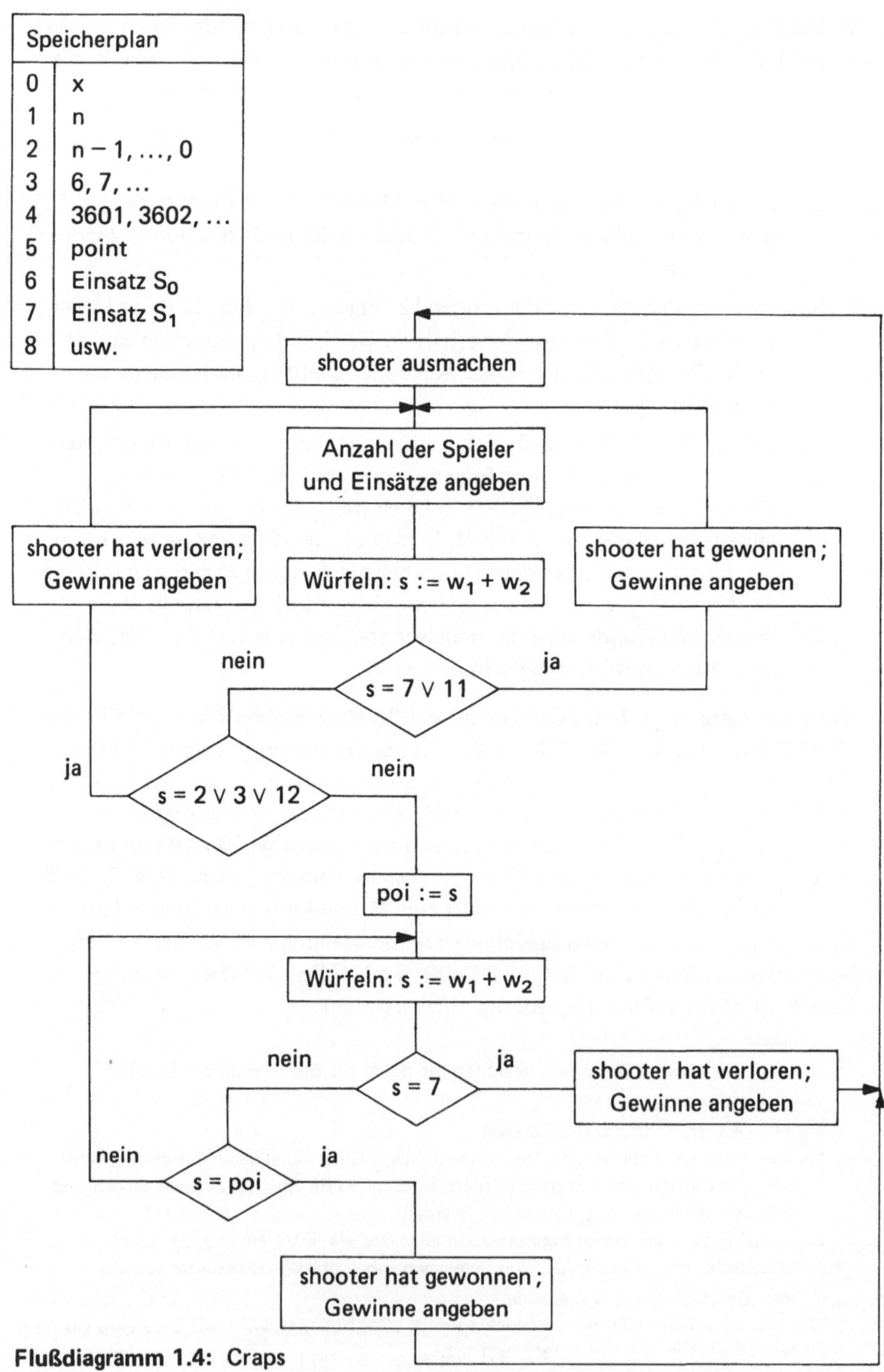

Flußdiagramm 1.4: Craps

PSS	Code	Taste
000	76	LBL
001	12	B
002	47	CMS
003	42	STO
004	00	00
005	76	LBL
006	17	B'
007	03	3
008	06	6
009	00	0
010	01	1
011	42	STO
012	04	04
013	06	6
014	42	STO
015	03	03
016	92	RTN
017	76	LBL
018	11	A
019	53	(
020	53	(
021	43	RCL
022	00	00
023	65	×
024	09	9
025	09	9
026	07	7
027	54	)
028	22	INV
029	59	INT
030	42	STO
031	00	00
032	65	×
033	06	6
034	85	+
035	01	1
036	54	)
037	59	INT
038	66	PAU
039	92	RTN
040	76	LBL
041	15	E
042	17	B'
043	69	OP
044	00	00
045	01	1
046	03	3
047	03	3
048	01	1
049	04	4
050	06	6
051	01	1
052	03	3
053	02	2
054	03	3
055	69	OP
056	01	01
057	02	2
058	07	7
059	00	0
060	00	0

PSS	Code	Taste
098	75	-
099	01	1
100	95	=
101	42	STO
102	02	02
103	69	OP
104	00	00
105	01	1
106	07	7
107	02	2
108	04	4
109	03	3
110	01	1
111	03	3
112	06	6
113	01	1
114	03	3
115	69	OP
116	01	01
117	03	3
118	07	7
119	04	4
120	06	6
121	00	0
122	00	0
123	07	7
124	01	1
125	00	0
126	00	0
127	69	OP
128	02	02
129	69	OP
130	05	05
131	00	0
132	76	LBL
133	34	√X
134	91	R/S
135	72	ST*
136	03	03
137	43	RCL
138	04	04
139	69	OP
140	04	04
141	73	RC*
142	03	03
143	69	OP
144	06	06
145	01	1
146	44	SUM
147	03	03
148	44	SUM
149	04	04
150	97	DSZ
151	01	01
152	34	√X
153	17	B'
154	69	OP
155	00	00
156	04	4
157	03	3
158	04	4
159	01	1

PSS	Code	Taste
197	85	+
198	02	2
199	67	EQ
200	75	-
201	03	3
202	67	EQ
203	75	-
204	01	1
205	02	2
206	67	EQ
207	75	-
208	03	3
209	03	3
210	03	3
211	02	2
212	02	2
213	04	4
214	69	OP
215	04	04
216	43	RCL
217	05	05
218	69	OP
219	06	06
220	76	LBL
221	18	C'
222	11	A
223	85	+
224	11	A
225	95	=
226	99	PRT
227	32	X!T
228	07	7
229	67	EQ
230	55	÷
231	43	RCL
232	05	05
233	67	EQ
234	65	×
235	61	GTO
236	18	C'
237	76	LBL
238	85	+
239	99	PRT
240	76	LBL
241	65	×
242	19	D'
243	03	3
244	07	7
245	00	0
246	00	0
247	02	2
248	02	2
249	01	1
250	07	7
251	04	4
252	03	3
253	69	OP
254	03	03
255	03	3
256	02	2
257	03	3
258	01	1

PSS	Code	Taste
296	35	1/X
297	98	ADV
298	98	ADV
299	91	R/S
300	76	LBL
301	19	D'
302	69	OP
303	00	00
304	03	3
305	06	6
306	02	2
307	03	3
308	03	3
309	02	2
310	03	3
311	02	2
312	03	3
313	07	7
314	69	OP
315	01	01
316	01	1
317	07	7
318	03	3
319	05	5
320	00	0
321	00	0
322	02	2
323	03	3
324	01	1
325	03	3
326	69	OP
327	02	02
328	92	RTN
329	76	LBL
330	75	-
331	99	PRT
332	76	LBL
333	55	÷
334	19	D'
335	03	3
336	07	7
337	00	0
338	00	0
339	04	4
340	02	2
341	01	1
342	07	7
343	03	3
344	05	5
345	69	OP
346	03	03
347	02	2
348	07	7
349	03	3
350	02	2
351	03	3
352	05	5
353	01	1
354	07	7
355	03	3
356	01	1
357	69	OP

Fortsetzung Seite 24

PSS Code/Taste

PSS	Code	Taste	PSS	Code	Taste	PSS	Code	Taste	PSS	Code	Taste
061	01	1	160	01	1	259	03	3	358	04	04
062	06	6	161	07	7	260	01	1	359	69	OP
063	01	1	162	03	3	261	01	1	360	05	05
064	07	7	163	05	5	262	07	7	361	03	3
065	03	3	164	02	2	263	03	3	362	06	6
066	05	5	165	01	1	264	01	1	363	00	0
067	69	OP	166	69	OP	265	69	OP	364	01	1
068	02	02	167	01	01	266	04	04	365	69	OP
069	03	3	168	01	1	267	69	OP	366	04	04
070	06	6	169	07	7	268	05	05	367	00	0
071	03	3	170	02	2	269	03	3	368	69	OP
072	03	3	171	07	7	270	06	6	369	06	06
073	02	2	172	03	3	271	00	0	370	76	LBL
074	04	4	173	01	1	272	01	1	371	33	X^2
075	01	1	174	00	0	273	69	OP	372	01	1
076	07	7	175	00	0	274	04	04	373	44	SUM
077	69	OP	176	07	7	275	43	RCL	374	03	03
078	03	03	177	03	3	276	06	06	375	44	SUM
079	02	2	178	69	OP	277	65	×	376	04	04
080	07	7	179	02	02	278	02	2	377	02	2
081	01	1	180	69	OP	279	95	=	378	64	PD*
082	07	7	181	05	05	280	69	OP	379	03	03
083	03	3	182	00	0	281	06	06	380	43	RCL
084	05	5	183	91	R/S	282	76	LBL	381	04	04
085	00	0	184	11	A	283	35	1/X	382	69	OP
086	00	0	185	85	+	284	01	1	383	04	04
087	07	7	186	11	A	285	44	SUM	384	73	RC*
088	01	1	187	95	=	286	04	04	385	03	03
089	69	OP	188	42	STO	287	43	RCL	386	69	OP
090	04	04	189	05	05	288	04	04	387	06	06
091	69	OP	190	32	X:T	289	69	OP	388	97	DSZ
092	05	05	191	07	7	290	04	04	389	02	02
093	00	0	192	67	EQ	291	00	0	390	33	X^2
094	91	R/S	193	85	+	292	69	OP	391	98	ADV
095	99	PRT	194	01	1	293	06	06	392	98	ADV
096	42	STO	195	01	1	294	97	DSZ	393	91	R/S
097	01	01	196	67	EQ	295	02	02	394	00	0

Programm 1.4a: Craps (TI-58/59 mit Drucker)

Spielanleitung (TI-58/59):

(1)   Programm einlesen.

(2)   Glückszahl (seed) $x \in \,]0; 1[$ eintasten: $\boxed{B}$

(3)   Jeder würfelt: $\boxed{A}$; der Spieler mit der höchsten Augenzahl wird *shooter* S_0, mit der zweithöchsten Augenzahl Spieler S_1, mit der dritthöchsten S_2 usw.; bei gleicher Augenzahl wird erneut gewürfelt.

(4) $\boxed{E}$; Eingabe der Anzahl n der Spieler ($n \leq 4$ beim TI-58); $\boxed{R/S}$; Einsätze der Spieler: (S_0) $\boxed{R/S}$, (S_1) $\boxed{R/S}$, usw.; Einsatz des *shooters* = Summe der Einsätze der Gegenspieler!

(5)   *Shooter* würfelt mit zwei Würfeln: $\boxed{R/S}$; die jeweilige Augenzahl für einen Wurf wird kurz angezeigt, die Augensumme ausgedruckt;

    (5a) $s \in \{7, 11\}$: *shooter* hat gewonnen; Angabe der Gewinne; bisheriger *shooter* bleibt auch in der nächsten Runde *shooter*; weiter nach (4);

(5b) $s \in \{2, 3, 12\}$: *shooter* hat verloren; sonst weiter wie in (5a);

(5c) $s \in \{4, 5, 6, 8, 9, 10\}$: s ist der *point* (wird ausgedruckt) des *shooters,* der weiterwürfelt; neue Augensumme wird ausgedruckt;

$s \notin \{7, point\}$: Rechner würfelt weiter;

s = 7: *shooter* hat verloren;

s = *point*: *shooter* hat gewonnen;

nächste Spielrunde: zurück nach (3).

Beispiel 1.4a zeigt die Aufzeichnung einiger Spiele.

```
ANZAHL DER SPIELER ?          ANZAHL DER SPIELER ?
         3.                            4.
EINSATZ ?                     EINSATZ ?
         9.        $0                 12.        $0
         2.        $1                  3.        $1
         7.        $2                  4.        $2
WUERFELN ?                             5.        $3
         8.       PCI          WUERFELN ?
         6.                             7.
         7.                    SHOOTER HAT GEWONNEN
SHOOTER HAT VERLOREN                  24.        $0
         0.        $0                  0.        $1
         4.        $1                  0.        $2
        14.        $2                  0.        $3

ANZAHL DER SPIELER ?          ANZAHL DER SPIELER ?
         3.                            4.
EINSATZ ?                     EINSATZ ?
        10.        $0                 17.        $0
         6.        $1                  7.        $1
         4.        $2                  6.        $2
WUERFELN ?                             4.        $3
         6.       PCI          WUERFELN ?
         3.                             2.
        11.                    SHOOTER HAT VERLOREN
         9.                             0.        $0
         4.                            14.        $1
         3.                            12.        $2
         6.                             8.        $3
SHOOTER HAT GEWONNEN
        20.        $0
         0.        $1
         0.        $2
```

Beispiel 1.4a: Craps

Für die Rechner SR-56 und TI-58/59 ohne Benutzung eines Druckers geben wir die Programme, die im Prinzip ähnlich wie oben aufgebaut sind, in 1.4b an. Beim SR-56 müssen wir wegen der geringen Kapazität an Programmspeicherplätzen die Ein- und Ausgabe manuell durchführen. Beim TI-58/59 bezeichnen wir die Spieler mit A (*shooter*), B (1. Gegenspieler) bis D (3. Gegenspieler). Die Einsätze der Spieler werden in R_0 bis R_3, die Glückszahl in R_4 und der *point* in R_5 gespeichert.

PSS	SR-56	TI-58/59	PSS	SR-56	TI-58/59	PSS	TI-58/59
00	*subr	STO	50	STO	*E'	100	STO
01	6	4	51	3	=	101	2
02	6	R/S	52	x ⮀ t	x ⮀ t	102	STO
03	*x = t	*LBL	53	R/S	7	103	3
04	4	A	54	0	*x = t	104	x ⮀ t
05	2	STO	55	STO	+	105	R/S
06	1	0	56	0	1	106	*LBL
07	1	R/S	57	2	1	107	–
08	*x = t	*LBL	58	*PROD	*x = t	108	0
09	4	B	59	1	+	109	STO
10	2	STO	60	*PROD	2	110	00
11	2	1	61	2	*x = t	111	2
12	*x = t	R/S	62	*PROD	–	112	*Prd
13	5	*LBL	63	3	3	113	1
14	4	C	64	x ⮀ t	*x = t	114	*Prd
15	3	STO	65	R/S	–	115	2
16	*x = t	2	66	*subr	1	116	*Prd
17	5	R/S	67	7	2	117	3
18	4	*LBL	68	9	*x = t	118	x ⮀ t
19	1	D	69	+	–	119	R/S
20	2	STO	70	*subr	x ⮀ t	120	*LBL
21	*x = t	3	71	7	STO	121	*A'
22	5	R/S	72	9	5	122	RCL
23	4	*LBL	73	=	R/S	123	0
24	x ⮀ t	*E'	74	*pause	*LBL	124	R/S
25	STO	(	75	*pause	x²	125	*LBL
26	5	(	76	x ⮀ t	*E'	126	*B'
27	R/S	RCL	77	7	+	127	RCL
28	*subr	4	78	*rtn	*E'	128	1
29	6	X	79	(	=	129	R/S
30	6	9	80	(	*Pause	130	*LBL
31	*x = t	9	81	RCL	*Pause	131	*C'
32	5	7	82	4	x ⮀ t	132	RCL
33	4	)	83	X	7	133	2
34	RCL	INV	84	9	*x = t	134	R/S
35	5	*Int	85	9	–	135	*LBL
36	*x = t	STO	86	7	RCL	136	*D'
37	4	4	87	)	5	137	RCL
38	2	X	88	INV	*x = t	138	3
39	GTO	6	89	*Int	+	139	R/S
40	2	+	90	STO	GTO		
41	8	1	91	4	x²		
42	2	)	92	X	*LBL		
43	*PROD	*Int	93	6	+		
44	0	*Pause	94	+	2		
45	0	INV SBR	95	1	*Prd		
46	STO	*LBL	96	)	00		
47	1	E	97	*Int	0		
48	STO	*E'	98	*pause	STO		
49	2	+	99	*rtn	1		

Programm 1.4b: Craps (SR-56 und TI-58/59 ohne Drucker)

Spielanleitung (SR-56, in Klammern für TI-58/59):

(1)   Programm eintasten: $\boxed{\text{RST}}$; $x \in\ ]0; 1[$ $\boxed{\text{STO}}$ 4 ($\boxed{\text{R/S}}$).

(2)   Einfaches Würfeln aller Spieler mit $\boxed{\text{*subr}}$ 7 9 $\boxed{\text{R/S}}$ ($\boxed{\text{*E'}}$);
der Spieler mit der höchsten Augenzahl wird *shooter.*

(3)   Einsatz *shooter:* $\boxed{\text{STO}}$ 0 ($\boxed{\text{A}}$); 1. Gegenspieler: $\boxed{\text{STO}}$ 1 ($\boxed{\text{B}}$);...;
3. Gegenspieler: $\boxed{\text{STO}}$ 3 ($\boxed{\text{D}}$).

(4)   Würfeln: $\boxed{\text{RST}}$ $\boxed{\text{R/S}}$ ($\boxed{\text{E}}$); die Würfelzahl und die Augensumme
werden kurz angezeigt;

    (4a) $s \in \{7, 11\}$: *shooter* hat gewonnen;
        $s \in \{2, 3, 12\}$: *shooter* hat verloren;
        Anzeige der Gewinne: $\boxed{\text{RCL}}$ 0 ($\boxed{\text{*A'}}$); $\boxed{\text{RCL}}$ 1 ($\boxed{\text{*B'}}$) usw.;
        der *shooter* bleibt auch in der nächsten Runde *shooter,* weiter
        nach (3).

    (4b) $s \in \{4, 5, 6, 8, 9, 10\}$; dann *point* = s und weiterwürfeln mit
        $\boxed{\text{R/S}}$ ($\boxed{\text{E}}$) bis
        Augensumme = 7: *shooter* hat verloren oder
        Augensumme = *point: shooter* hat gewonnen;
        Anzeige der Gewinne wie unter (4a); für die nächste Runde
        nach (2).

Die TI-57-Besitzer müssen auf das Spiel Craps in dieser Fassung leider verzichten. Die 50 Programmspeicherplätze reichen nicht aus, um das Programm für dieses Spiel aufnehmen zu können. Ich schlage Ihnen eine einfachere **Variante** vor:

(1)   Gewürfelt wird mit einem siebenflächigen Würfel: $w \in IN_{0,6}$.

(2) $w \in \{0, 6\}$: *shooter* hat gewonnen;
w = 3: *shooter* hat verloren;
sonst: *point* = w und weiterwürfeln bis
Augenzahl $\in \{0, 6\}$: *shooter* hat verloren oder
Augenzahl = *point: shooter* hat gewonnen.

Frage: Wie beurteilen Sie die Gewinnchancen eines Spielers? Halten Sie es für günstig, *shooter* zu sein? Mit dieser Frage werden wir uns später ausführlicher beschäftigen (s. 7.1).

1.5 Ist unser Würfeln mit dem Taschenrechner reell?

In allen bisherigen Spielen wurde mit dem Rechner gewürfelt. Viele Spieler
werden dabei sicherlich das Gefühl gehabt haben, das wir alle von Spielen mit
dem herkömmlichen Würfel kennen: Es gibt *gute* und *schlechte* Würfel.
Der eine Würfel (meistens der des Gegenspielers) produziert sehr oft die ‚6',
während der andere (meistens der eigene) zu oft die ‚1' liefert. Ist denn unser
Würfelprogramm für den Taschenrechner ‚gut', d.h. wird nicht vielleicht auch
hier die eine Augenzahl, z.B. die ‚6' oder auch die ‚4', besonders häufig gewürfelt?

Wir wollen das Würfelprogramm, das nach der Vorschrift

$$w := \text{Int} (6 \cdot \text{INV Int} (x \cdot 997) + 1) \quad \text{mit} \quad x \in {]}0; 1[$$

abläuft, daraufhin untersuchen.

Wir würfeln n mal und zählen die Häufigkeiten h_k, mit denen die Augen-
zahlen $k \in \mathbb{N}_6$ erhalten werden. Bei genügend großem n ist $h_k \approx \frac{n}{6}$ zu erwarten. Große Abweichungen von diesem Wert lassen auf einen schlechten
(falschen) Würfel, kleine Abweichungen dagegen auf einen guten (echten)
Würfel schließen. Eine statistische Auswertung der Würfelergebnisse kann z.B.
mit dem χ^2 (Chi-Quadrat)-Anpassungstest vorgenommen werden[1]. Man berechnet hierzu

$$\chi^2 = \sum_{k=1}^{6} \frac{(h_k - \frac{n}{6})^2}{\frac{n}{6}} \quad \text{oder umgeformt} \quad \chi^2 = \frac{6}{n} \sum_{k=1}^{6} h_k^2 - n \, .$$

Wir wollen hier nicht näher auf statistische Tests eingehen, sondern nur angeben, daß wir unseren Taschenrechner-Würfel als *guten* Würfel ansehen
können, solange $\chi^2 < 11{,}07$ bleibt. (Den Wert 11,07 kann man statistischen
Tabellen[1] entnehmen. Er hängt von einer vorgegebenen Irrtumswahrschein-
lichkeit ab, die hier mit einem in der Praxis üblichen Wert von 5 % angenommen wurde.)

Das Programm für den TI-58/59 zur Berechnung der Häufigkeiten h_k und des
Testwertes χ^2 schreiben wir für

$$n := 60; \quad 600; \quad 6000; \quad 60000.$$

Der Drucker soll ausdrucken:

$$x, n, h_1, h_2, h_3, h_4, h_5, h_6, \chi^2.$$

Wir geben das Programm 1.5 und den Speicherplan ohne weitere Erläuterungen
an. Einige Würfelergebnisse mit verschiedenen Ausgangszahlen $x \in {]}0; 1[$

---

[1] Näheres hierüber findet der Leser z.B. in [4] oder [10].

finden Sie im Beispiel 1.5. Wir sehen, daß in unseren Tests stets $\chi^2 < 11{,}07$ gilt. Wir können also bei unseren Würfelspielen darauf vertrauen, daß der Taschenrechner reell würfelt und nicht irgendeine Augenzahl besonders bevorzugt. Trotzdem kann natürlich die Augenzahl ‚1' z.B. fünfmal nacheinander auftreten und die ‚6' überaus lange auf sich warten lassen. (Sollten Sie mit Ihrem Rechner diesen Test durchführen, so haben Sie etwas Geduld. Für $n = 60\,000$ benötigt der TI-58/59 etwa 40 Stunden!)

PSS Code/Taste

PSS	Code	Taste	PSS	Code	Taste	PSS	Code	Taste
000	76	LBL	036	59	INT	073	22	INV
001	11	A	037	32	X:T	074	67	EQ
002	47	CMS	038	01	1	075	00	00
003	42	STO	039	44	SUM	076	62	62
004	00	00	040	10	10	077	43	RCL
005	99	PRT	041	43	RCL	078	12	12
006	98	ADV	042	10	10	079	65	×
007	06	6	043	22	INV	080	06	6
008	00	0	044	67	EQ	081	55	÷
009	42	STO	045	00	00	082	43	RCL
010	07	07	046	38	38	083	11	11
011	42	STO	047	01	1	084	75	−
012	11	11	048	74	SM*	085	43	RCL
013	05	5	049	10	10	086	11	11
014	04	4	050	00	0	087	95	=
015	42	STO	051	42	STO	088	99	PRT
016	08	08	052	10	10	089	98	ADV
017	04	4	053	97	DSZ	090	01	1
018	42	STO	054	07	07	091	00	0
019	09	09	055	00	00	092	49	PRD
020	43	RCL	056	20	20	093	11	11
021	00	00	057	06	6	094	49	PRD
022	65	×	058	32	X:T	095	08	08
023	09	9	059	43	RCL	096	43	RCL
024	09	9	060	11	11	097	08	08
025	07	7	061	99	PRT	098	42	STO
026	95	=	062	01	1	099	07	07
027	22	INV	063	44	SUM	100	00	0
028	59	INT	064	10	10	101	42	STO
029	42	STO	065	73	RC*	102	10	10
030	00	00	066	10	10	103	42	STO
031	65	×	067	99	PRT	104	12	12
032	06	6	068	33	X²	105	97	DSZ
033	85	+	069	44	SUM	106	09	09
034	01	1	070	12	12	107	00	00
035	95	=	071	43	RCL	108	20	20
			072	10	10	109	91	R/S

Speicherplan	
T	w
0	x
1	h_1
2	h_2
3	h_3
4	h_4
5	h_5
6	h_6
7	60; 540; 5400; 54000
8	54; 540; 5400; 54000
9	4; 3; 2; 1; 0
10	Ind. Adr.
11	60; 600; 6000; 60000
12	Σh_k^2

Programm 1.5a: χ^2-Test beim Würfeln (TI-58/59)

Mit dem TI-57 läßt sich ein Programm zum Zählen der Augen nicht durchführen. Die Anzahl der Datenspeicher ist zu gering. Beim SR-56 reichen mit einigen Kunstgriffen die 100 Programmspeicher gerade zur Berechnung der h_k und Σh_k^2 aus.

```
.4142135624    .1415926536    0.654321987    .8205371096    .3170289452

    60.            60.            60.            60.            60.
    10.            17.            12.            12.            16.
    14.             8.            12.            13.            11.
    13.             9.             9.             9.             8.
     9.             9.             9.             9.             8.
     6.             6.            12.            11.             8.
     8.            11.             6.             6.             9.
    4.6            7.2             3.            3.2             5.

   600.           600.           600.           600.           600.
   104.            86.           112.           106.           105.
   105.           101.            97.            92.           118.
    85.            98.            91.            90.            97.
   105.            99.           104.           105.            94.
    87.           102.            93.            97.            92.
   114.           114.           103.           110.            94.
   6.56           4.02           3.08           3.34           4.94

  6000.          6000.          6000.          6000.          6000.
  1043.          1031.          1009.          1013.           986.
  1014.           989.          1019.           953.          1031.
  1009.           960.           986.          1038.           992.
   986.           966.          1059.          1033.           991.
   938.           994.           936.           988.           969.
  1010.          1060.           991.           975.          1031.
  6.266          7.474          8.296          5.68           3.224

 60000.         60000.         60000.         60000.         60000.
 10095.          9949.         10131.         10016.          9948.
 10082.         10028.          9929.          9956.         10198.
  9935.          9983.         10069.          9964.          9915.
 10010.          9971.         10003.         10141.          9956.
  9878.          9974.          9886.          9920.          9987.
 10000.         10095.          9982.         10003.          9996.
 3.4958         1.4216         4.0292         2.9778         5.1254
```

Beispiel 1.5a: χ^2-Test beim Würfeln (TI-58/59)

Für das Programm 1.5b ist zu beachten:

Eingabe: $\boxed{\text{RST}}$ $\boxed{\text{*CM}_s}$ 997 $\boxed{\text{STO}}$ 8; $x \in\ ]0;1[$ $\boxed{\text{STO}}$ 7;

n + 1 $\boxed{\text{STO}}$ 0 $\boxed{\text{R/S}}$.

Ausgabe: h_1 $\boxed{\text{R/S}}$ h_2 $\boxed{\text{R/S}}$ ... h_6 $\boxed{\text{R/S}}$ $\boxed{\text{R/S}}$ Σh_k^2.

$\chi^2 = \frac{6}{n} \Sigma h_k^2 - n$ wird manuell berechnet.

Die Ergebnisse stimmen mit denen im Beispiel 1.5a überein, nur der erste
Test mit $x = \sqrt{2} - 1$ liefert andere Werte (s. Beispiel 1.5b). Dieses liegt an der
internen Rechengenauigkeit bei der Wurzelberechnung: 12-stellig beim SR-56
und 13-stellig beim TI-58/59. (Bei $x = \pi - 3$ (zweite Testreihe im Beispiel 1.5a)
rechnet auch der TI-58/59 nur 12-stellig.)

PSS	Taste
00	*dsz
01	3
02	9
03	RCL
04	1
05	*subr
06	3
07	0
08	RCL
09	2
10	*subr
11	3
12	0
13	RCL
14	3
15	*subr
16	3
17	0
18	RCL
19	4
20	*subr
21	3
22	0
23	RCL
24	5
25	*subr
26	3
27	0
28	RCL
29	6
30	x^2
31	SUM
32	9
33	*$\sqrt{x}$
34	R/S
35	*rtn
36	RCL
37	9
38	R/S
39	RCL
40	7
41	X
42	RCL
43	8
44	=
45	INV
46	*Int
47	STO
48	7
49	X
50	6
51	+
52	1
53	=
54	*Int
55	x ⇄ t
56	1
57	*x = t
58	8
59	0
60	2
61	*x = t
62	8
63	4
64	3
65	*x = t
66	8
67	8
68	4
69	*x = t
70	9
71	2
72	5
73	*x = t
74	9
75	6
76	1
77	SUM
78	6
79	RST
80	1
81	SUM
82	1
83	RST
84	1
85	SUM
86	2
87	RST
88	1
89	SUM
90	3
91	RST
92	1
93	SUM
94	4
95	RST
96	1
97	SUM
98	5
99	RST

Programm 1.5b: χ^2-Test beim Würfeln (SR-56)

n	h_1	h_2	h_3	h_4	h_5	h_6	Σh_k^2	χ^2
60	8	9	16	6	7	14	682	8,2
600	110	109	100	87	87	107	60568	5,68
6000	994	1033	984	991	982	1016	6002042	2,042
60000	9987	9888	9936	10049	10003	10137	600037988	3,7988

Beispiel 1.5b: χ^2-Test beim Würfeln (SR-56 mit $x = \sqrt{2} - 1$)

2 Diophantische Probleme

Diophant von Alexandrien gilt als der letzte große Mathematiker des Altertums. Vermutlich hat er um 250 n. Chr. gelebt, aber ganz genau weiß man es nicht. Über ihn selbst wird in dem folgenden Gedicht in Form einer mathematischen Aufgabe berichtet [6]:

> Hier dies Grabmal deckt Diophantos. Schauet das Wunder!
> Durch des Entschlafenen Kunst lehret sein Alter der Stein.
> Knabe zu sein gewährte ihm Gott ein Sechstel des Lebens;
> Noch ein Zwölftel dazu, sproßt' auf der Wange der Bart;
> Dazu ein Siebentel noch, da schloß er das Bündnis der Ehe,
> Nach fünf Jahren entsprang aus der Verbindung ein Sohn.
> Wehe das Kind, das vielgeliebte, die Hälfte der Jahre
> Hatt' es des Vaters erreicht, als es dem Schicksal erlag.
> Drauf vier Jahre hindurch durch der Größen Betrachtung den Kummer
> Von sich scheuchend, auch er kam an das irdische Ziel.

Wie alt ist hiernach Diophant geworden, in welchem Alter heiratete er und wann bekam er einen Sohn? (Zur Lösung dieser Aufgabe benötigen Sie keinen programmierbaren Taschenrechner, sondern nur etwas Bruchrechnung. Die Antwort auf diese Fragen finden Sie weiter unten.)

Diophant hat 13 Bücher über Algebra und Zahlentheorie geschrieben, von denen 6 im Jahre 1463 wiederentdeckt und 1621 neu herausgegeben wurden. Diese Bücher haben insbesondere die Zahlentheoretiker vom 17. Jahrhundert an stark angeregt. So befindet sich z.B. in einem Exemplar bei *Fermat* (1601—1665) die in der Mathematik berühmte Randbemerkung, daß die Gleichung $a^n + b^n = c^n$ für natürliche Zahlen und $n > 2$ nicht lösbar ist. Fermat will den Beweis dieses Satzes gehabt haben, aber er fügte hinzu, daß der *,Rand im Buch zu eng sei, um diesen Beweis zu fassen'*. Bis heute ist es nicht gelungen, diesen *großen Fermatschen Satz* für alle natürlichen Zahlen n zu beweisen. (Sollten Sie in Ihrer Mußestunde auf die Suche nach einem Beweis gehen, so beachten Sie, daß der Satz nur für Primzahlexponenten $n = p$ bewiesen zu werden braucht und bereits für p bis etwa 4000 bewiesen wurde.)

An der Gleichung $a^n + b^n = c^n$ sind zwei Eigenschaften wesentlich. Die Gleichung enthält mehrere Unbekannte und als Lösungen a, b, c sind nur natürliche Zahlen zugelassen. Heute wird in der Mathematik eine algebraische Gleichung mit ganzzahligen Lösungen eine *diophantische* Gleichung genannt. Diophant selbst hat auch rationale Zahlen (Brüche) zugelassen, er schloß also nur eine irrationale Zahl (wie z.B. $\sqrt{2}$) als zulässige Lösung einer Gleichung aus. Auf den folgenden Seiten wollen wir uns mit einigen diophantischen Problemen beschäftigen.

Lösung des mathematischen Rätsels. Nennen wir x das Lebensalter des Diophant, so gilt die folgende Gleichung:

$$\frac{x}{6} + \frac{x}{12} + \frac{x}{7} + 5 + \frac{x}{2} + 4 = x .$$

Die Lösung lautet x = 84 Jahre. Geheiratet hat Diophant mit 33 Jahren.

2.1 Einige einfache Beispiele für diophantische Probleme

In diesem Abschnitt wollen wir ein paar ganz einfache Aufgaben behandeln, deren Lösungen nur natürliche Zahlen sein dürfen. Viele Leser werden sich bei den Formulierungen der Aufgaben an ihre Schulzeit (etwa 8. bis 10. Schuljahr) zurückerinnern, in der sie ebenfalls *„Probleme aus dem täglichen Leben"* zu lösen hatten.

Aufgabe 1: Herr Fuchs, Inhaber einer Tierhandlung, ist in seinen Mußestunden Hobbymathematiker. Hierunter haben neben seiner Ehefrau auch seine Angestellten zu leiden, denn die Anordnungen ihres Chefs sind für sie oft unverständlich (eben *mathematisch*) formuliert. So erhält heute ein Schüler, der später Biologie studieren will und in der Tierhandlung Aushilfsdienste leistet, den folgenden Auftrag von Herrn Fuchs: „Unser Mäusevorrat ist nur noch sehr klein. Geh zum Großhandel Maus u. Co. und kaufe 125 Mäuse. Die grauen Mäuse kosten dort DM 1,70 das Stück, die weißen DM 1,96 und die schwarzen DM 2,24. Bring von jeder Sorte mindestens eine Maus mit und von den schwarzen Mäusen möglichst viele. Hier hast du DM 240,—, davon kaufst du dir unterwegs noch ein Eis für eine Mark, den Rest mußt du aber auf den Pfennig genau für die Mäuse ausgeben."

Der Schüler läßt sich durch die mathematische und ungewöhnliche Formulierung des Auftrags nicht verwirren. Er nennt die Anzahl der grauen Mäuse x, die der weißen y und die der schwarzen z. Dann gelten die Gleichungen

$$x + y + z = 125 \quad \text{und}$$
$$1,70 \cdot x + 1,96 \cdot y + 2,24 \cdot z = 239 .$$

Die 1. Gleichung wird mit 2,24 multipliziert und von dieser die 2. Gleichung subtrahiert:

$$0,54 \cdot x + 0,28 \cdot y = 280 - 239 = 41 .$$

Um auf ganze Koeffizienten zu kommen, multiplizieren wir mit 100 und dividieren danach durch den gemeinsamen Faktor 2. So erhalten wir die diophantische Gleichung

$$27 \cdot x + 14 \cdot y = 2050 ,$$

deren Lösungen x und y natürliche Zahlen (halbe Mäuse gibt es auch in der Großhandlung Maus u. Co. nicht zu kaufen) sein müssen. Außerdem ist bei unserer Aufgabe noch darauf zu achten, daß

$$z = 125 - (x + y)$$

möglichst groß wird.

Die Lösungen der obigen diophantischen Gleichung bestimmen wir nach einem einfachen Suchalgorithmus, der im Flußdiagramm 2.1a dargestellt ist. Mit dem Programm 2.1a für den TI-57 erhalten wir für das Tripel (x, y, z) die folgenden zulässigen Lösungen (neben nicht zulässigen, weil z.B. y > 125 oder z < 0 wird):

$$(36, 77, 12); \quad (50, 50, 25); \quad (64, 23, 38) \,.$$

Der Schüler kauft für die Tierhandlung demnach 64 graue, 23 weiße und 38 schwarze Mäuse.

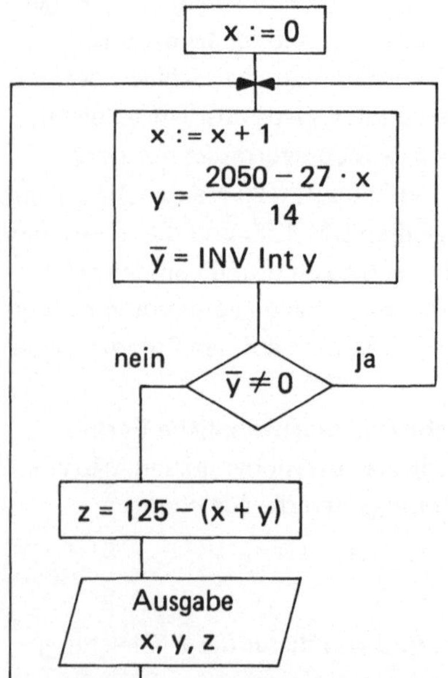

PSS	TI-57			
			16	STO 2
00	1		17	INV *Int
01	SUM 1		18	INV *x = t
02	2		19	RST
03	0		20	RCL 1
04	5		21	R/S
05	0		22	+
06	−		23	RCL 2
07	2		24	R/S
08	7		25	−
09	×		26	1
10	RCL 1		27	2
11	=		28	5
12	÷		29	=
13	1		30	+/−
14	4		31	R/S
15	=		32	RST

Flußdiagramm und Programm 2.1a: Diophantisches Mäuseproblem

Mathematische Anmerkung. Die allgemeine lineare diophantische Gleichung mit zwei Veränderlichen lautet

$$a \cdot x + b \cdot y = c \quad \text{mit} \quad a, b, c \in \mathbf{Z} \,.$$

Eine solche Gleichung braucht keine ganzzahlige Lösung (x, y) zu besitzen.

So ist z.B. in $9 \cdot x + 12 \cdot y = 26$ die linke Seite durch 3 teilbar, die rechte aber
nicht, d.h. in diesem Fall existiert keine Lösung. Wir erkennen hieraus, daß
eine notwendige Bedingung für das Vorhandensein einer Lösung lautet:

> Der größte gemeinsame Teiler von a und b ist auch Teiler von c,
> kurz: ggT $(a, b) \mid c$.

Man kann zeigen, daß diese Bedingung auch hinreichend ist und dann unend-
lich viele Lösungen existieren. Ist (x_0, y_0) eine spezielle Lösung der diophantischen Gleichung, so erhalten wir für die Gesamtheit aller Lösungen

$$x = x_0 + t \cdot \frac{b}{g}, \quad y = y_0 - t \cdot \frac{a}{g} \quad \text{mit} \quad g = ggT\,(a, b) \quad \text{und} \quad t \in \mathbb{Z}\,.$$

In der Mathematik wird eine Grundlösung (x_0, y_0) im allgemeinen mit Hilfe
des Euklidischen Algorithmus (s. z.B. [7] oder auch 2.2) bestimmt. Das oben
für den TI-57 angegebene Programm ist natürlich nicht sehr komfortabel und
benötigt unter Umständen sehr lange Rechenzeiten. So dauert es z.B. etwa
60 min, bis der TI-57 mit dem obigen Programm für die diophantische
Gleichung

$$11689 \cdot x + 5843 \cdot y = 27057$$

eine Grundlösung $(x_0, y_0) - (3176, \quad 6349)$ ermittelt hat. Oder bei

$$5984 \cdot x + 9399 \cdot y = 136657$$

wird die Sache ganz hoffnungslos, weil diese Gleichung wegen
ggT $(5954, 9399) = 13 \nmid 136657$ keine Lösung besitzt. Der Leser möge selbst
versuchen, ein Programm zu schreiben, das etwas schneller arbeitet und anzeigt, falls keine Lösung existiert. Zum Beispiel könnte die Gleichung
$11689 \cdot x + 5843 \cdot y = 27057$ mit $11689 = 2 \cdot 5843 + 3$ in
$3 \cdot x + 5843 \cdot (2 \cdot x + y) = 27057$ umgeschrieben werden, was hier sofort
auf eine Lösung $x = \frac{27057}{3} = 9019$ und $2 \cdot x + y = 0$ führt. Hieraus erhalten
wir die kleinste positive Lösung $x_0 = 9019 - 5843 = 3176$.
Allgemein könnten wir für $b > a$ aus $a \cdot x + b \cdot y = c$ die Gleichung
$a_1 \cdot x_1 + b_1 \cdot y_1 = c_1$ mit $a_1 = a$, $b_1 = b - a \cdot \text{Int}\,\frac{b}{a}$, $x_1 = x + y \cdot \text{Int}\,\frac{b}{a}$ und
$y_1 = y$ erhalten usw.

Aufgabe 2: Auf dem großen Festball der *Vereinigung der Hobbynumeriker*
begrüßte der 1. Vorsitzende die vielen Gäste und Mitglieder mit einer launigen
Rede, die er folgendermaßen schloß: ,,Ich bitte Sie jetzt um Ihre ganz besondere Aufmerksamkeit, denn ich möchte noch ein Wort zu unserer großen
Tombola sagen, die pünktlich um 23 Uhr mit dem Losverkauf eröffnet wird.
Die Anzahl der Lose, die — wie könnte es bei unserer Vereinigung anders
sein — ordnungsgemäß von 1 bis n durchnumeriert sind, ist größer als 50,

aber nicht größer als 5000. Zu gewinnen sind diesmal neben vielen kleinen schönen Sachen zwei Hauptgewinne. Der 1. Hauptgewinn fällt auf eine Losnummer, die wir zunächst k nennen wollen und die wir um 23 Uhr bekanntgeben werden. Den 2. Hauptgewinn erhält derjenige, der uns als erster vor 23 Uhr diese Losnummer und die Anzahl der Lose mitteilt. Die Losnummer für den 1. Hauptgewinn hat nämlich die besondere Eigenschaft, daß ihre Quersumme 10 beträgt und die vierfache Summe aller Losnummern, die kleiner als k sind, gleich ist der Summe aller Losnummern, die größer als k sind. Und jetzt wünsche ich Ihnen einen amüsanten und unterhaltsamen Verlauf des Abends."

Übersetzen wir die Worte des 1. Vorsitzenden in die Sprache der Mathematik, so erhalten wir

$$50 < n \leq 5000; \quad q = \text{Quersumme von } k = 10;$$
$$4 \cdot (1 + 2 + \ldots + (k-1)) = (k + 1) + (k + 2) + \ldots + n.$$

Benutzen wir die Summenformel für eine arithmetische Reihe ($s = \frac{1}{2} \cdot$ Anzahl der Glieder mal letztes plus erstes Glied), so wird aus der letzten Gleichung

$$4 \cdot \frac{1}{2} \cdot (k - 1) \cdot k = \frac{1}{2} \cdot (n - k) \cdot (n + k + 1);$$
$$4 \cdot k^2 - 4 \cdot k = n^2 - k^2 + n - k;$$
$$n^2 + n - 5 \cdot k^2 + 3 \cdot k = 0.$$

In diese Gleichung setzen wir nacheinander k = 1, 2, 3, ... (wegen n > 50 bräuchten wir eigentlich erst bei k = 23 zu beginnen) und berechnen jedesmal die positive Nullstelle der quadratischen Gleichung:

$$n = -\frac{1}{2} + \sqrt{\frac{1}{4} + 5 \cdot k^2 - 3 \cdot k} \quad \text{oder}$$
$$n = \frac{1}{2} \cdot \left(\sqrt{1 + 4 \cdot k \cdot (5 \cdot k - 3)} - 1\right).$$

Dieser Wert von n wird auf Ganzzahligkeit und auf ≤ 5000 überprüft. Sind diese Bedingungen erfüllt, dann bilden wir die Quersumme der höchstens vierziffrigen Zahl k. Ist q = 10, so haben wir eine Lösung k und n des Problems gefunden. Wir suchen natürlich nach weiteren Lösungen. Wird n > 5000, so können wir die Suche abbrechen. Wir lassen uns dieses vom Taschenrechner durch Blinken (Division durch Null) anzeigen. (Selbstverständlich darf es für die obige Aufgabe nur eine Lösung k geben, denn sonst gäbe es in der Tombola für zwei Losnummern Hauptgewinne. Aber als Hobbynumeriker sind wir skeptisch und interessieren uns sehr dafür, ob der Vorstand die Aufgabe auch richtig gestellt hat oder sich vielleicht doch in der Formulierung irrte.)

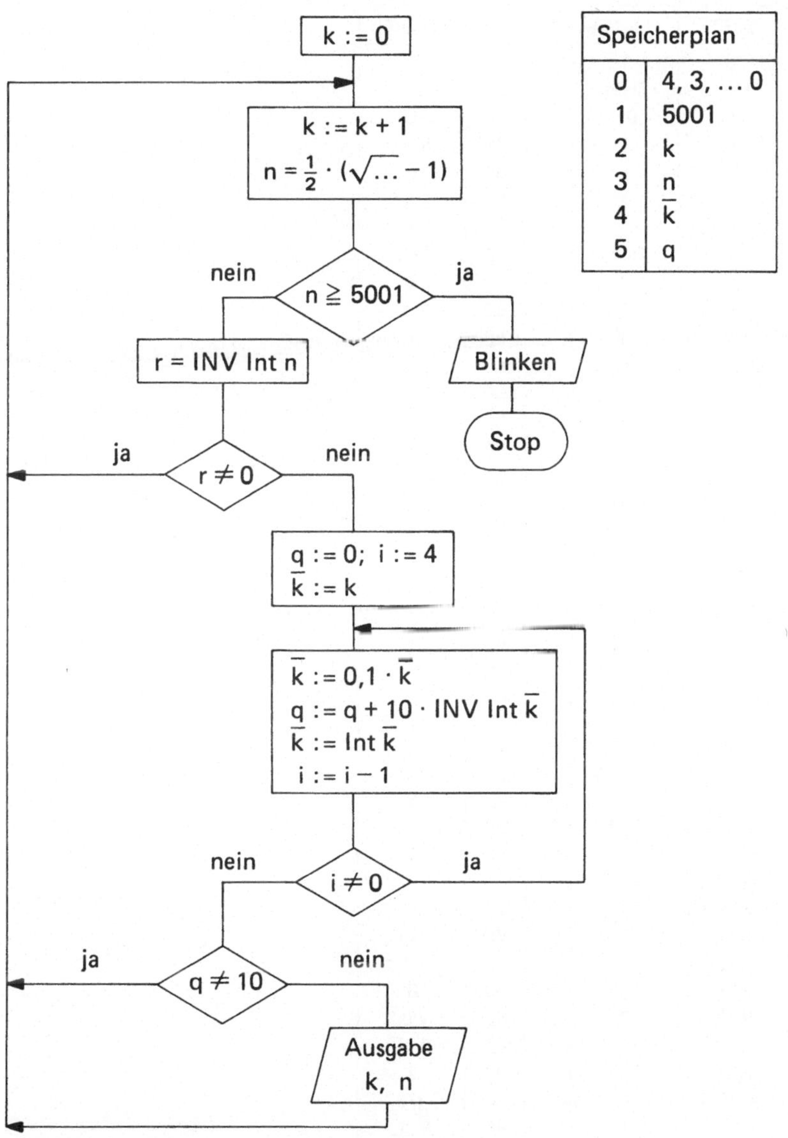

Flußdiagramm 2.1b: Losnummer einer Tombola

Das Flußdiagramm 2.1b zeigt den Algorithmus für das Losnummerproblem.
Das zugehörige Programm für den TI-57 oder TI-58/59 starten wir mit der
Tastenfolge

$\boxed{\text{RST}}$ $\boxed{\text{*CM}_s}$ ($\boxed{\text{INV}}$ $\boxed{\text{*C.t}}$) 5001 $\boxed{\text{STO}}$ 01 $\boxed{\text{R/S}}$

PSS	TI-57	TI-58/59	PSS	TI-58/59
00	1	1	46	STO
01	SUM 2	SUM	47	00
02	1	02	48	0
03	+	1	49	STO
04	4	+	50	5
05	X	4	51	·
06	RCL 2	X	52	1
07	X	RCL	53	*Prd
08	(	2	54	4
09	5	STO	55	RCL
10	X	4	56	4
11	RCL 2	X	57	*Int
12	−	(	58	*Exc
13	3	5	59	4
14	)	X	60	INV
15	=	RCL	61	*Int
16	$\sqrt{x}$	2	62	X
17	−	−	63	1
18	1	3	64	0
19	=	)	65	=
20	÷	=	66	SUM
21	2	$\sqrt{x}$	67	5
22	=	−	68	*Dsz
23	STO 3	1	69	0
24	−	=	70	0
25	RCL 1	÷	71	51
26	=	2	72	RCL
27	*x ≧ t	=	73	5
28	GTO 1	STO	74	−
29	RCL 3	3	75	1
30	INV *Int	−	76	0
31	INV *x = t	RCL	77	=
32	RST	1	78	INV
33	RCL 2	=	79	*x = t
34	R/S	*x ≧ t	80	0
35	RCL 3	0	81	00
36	R/S	89	82	RCL
37	RST	RCL	83	2
38	*LBL 1	3	84	R/S
39	0	INV	85	RCL
40	1/x	*Int	86	3
41	R/S	INV	87	R/S
42		*x = t	88	RST
43		0	89	0
44		00	90	1/x
45		4	91	R/S

Programm 2.1b: Losnummer einer Tombola

Nach etwa 45 min erhalten wir die gesuchte Losnummer für den Hauptgewinn und die Anzahl der Lose:

$$k = 1513 \quad \text{und} \quad n = 3382 \, .$$

Nach weiteren 20 min signalisiert uns der Rechner durch Blinken, daß keine weiteren Lösungen des Problems existieren. — Für den TI-57 müssen wir allerdings auf die Überprüfung der Quersumme $q = 10$ verzichten. Diese Rechnung führen wir für die angezeigten k-Werte 1, 5, 221 und 1513 im Kopf aus.

Mathematische Anmerkung. Sollte beim Festball der Hobbynumeriker unter den Gästen ein Zahlentheoretiker sein, so wird er die Gleichung

$$n^2 + n - 5 \cdot k^2 + 3 \cdot k = 0$$

folgendermaßen umformen:

$$\left(n + \frac{1}{2}\right)^2 - \frac{1}{4} - 5 \cdot \left(k - \frac{3}{10}\right)^2 + 5 \cdot \frac{9}{100} = 0 \, ,$$

$$\frac{(2 \cdot n + 1)^2}{4} - \frac{1}{4} - \frac{(10 \cdot k - 3)^2}{20} + \frac{9}{20} = 0 \, ,$$

$$(10 \cdot k - 3)^2 - 5 \cdot (2 \cdot n + 1)^2 = 4 \, .$$

Hier setzt er $x = 10 \cdot k - 3$ und $y = 2 \cdot n + 1$ und erhält die in der Zahlentheorie bekannte *Pellsche Gleichung*

$$x^2 - 5 \cdot y^2 = 4 \, .$$

Es läßt sich (nicht ganz einfach) beweisen, daß ihre positiven ganzzahligen Lösungen rekursiv darstellbar sind durch

$$x_{i+1} = x_1 \cdot x_i - x_{i-1}, \quad y_{i+1} = x_1 \cdot y_i - y_{i-1}$$

mit $(x_0, y_0) = (2,0)$ und $i \in \mathbb{N}$. x_1 ist so zu bestimmen, daß (x_1, y_1) die kleinste positive Lösung der Pellschen Gleichung wird. Für die obige Gleichung können wir sehr schnell $(x_1, y_1) = (3,1)$ finden. Damit sind alle weiteren Lösungen rekursiv zu bestimmen. Aus den x-Werten erhalten wir $k = \frac{x+3}{10}$, d.h. für unser Problem kommen nur diejenigen Lösungen x in Frage, für die $x + 3$ teilbar ist durch 10. Mit dem Programm 2.1b* für den TI-57 und $x_0 = 2 \rightarrow R_1$ und $x_1 = 3 \rightarrow R_2$ erhalten wir sehr schnell (in einigen Sekunden) alle ganzzahligen Lösungen (k, n) der Gleichung $n^2 + n - 5 \cdot k^2 + 3 \cdot k = 0$:

$$(1,1); \ (5,10); \ (221,493); \ (1513,3382); \ (71065,158905);$$
$$(487085,1089154); \ (22882613,51167077).$$

Mit der zusätzlichen Bedingung $q = 10$ finden wir unter diesen Lösungen unsere gesuchte Losnummer 1513 für den Hauptgewinn und mit 3382 die Anzahl der Lose. Wir erkennen aus den obigen Darstellungen insbesondere, daß eine gute Theorie beim Lösen eines praktischen Problems recht brauchbar sein kann (nicht immer, aber doch oftmals).

PSS	TI-57						
00	RCL 1	09	+	19	RST	29	=
01	+/−	10	3	20	RCL 0	30	$\sqrt{x}$
02	+	11	=	21	R/S	31	−
03	3	12	÷	22	RCL 2	32	1
04	X	13	1	23	x^2	33	=
05	RCL 2	14	0	24	−	34	÷
06	STO 1	15	=	25	4	35	2
07	=	16	STO 0	26	=	36	=
08	STO 2	17	INV *Int	27	÷	37	R/S
		18	INV *x = t	28	5	38	RST

Programm 2.1b*: Losnummerproblem und Pellsche Gleichung

Aufgabe 3: Herr Mathemeier läßt keine Gelegenheit aus, seinen Kindern die Mathematik auf seine Art *schmackhaft* zu machen. So wundern sich seine Söhne Alfred, Benno und Christoph auch gar nicht, als sie auf die Bitte nach einem Zuschuß für ihre dreitätige Wochenendradtour von ihrem Vater folgende Antwort erhalten: „Ich habe hier $n = 30$ Streichhölzer, von denen jeder von euch eine gewisse Anzahl erhält. Keiner bekommt kein Streichholz. Erhält Alfred x Streichhölzer, so wird er von mir $\frac{2}{10} \cdot x^2$ DM für die Tour bekommen. Entsprechend erhält Benno $\frac{4}{10} \cdot y^2$ DM und Christoph $\frac{3}{10} \cdot z^2$ DM. Aber das Entscheidende kommt jetzt. Ich zahle euch den Gesamtbetrag nur dann aus, wenn ihr herausbekommt, bei welcher Verteilung ich die geringste Summe zu zahlen habe."

Die Söhne machen sich eifrig an die Arbeit und überlegen folgendermaßen. Wenn Alfred x und Benno y Streichhölzer erhält, dann bleiben für Christoph noch $z = n - x - y$ übrig. Die gesamte Summe, die der Vater in DM auszuzahlen hat, beträgt

$$S = 0{,}2 \cdot x^2 + 0{,}4 \cdot y^2 + 0{,}3 \cdot (n - x - y)^2 .$$

Das Problem besteht nun darin, die natürlichen Zahlen x und y (die Streichhölzer dürfen nicht zerbrochen werden!) so zu wählen, daß S ein Minimum wird. Dabei müssen x und y den folgenden Bedingungen genügen:

$$x \geq 1; \quad y \geq 1; \quad x + y \leq n - 1; \quad x, y \in \mathbb{N} .$$

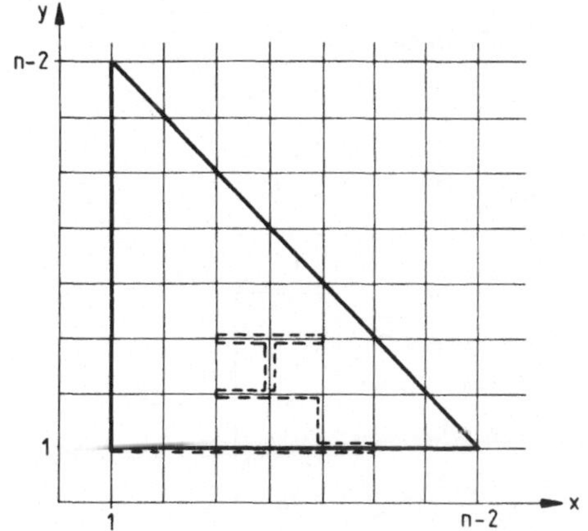

Bild 2.1:
Minimales Taschengeldproblem

Im Bild 2.1 werden (x, y) durch die Gitterpunkte des stark umrandeten Drei-
ecks (einschließlich Randpunkte) dargestellt. Wir brauchen also nur für jeden
zulässigen Gitterpunkt die Summe S auszurechnen und festzustellen, für
welches Paar (x_m, y_m) wir den kleinsten Wert S erhalten. Das ergibt insgesamt $\frac{(n-1)\cdot(n-2)}{2} = \frac{29 \cdot 29}{2} = 406$ Berechnungen für S, die immer wieder
nach derselben Formel auszuführen sind. Müßten wir tatsächlich jedesmal die
Rechnung selbst durchführen, so wäre dieses eine sehr zeitraubende und
stumpfsinnige Tätigkeit. Für einen programmierbaren Taschenrechner stellen
aber 406 Berechnungen nach demselben Algorithmus kein allzu großes Problem dar. Wir müssen nur ein zuverlässiges Programm schreiben. Eine mögliche
Lösung wird im Flußdiagramm 2.1c aufgezeigt. Wir rechnen dabei zeilenweise
mit

$$y := n-2,\ n-3,\ \dots,\ 2,\ 1 \quad \text{und}$$
$$x := 1,\ 2,\ 3,\ \dots,\ x_{max} = n-1-y\,.$$

Wegen $S < 0{,}4 \cdot n^2 < n^2$ setzen wir zunächst $S_{min} = n^2$, bis wir Werte
(x_m, y_m) finden, für die $S < S_{min} = n^2$ wird.

Das Programm 2.1c für den SR-56 starten wir mit $\boxed{\text{RST}}$ n $\boxed{\text{R/S}}$ und erhalten nach etwa 15 min die Lösung (immer mit $\boxed{\text{R/S}}$):

$$x = 14;\quad y = 7;\quad z = 9;\quad S_{min} = 83{,}1\ \text{DM}.$$

Für den TI-57 müssen wir die Ein- und Ausgabe aus dem Programm herausnehmen. Damit die Anzahl der unvollständigen Operationen zwei nicht überschreitet (hierfür wird sonst R_6 benötigt), stellen wir die Berechnung von S
etwas um.

Eingabe: $\boxed{\text{RST}}$ $\boxed{\text{INV}}$ $\boxed{\text{*C.t}}$ n $\boxed{\text{STO}}$ 6 n^2 $\boxed{\text{STO}}$ 5
$\quad\quad\quad\quad$ $n-2$ $\boxed{\text{STO}}$ 0 1 $\boxed{\text{STO}}$ 2 $\boxed{\text{R/S}}$

Ausgabe: $\boxed{\text{RCL}}$ 3 : x $\boxed{\text{RCL}}$ 4 : y $\boxed{\text{RCL}}$ 5 : S_{min} .

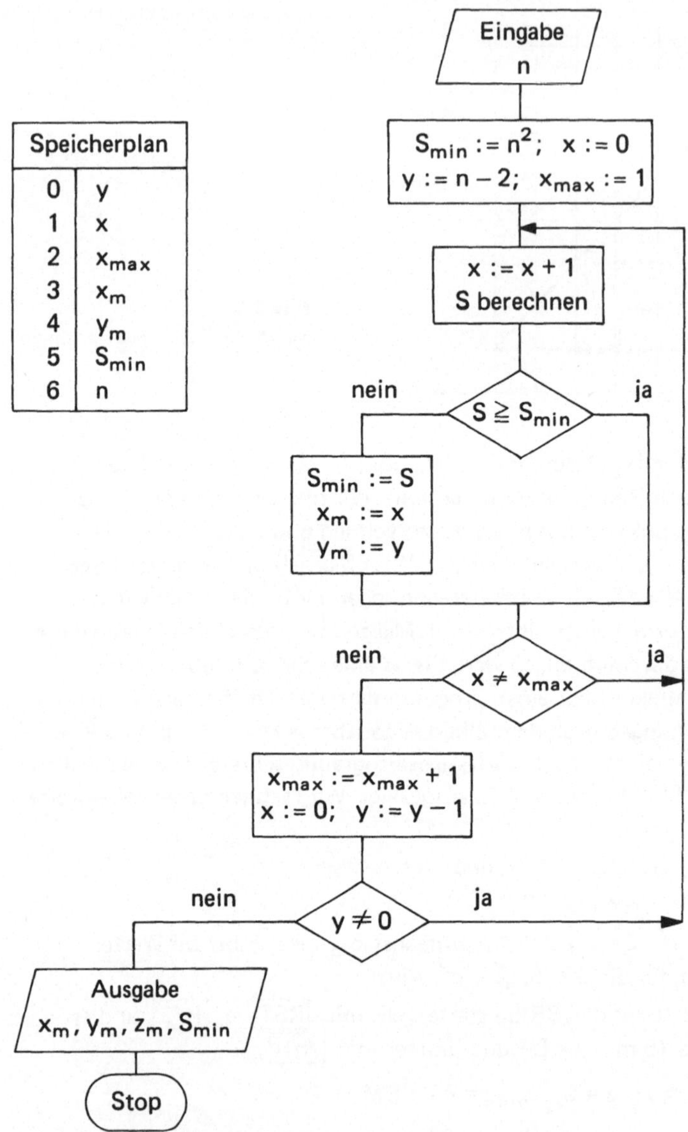

Flußdiagramm 2.1c: Minimales Taschengeldproblem

PSS	SR-56	TI-57	PSS	SR-56	TI-57	PSS	SR-56
00	$*CM_s$	1	33	3	RCL 0	66	–
01	STO	SÜM 1	34	X	STO 4	67	RCL
02	6	RCL 6	35	(	$*$LBL 1	68	2
03	STO	–	36	RCL	RCL 1	69	=
04	0	RCL 1	37	6	–	70	INV
05	x^2	–	38	–	RCL 2	71	$*x = t$
06	STO	RCL 0	39	RCL	=	72	1
07	5	=	40	1	INV $*x = t$	73	5
08	1	x^2	41	–	RST	74	1
09	STO	X	42	RCL	1	75	SUM
10	2	·	43	0	SUM 2	76	2
11	2	3	44	)	0	77	0
12	INV	+	45	x^2	STO 1	78	STO
13	SUM	·	46	=	$*$Dsz	79	1
14	0	2	47	–	RST	80	$*$dsz
15	1	X	48	RCL	R/S	81	1
16	SUM	RCL 1	49	5		82	5
17	1	x^2	50	=		83	RCL
18	·	+	51	$*x \geq t$		84	3
19	2	·	52	6		85	R/S
20	X	4	53	4		86	+
21	RCL	X	54	SUM		87	RCL
22	1	RCL 0	55	5		88	4
23	x^2	x^2	56	RCL		89	R/S
24	+	=	57	1		90	–
25	·	–	58	STO		91	RCL
26	4	RCL 5	59	3		92	6
27	X	=	60	RCL		93	=
28	RCL	$*x \geq t$	61	0		94	+/–
29	0	GTO 1	62	STO		95	R/S
30	x^2	SUM 5	63	4		96	RCL
31	+	RCL 1	64	RCL		97	5
32	·	STO 3	65	1		98	R/S

Programm 2.1c: Minimales Taschengeldproblem

Mathematische Anmerkung. Den drei Brüdern Alfred, Benno und Christoph kam es in erster Linie darauf an, das Problem überhaupt zu lösen, um in den Besitz des begehrten Taschengelds zu kommen. Es war ihnen ziemlich gleichgültig, ob der Rechner 15 Minuten oder auch 15 Stunden zur Lösung des Problems benötigt. Um eine Zeitoptimierung zu erreichen, könnte man einen Suchalgorithmus anwenden, der im Bild 2.1 durch die gestrichelte Linie angedeutet ist. Wir beginnen auf der Zeile $y = 1$ mit $x := 1, 2, \ldots$ und suchen dort den Punkt $(x_1, 1)$, für den S ein Minimum wird. Sowie S für ein x wieder größer wird, kehren wir um und gehen in die nächste Zeile $y = 2$. Dort beginnen wir die Suche nach S_{min} im Punkt $(x_1, 2)$, indem wir nach links $(x := x_1 - 1)$ oder rechts $(x := x_1 + 1)$ gehen. Finden wir dort wieder einen kleineren Wert für S als bisher, so geht es in die Zeile $y = 3$. Diesen Algorithmus setzen wir solange fort, bis wir in einer Zeile keinen kleineren Wert für S als in der vorhergehenden Zeile gefunden haben. Auf diese Weise brauchen wir wesentlich weniger Punkte als früher zu berücksichtigen. Allerdings muß die Funktion $S = f(x, y)$ gewisse mathematische Eigenschaften besitzen, damit dieses Suchen nach S_{min} erfolgreich ist. In unserer Aufgabe erfüllt $S = f(x, y)$ diese Bedingungen. Der Leser möge selbst versuchen, ein zeitoptimaleres Programm als das in 2.1c zu schreiben. Die TI-57-Besitzer scheitern hier allerdings an dem zu kleinen Programmspeicher.

Derjenige Leser, der etwas über Funktionen mit zwei Veränderlichen gelernt hat, geht natürlich zunächst rein mathematisch an das Problem heran. Wir betrachten die Funktion

$$S = 0{,}2 \cdot x^2 + 0{,}4 \cdot y^2 + 0{,}3 \cdot (n - x - y)^2 \quad \text{für} \quad x, y \in \mathrm{IR}$$

und fragen nach einem Minimum von S (ein Maximum kommt wegen $S \to \infty$ für $x \to \infty$ oder $y \to \infty$ nicht in Frage). Die notwendige Bedingung hierfür lautet, daß die partiellen Ableitungen von S Null sein müssen:

$$\frac{\partial S}{\partial x} = 0{,}4 \cdot x - 0{,}6 \cdot (n - x - y) = 0 \quad \text{und}$$

$$\frac{\partial S}{\partial y} = 0{,}8 \cdot y - 0{,}6 \cdot (n - x - y) = 0 \, .$$

Hieraus erhalten wir sofort $0{,}4 \cdot x = 0{,}8 \cdot y$, d.h. $x = 2 \cdot y$, und damit nach einer (wirklich) kurzen Rechnung

$$x = \frac{6}{13} \cdot n = 13{,}85 \quad \text{und} \quad y = \frac{3}{13} \cdot n = 6{,}92 \, .$$

Um die Lösung für x, y $\in$ IN zu finden, brauchen wir jetzt nur noch für die vier Eckpunkte des Quadrats, in das der Punkt (13,85; 6,92) fällt, jeweils S auszurechnen. In der nebenstehenden Tabelle sind die Ergebnisse dieser Rechnung mit der fettgedruckten Lösung unseres Problems angegeben.

x	y	S
13	6	84,5
14	6	83,6
14	**7**	**83,1**
13	7	83,4

Probleme für den Leser:

1. Als Karl seinen Freund Egon traf und ihn nach der Anzahl der Teilnehmer und seiner Startnummer beim Kreissportfest am nächsten Wochenende fragte, erhielt er die folgende Antwort: „Alle Zahlen bis zur höchsten Startnummer, die dreistellig ist, wurden genau einmal vergeben. Ich habe eine zweistellige Startnummer und die Summe der Quadrate aller kleineren Nummern ist gleich der fünffachen Summe aller größeren Nummern."
(Hinweis: $1^2 + 2^2 + \ldots + n^2 = \dfrac{n \cdot (n+1) \cdot (2 \cdot n + 1)}{6}$)

2. Fritz hat seine eigene Ansicht über das Kürzen von Brüchen. Er rechnet z.B. so: $\dfrac{19}{95} = \dfrac{1\!\!\!/9}{9\!\!\!/5} = \dfrac{1}{5}$ und hat tatsächlich das richtige Ergebnis erhalten! Bestimmen Sie alle Brüche mit zweistelligem Zähler und Nenner, für die diese ‚Kürzungsregel' gilt.

2.2 Pythagoreische Zahlentripel

Drei natürliche Zahlen (a, b, c) werden als ein pythagoreisches Zahlentripel bezeichnet, wenn für sie gilt

$$a^2 + b^2 = c^2 .$$

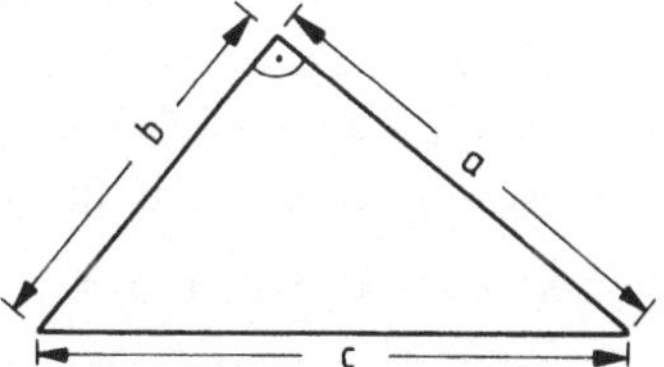

a und b können als Längen der Katheten und c als Länge der Hypotenuse in einem rechtwinkligen Dreieck aufgefaßt werden. (3, 4, 5), (5, 12, 13) und (12, 9, 15) sind z.B. pythagoreische Zahlentripel. Die ersten beiden Tripel sind teilerfremd. Das letzte dagegen ist nicht teilerfremd. Nach Division aller Zahlen durch 3 erhalten wir mit (4, 3, 5) wieder das erste Tripel von oben. (Wir sehen (a, b, c) und (b, a, c) als gleiches pythagoreisches Zahlentripel an.) Wir fragen nach allen teilerfremden pythagoreischen Zahlentripeln. Da die Herleitung einer formelmäßigen Darstellung nicht allzu schwer ist, wollen wir das Programmieren zunächst einmal vergessen und dem Mathematiker bei einem solchen Beweis über die Schulter gucken.

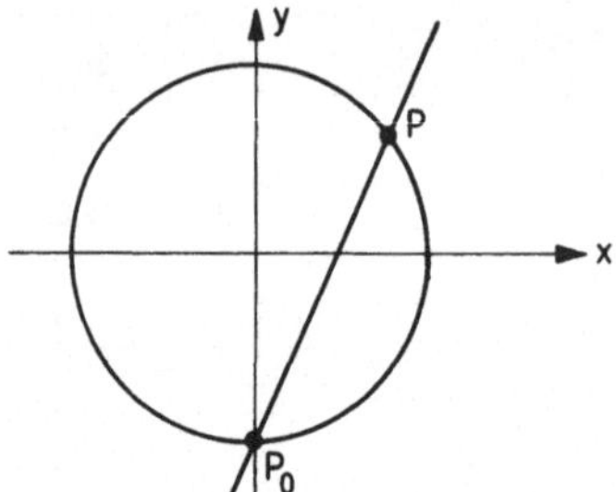

Bild 2.2
Einheitskreis $x^2 + y^2 = 1$

Dividieren wir die Gleichung $a^2 + b^2 = c^2$ durch c^2 und setzen $x = \frac{a}{c}$ und $y = \frac{b}{c}$, so erhalten wir

$$x^2 + y^2 = 1 \,.$$

Lassen wir für x und y alle reellen Zahlen aus dem Intervall $[-1; 1]$ zu, so stellt die obige Gleichung den Einheitskreis (Radius = 1) in der x,y-Ebene dar (Bild 2.2). Unsere Aufgabe besteht dann darin, die rationalen Koordinaten (x, y) eines Punktes P des Kreises zu bestimmen. Daß es solche Punkte gibt, ist selbstverständlich: (0,1), (1,0), $(\frac{3}{5}, \frac{4}{5})$ usw. Eine durch einen solchen Punkt P_0 (0, -1) gelegte Gerade wird den Kreis in einem weiteren Punkt P schneiden (eine Parallele zur x-Achse wollen wir in unseren Betrachtungen ausschließen). Die Gleichung einer Geraden durch P_0 lautet

$$y = t \cdot x - 1 \quad \text{mit} \quad t \in \mathbb{R} \,.$$

Sind nun x und y rationale Koordinaten eines Punktes P, so ist auch t rational. Mit $t = \frac{y+1}{x}$ ist dieses sofort ersichtlich. Aber auch die Umkehrung gilt: Ist t eine rationale Zahl, so besitzt der Schnittpunkt P der Geraden mit dem Kreis rationale Koordinaten. Dieses prüfen wir durch direkte Rechnung nach. Einsetzen von $y = t \cdot x - 1$ in die Kreisgleichung ergibt

$$x^2 + t^2 \cdot x^2 - 2 \cdot t \cdot x + 1 = 1$$

oder, da die Lösung $x = 0$ für unsere Zwecke nicht in Frage kommt,

$$x = \frac{2 \cdot t}{t^2 + 1} \quad \text{und damit} \quad y = \frac{t^2 - 1}{t^2 + 1} \,.$$

Hieraus erkennen wir, daß für rationales t auch x und y rational sind. Beschränken wir uns auf positive rationale Koordinaten (I. Quadrant), so können wir

$$t = \frac{n}{m} \quad \text{mit} \quad n, m \in \mathbb{N} \land n > m$$

setzen. Mit

$$x = \frac{a}{c} = \frac{2 \cdot n \cdot m}{n^2 + m^2} \quad \text{und} \quad y = \frac{b}{c} = \frac{n^2 - m^2}{n^2 + m^2}$$

erhalten wir sämtliche rationalen Lösungen der Gleichung $x^2 + y^2 = 1$.
Pythagoreische Zahlentripel sind damit gegeben durch

$$a = 2 \cdot n \cdot m, \quad b = n^2 - m^2, \quad c = n^2 + m^2.$$

Wählen wir $n, m \in \mathbb{N}$ teilerfremd und nicht beide ungerade, so erhalten wir
in der obigen Darstellung alle teilerfremden pythagoreischen Zahlentripel.

Nach diesem Ausflug in das Reich der Mathematik wenden wir uns wieder
den programmierbaren Taschenrechnern zu. Wir schreiben für den TI-58
und 59 und den Drucker ein Programm, mit dem für alle $m < n \leq N$ alle
teilerfremden pythagoreischen Zahlentripel bestimmt werden. Die Ergebnisse
sollen vom Drucker in der Form

> XX . XX
>
> n   m
>
> XXX XXX . XXX
>
> a   b   c

ausgegeben werden. Damit dieses Format benutzt werden kann, muß für die
größte auftretende Zahl $c = N^2 + (N-1)^2 \leq 999$ gelten, d.h. $N \leq 22$. Die
folgende Tabelle für $N = 12$ zeigt, wie wir beim Entwickeln des Programms
vorgehen werden.

m = 1;	n = 2,	4,	6,	8,	10,	12
m = 2;	n = 3,	5,	7,	9,	11	
m = 3;	n = 4,	~~6~~,	8,	10,	~~12~~	
m = 4;	n = 5,	7,	9,	11		
m = 5,	n = 6,	8,	~~10~~,	12		
m = 6;	n = 7,	~~9~~,	11			
m = 7;	n = 8,	10,	12			
m = 8;	n = 9,	11				
m = 9;	n = 10,	~~12~~				
m = 10;	n = 11					
m = 11;	n = 12					

Wir lassen m alle natürlichen Zahlen von 1 bis $N - 1$ durchlaufen und beginnen für ein m die Berechnung der pythagoreischen Zahlentripel mit
$n = m + 1$. Danach setzen wir $n := n + 2$ solange $n \leq N$ ist und sondern die
nicht teilerfremden Zahlen aus (in der obigen Tabelle durchgestrichen). Die
Teilerfremdheit zweier natürlicher Zahlen m und $n > m$ überprüfen wir mit

dem *Euklidischen Algorithmus* zur Bestimmung des größten gemeinsamen
Teilers ggT (n, m):

$$r_0 = n; \quad r_1 = m$$
$$r_0 = r_1 \cdot q_1 + r_2 \quad \text{mit} \quad q_1 \in \mathbb{N} \quad \text{und} \quad 0 < r_2 < r_1$$
$$r_1 = r_2 \cdot q_2 + r_3 \quad \text{mit} \quad q_2 \in \mathbb{N} \quad \text{und} \quad 0 < r_3 < r_2$$

$$\ldots\ldots\ldots\ldots\ldots$$

$$r_{k-2} = r_{k-1} \cdot q_{k-1} + r_k \quad \text{mit} \quad q_{k-1} \in \mathbb{N} \quad \text{und} \quad 0 < r_k < r_{k-1}$$
$$r_{k-1} = r_k \cdot q_k \qquad\qquad \text{mit} \quad q_k \in \mathbb{N}$$

Da die natürlichen Zahlen $r_0, r_1, r_2, \ldots$ eine (streng) monoton abnehmende
Folge bilden, bricht der Algorithmus nach endlich vielen Schritten ab und
liefert mit der letzten Zahl r_k, für die r_{k-1} ohne Rest durch r_k teilbar ist,
den größten gemeinsamen Teiler von n und m. Dieses folgt sofort aus

$$r_k = ggT\,(r_{k-1}, r_k) = ggT\,(r_{k-2}, r_{k-1}) = \ldots = ggT\,(r_0, r_1)\,.$$

Ist nun insbesondere ggT $(n, m) = 1$, so sind die natürlichen Zahlen n und m
teilerfremd.

Für den Taschenrechner lautet die Rechenvorschrift für den Euklidischen
Algorithmus

$$q = \text{Int}\ \frac{r_0}{r_1} \quad \text{und} \quad r_2 = r_0 - r_1 \cdot q \quad \text{mit der Abfrage} \quad r_2 = 0?$$

Nach diesen Vorbereitungen zeichnen wir das Flußdiagramm 2.2 und schreiben
danach das Programm 2.2. Für die Eingabe ist lediglich zu beachten:

$$N \ \boxed{A}\,.$$

Im Beispiel 2.2 erhalten wir mit N = 10 alle teilerfremden pythagoreischen
Zahlentripel für $m \leqq 9$ und $n \leqq 10$, z.B. für m = 4 und n = 7

$$56^2 + 33^2 = 65^2\,.$$

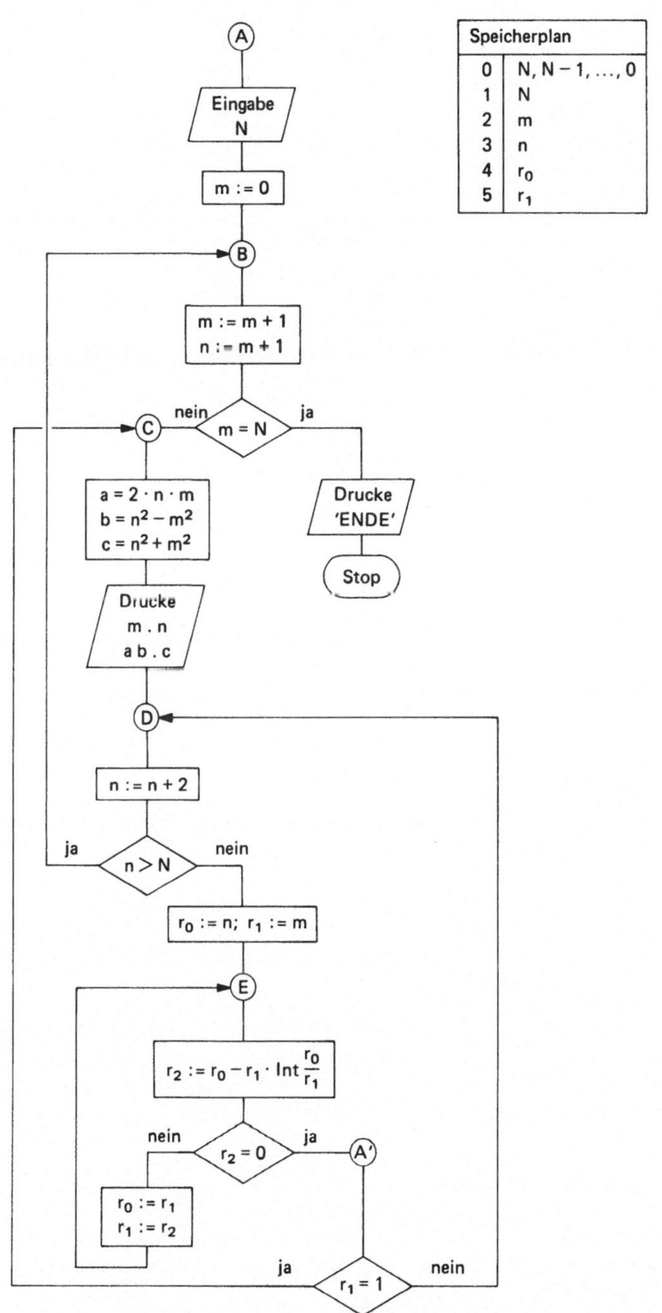

Flußdiagramm 2.2: Teilerfremde pythagoreische Zahlentripel
      (TI-58/59 und Drucker)

PSS	Code	Taste		PSS	Code	Taste		PSS	Code	Taste		PSS	Code	Taste
000	76	LBL		036	76	LBL		073	85	+		110	02	2
001	11	A		037	13	C		074	53	(		111	42	STO
002	47	CMS		038	43	RCL		075	43	RCL		112	05	05
003	42	STO		039	02	02		076	03	03		113	76	LBL
004	00	00		040	85	+		077	33	X²		114	15	E
005	42	STO		041	43	RCL		078	85	+		115	29	CP
006	01	01		042	03	03		079	43	RCL		116	43	RCL
007	76	LBL		043	55	÷		080	02	02		117	04	04
008	12	B		044	01	1		081	33	X²		118	55	÷
009	01	1		045	00	0		082	54	)		119	43	RCL
010	44	SUM		046	00	0		083	55	÷		120	05	05
011	02	02		047	95	=		084	01	1		121	95	=
012	85	+		048	58	FIX		085	00	0		122	59	INT
013	43	RCL		049	02	02		086	00	0		123	94	+/-
014	02	02		050	99	PRT		087	00	0		124	65	×
015	95	=		051	22	INV		088	95	=		125	43	RCL
016	42	STO		052	58	FIX		089	99	PRT		126	05	05
017	03	03		053	02	2		090	98	ADV		127	85	+
018	97	DSZ		054	00	0		091	76	LBL		128	43	RCL
019	00	00		055	00	0		092	14	D		129	04	04
020	13	C		056	00	0		093	02	2		130	95	=
021	69	OP		057	65	×		094	44	SUM		131	67	EQ
022	00	00		058	43	RCL		095	03	03		132	16	A'
023	01	1		059	03	03		096	43	RCL		133	48	EXC
024	07	7		060	65	×		097	03	03		134	05	05
025	03	3		061	43	RCL		098	42	STO		135	42	STO
026	01	1		062	02	02		099	04	04		136	04	04
027	01	1		063	85	+		100	75	-		137	15	E
028	06	6		064	53	(		101	43	RCL		138	76	LBL
029	01	1		065	43	RCL		102	01	01		139	16	A'
030	07	7		066	03	03		103	95	=		140	43	RCL
031	69	OP		067	33	X²		104	32	X:T		141	05	05
032	02	02		068	75	-		105	00	0		142	32	X:T
033	69	OP		069	43	RCL		106	22	INV		143	01	1
034	05	05		070	02	02		107	77	GE		144	67	EQ
035	91	R/S		071	33	X²		108	12	B		145	13	C
				072	54	)		109	43	RCL		146	14	D

Programm 2.2: Teilerfremde pythagoreische Zahlentripel (TI-58/59 und Drucker

```
        1.02              2.05              4.05              7.08
   4003.005         20021.029         40009.041        112015.113

        1.04              2.07              4.07              7.10
   8015.017         28045.053         56033.065        140051.149

        1.06              2.09              4.09              8.09
  12035.037         36077.085         72065.097        144017.145

        1.08              3.04              5.06              9.10
  16063.065         24007.025         60011.061        180019.181

        1.10              3.08              5.08             ENDE
  20099.101         48055.073         80039.089

        2.03              3.10              6.07
  12005.013         60091.109         84013.085
```

Beispiel 2.2: Teilerfremde pythagoreische Zahlentripel (N = 10)

2.3 Probleme mit teilerfremden pythagoreischen Dreiecken

Ein rechtwinkliges Dreieck mit ganzzahligen teilerfremden Seiten nennt man ein *teilerfremdes pythagoreisches Dreieck* (tpD). Über solche Dreiecke gibt es eine große Anzahl von Aufgaben, die gerade auf die Hobbymathematiker einen großen Reiz ausüben. Im Sinne einer praktischen Anwendung der Mathematik sind diese Aufgaben fast immer vollkommen unwichtig. Aber vielleicht ist dieses gerade das Reizvolle an den Fragestellungen. Die erste Aufgabe, nämlich wie man alle tpD findet, haben wir bereits in 2.2 behandelt. Aus der Fülle der vielen weiteren Probleme greifen wir hier zwei auf und geben weiter unten einige Aufgaben für den Leser zum Knobeln und natürlich auch zum Programmieren.

Problem 1: Es sind teilerfremde pythagoreische Dreiecke zu bestimmen, für die die Differenz der Längen der Katheten den Wert 1 annimmt. Daß es solche Dreiecke gibt, zeigt Beispiel 2.2 mit (3, 4, 5) und (20, 21, 29). Aus $|b - a| = 1$, d.h. $b - a = \mp 1$, folgt mit der Darstellung für a und b aus 2.2

$$n^2 - m^2 - 2 \cdot m \cdot n = \mp 1.$$

Lassen wir m alle natürlichen Zahlen durchlaufen, so erhalten wir für n jedesmal eine quadratische Gleichung mit der Lösung

$$n = m + \sqrt{2 \cdot m^2 \mp 1} \, .$$

Ist diese Lösung ganzzahlig, d.h. INV Int n = 0, so haben wir mit

$$a = 2 \cdot m \cdot n, \quad b = n^2 - m^2, \quad c = n^2 + m^2$$

ein tpD mit der Eigenschaft $|b - a| = 1$ gefunden. Die Teilerfremdheit von n und m braucht hier nicht nachgeprüft zu werden, da die Katheten a und b sich um 1 unterscheiden und deshalb keinen gemeinsamen Teiler besitzen können.

Wir wollen die ersten tpD mit der Eigenschaft $|b - a| = 1$ von einem programmierbaren Taschenrechner berechnen lassen. Der Algorithmus hierzu ist im Flußdiagramm 2.3a angegeben. Dabei beachten wir noch: Ist $r = 2 \cdot m^2 - 1 = x^2$ eine Quadratzahl, so kann $2 \cdot m^2 + 1 = x^2 + 2$ keine Quadratzahl sein, d.h. wir gehen in diesem Fall nach dem ersten Durchlaufen des Unterprogramms wieder an den Anfang (m := m + 1) des Programms zurück. Mit dem Programm 2.3a für den SR-56 und TI-57 erhalten wir die Ergebnisse im Beispiel 2.3a.

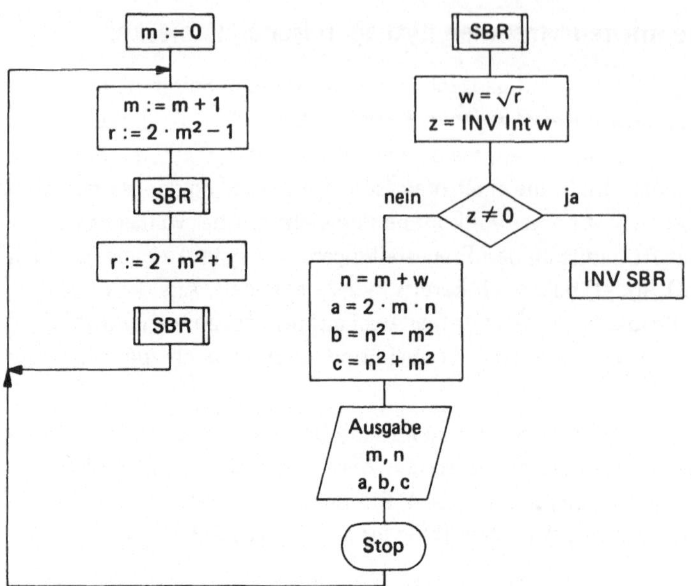

Flußdiagramm 2.3a: Teilerfremde pythagoreische Dreiecke mit $|b-a| = 1$

PSS	SR-56	TI-57	PSS	SR-56	TI-57	PSS	SR-56	TI-57
00	1	1	22	RST	RCL 1	44	=	=
01	SUM	SUM 1	23	=	R/S	45	R/S	R/S
02	1	2	24	*$\sqrt{x}$	SUM 2	46	RCL	RST
03	2	X	25	STO	X	47	2	
04	X	RCL 1	26	2	RCL 2	48	x^2	
05	RCL	x^2	27	INV	R/S	49	−	
06	1	−	28	*Int	X	50	RCL	
07	x^2	STO 0	29	INV	2	51	1	
08	−	1	30	*x = t	=	52	x^2	
09	STO	SBR 0	31	6	R/S	53	=	
10	0	RCL 0	32	5	RCL 2	54	R/S	
11	1	+	33	RCL	x^2	55	RCL	
12	*subr	1	34	1	−	56	2	
13	2	SBR 0	35	R/S	RCL 1	57	x^2	
14	3	RST	36	SUM	x^2	58	+	
15	RCL	*LBL 0	37	2	=	59	RCL	
16	0	=	38	X	R/S	60	1	
17	+	$\sqrt{x}$	39	RCL	RCL 2	61	x^2	
18	1	STO 2	40	2	x^2	62	=	
19	*subr	INV *Int	41	R/S	+	63	R/S	
20	2	INV *x = t	42	X	RCL 1	64	RST	
21	3	INV SBR	43	2	x^2	65	*rtn	

Programm 2.3a: Teilerfremde pythagoreische Dreiecke mit $|b-a| = 1$

k	m	n	a	b	c
1	1	2	4	3	5
2	2	5	20	21	29
3	5	12	120	119	169
4	12	29	696	697	985
5	29	70	4 060	4 059	5 741
6	70	169	23 660	23 661	33 461
7	169	408	137 904	137 903	195 025
8	408	985	803760	803 761	1 136 689

Beispiel 2.3a: Teilerfremde pythagoreische Dreiecke mit $|b - a| = 1$

Mathematische Anmerkung: Sehen wir uns die Zahlenwerte im Beispiel 2.3a
etwas genauer an, so entdecken wir für $k \in \mathbb{N}_8$ die folgenden Gesetzmäßig-
keiten:

$$m_{k+2} = 2 \cdot m_{k+1} + m_k, \quad n_k = m_{k+1}, \quad c_k = n_{2k} .$$

Setzen wir voraus, daß diese Ergebnisse der *experimentellen*
Mathematik auch für $k > 8$ Gültigkeiten behalten, so können
wir die Folge $\langle m_k \rangle$ sehr einfach mit dem nebenstehenden
Programm (für den TI-57) berechnen. Für $k \geq 8$ erhalten wir

985, 2378, 5741, 13860, 33461, 80782,
195025, 470832, 1136689, ...

Die explizite Lösung der homogenen Differenzengleichung
für m_k können wir durch den Ansatz $m_k = p^k$ ermitteln.
p genügt der Gleichung

$$p^{k+2} = 2 \cdot p^{k+1} + p^k \quad \text{oder} \quad p^2 = 2 \cdot p + 1 .$$

```
2
X
RCL 2
+
RCL 1
=
R/S
*Exc 2
STO 1
RST
```

Mit $p = 1 + \sqrt{2}$ und $p = 1 - \sqrt{2}$ lautet dann die allgemeine Lösung der
obigen linearen Differenzengleichung

$$m_k = C_1 \cdot (1 + \sqrt{2})^k + C_2 \cdot (1 - \sqrt{2})^k .$$

Die Konstanten C_1 und C_2 bestimmen wir aus den Anfangsbedingungen,
wobei wir zweckmäßig noch $m_0 = 0$ für $k = 0$ hinzunehmen (ein tpD erhalten
wir für diesen Fall natürlich nicht).

$$m_0 = C_1 + C_2 = 0 \quad \text{und} \quad m_1 = C_1 \cdot (1 + \sqrt{2}) + C_2 \cdot (1 - \sqrt{2}) = 1$$

liefert $C_1 = - C_2 = \frac{1}{4} \sqrt{2}$ und damit

$$m_k = \frac{\sqrt{2}}{4} [(1 + \sqrt{2})^k - (1 - \sqrt{2})^k]$$

oder auch

$$m_k = \frac{\sqrt{2}}{4} [(1 + \sqrt{2})^k - (-1)^k (1 + \sqrt{2})^{-k}] .$$

Wer will, kann m_k auch so schreiben:

$$m_k = \begin{cases} \dfrac{1}{\sqrt{2}}\ \sinh\left(k \cdot \ln\left(1 + \sqrt{2}\right)\right) & \text{für } k \text{ gerade} \\[2ex] \dfrac{1}{\sqrt{2}}\ \cosh\left(k \cdot \ln\left(1 + \sqrt{2}\right)\right) & \text{für } k \text{ ungerade.} \end{cases}$$

Aus all diesen Darstellungen ist nicht zu erkennen, daß die Zahlen m_k ganzzahlig sind.

Problem 2: Wir fragen nach teilerfremden pythagoreischen Dreiecken mit demselben Umfang U. Mit der Darstellung für die Seiten a, b und c nach 2.2 erhalten wir

$$U = a + b + c = 2 \cdot m \cdot n + n^2 - m^2 + n^2 + m^2 = 2 \cdot n \cdot (n + m) \,.$$

Wir setzen $s = \dfrac{U}{2} = n \cdot (n + m)$ mit $1 \leqq m < n$, n und m teilerfremd und nicht beide ungerade. In einer n,m-Ebene kommen hierfür höchstens die dick gezeichneten Gitterpunkte in Frage (Bild 2.3). Für jeden solchen zulässigen Punkt $P(n, m)$ berechnen wir $s = s(n, m)$ und fragen nach weiteren Werten n_1 und m_1 mit demselben s. Bei der Suche nach einem solchen Punkt $P_1 = P(n_1, m_1)$ gehen wir folgendermaßen vor. Wir beginnen mit $m = 1$ und lassen n alle zulässigen Werte bis zu einer vorgegebenen Zahl N durchlaufen. Für jeden Punkt

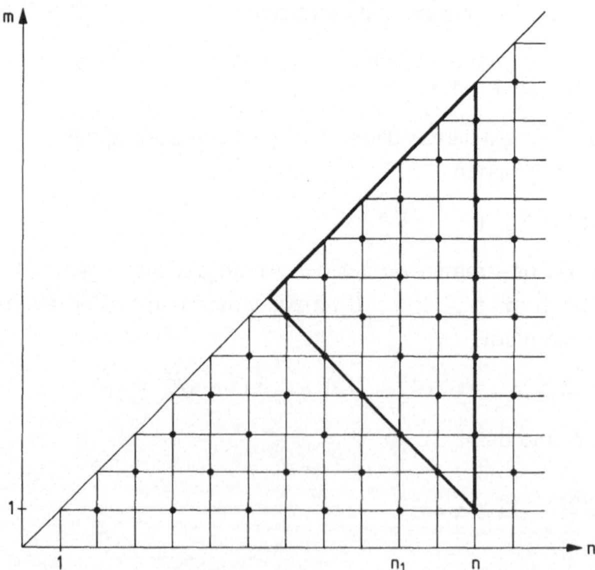

Bild 2.3: tpD mit demselben Umfang

$P(n, m)$ fragen wir nach weiteren Punkten P_1, für die $s(n_1, m_1) = s(n, m)$ gilt. Ist eine Zeile abgearbeitet, so setzen wir $m := m + 1$ und verfahren entsprechend. Beachten wir noch

$$s(n + 1, m) > s(n, m) ,$$
$$s(n, m + 1) > s(n, m) ,$$
$$s(n - 1, m + 1) = (n - 1) \cdot (n + m) < s(n, m) ,$$

so erkennen wir, daß zu einem vorgegebenen Punkt $P(n, m)$ die gesuchten Punkte P_1 im Innern des stark umrandeten Gebietes (Bild 2.3) liegen müssen. Gilt

$$s_1 = n_1 \cdot (n_1 + m_1) = n \cdot (n + m) = s ,$$

so sind n_1 und n entweder beide gerade oder beide ungerade, denn die Zahlen $n_1 + m_1$ und $n + m$ sind stets beide ungerade. Wir beginnen daher die Suche nach P_1 mit $n_1 = n - 2$ und setzen danach $n_1 := n_1 - 2$. Dieses machen wir solange, bis n_1 kleiner als

$$n_{1\,min} = m + 1 + \frac{n - (m + 1)}{2} + 1 = \frac{m + 3 + n}{2}$$

wird. Insbesondere erkennen wir aus den vorstehenden Überlegungen, daß es zu $P(m, m + 1)$ und $P(m, m + 3)$ keine teilerfremden pythagoreischen Dreiecke mit demselben Umfang geben kann. Wir beginnen auf einer Zeile m daher mit $n = m + 5$. Für ein $n_1 \in [n_{1\,min}; n - 2]$ berechnen wir aus $n_1 \cdot (n_1 + m_1) = s$

$$m_1 = \frac{s}{n_1} - n_1 .$$

Dieser Wert ist auf jeden Fall größer als m, aber er braucht nicht ganzzahlig zu sein. Wir testen nun der Reihe nach:

$m_1 < n_1$, m_1 und n_1 nicht beide ungerade, m_1 ganzzahlig und schließlich n_1 und m_1 teilerfremd.

Sind alle diese Bedingungen erfüllt, dann haben wir ein weiteres tpD mit demselben Umfang $U = 2 \cdot s$ gefunden.

Der gesamte Algorithmus zum Auffinden teilerfremder pythagoreischer Dreiecke mit demselben Umfang ist im Flußdiagramm 2.3b dargestellt. Wir haben dabei ggT für ggT(n, m) und ggT$_1$ für ggT(n_1, m_1) geschrieben. In dem zugehörigen Programm 2.3b wird der größte gemeinsame Teiler mit dem Unterprogramm $\boxed{\text{SBR}}$ 2 1 0 ermittelt, während $\boxed{\text{SBR}}$ 1 8 3 a, b und c berechnet und ausdruckt. Das Programm wird gestartet mit

$\boxed{\text{RST}}$ N $\boxed{\text{R/S}}$.

Für N = 50 erhalten wir die im Beispiel 2.3b ausgedruckten teilerfremden pythagoreischen Dreiecke.

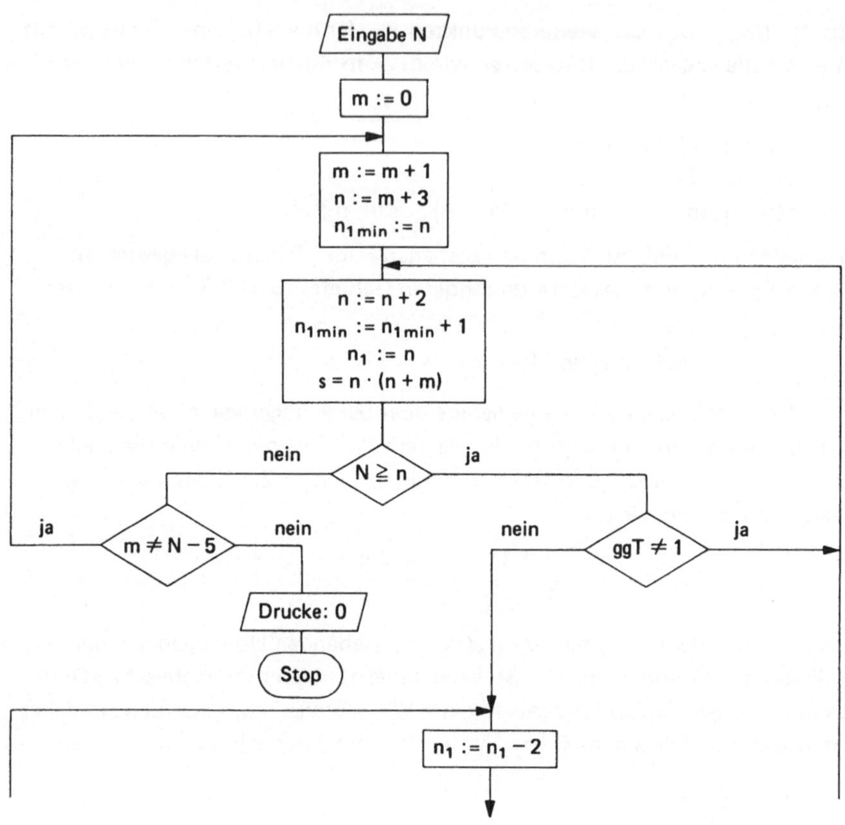

Eingabe N
m := 0
m := m + 1
n := m + 3
$n_{1\,min}$:= n
n := n + 2
$n_{1\,min}$:= $n_{1\,min}$ + 1
n_1 := n
s = n · (n + m)
nein
N ≥ n
ja
ja
m ≠ N − 5
nein
nein
ggT ≠ 1
ja
Drucke: 0
Stop
n_1 := n_1 − 2

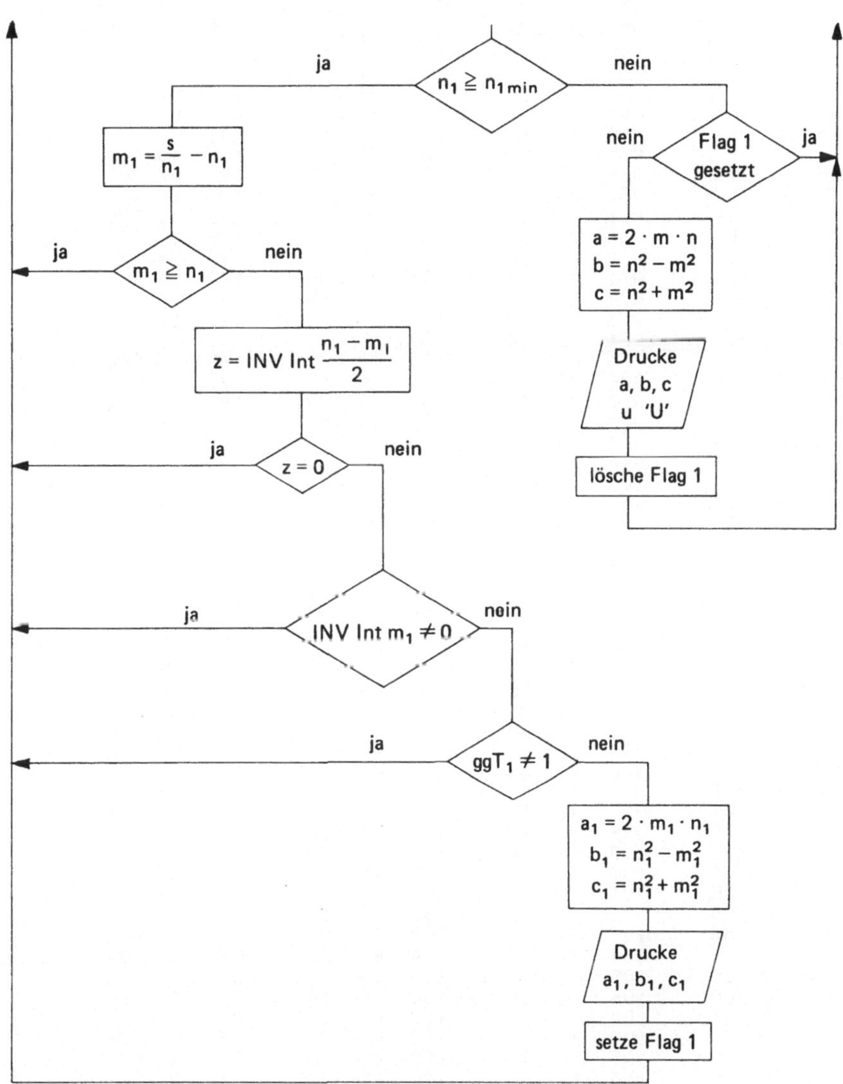

Flußdiagramm 2.3b: Teilerfremde pythagoreische Dreiecke mit demselben Umfang (TI-58/59)

PSS Code/Taste

PSS	Code	Taste	PSS	Code	Taste	PSS	Code	Taste	PSS	Code	Taste
000	47	CMS	059	71	SBR	119	43	RCL	179	01	01
001	42	STO	060	02	02	120	05	05	180	61	GTO
002	01	01	061	10	10	121	95	=	181	00	00
003	75	-	062	32	X⇌T	122	94	+/-	182	68	68
004	04	4	063	01	1	123	42	STO	183	02	2
005	95	=	064	22	INV	124	06	06	184	65	×
006	42	STO	065	67	EQ	125	75	-	185	43	RCL
007	00	00	066	00	00	126	43	RCL	186	07	07
008	01	1	067	20	20	127	05	05	187	65	×
009	44	SUM	068	02	2	128	95	=	188	43	RCL
010	03	03	069	22	INV	129	29	CP	189	08	08
011	43	RCL	070	44	SUM	130	77	GE	190	95	=
012	03	03	071	05	05	131	00	00	191	99	PRT
013	85	+	072	43	RCL	132	68	68	192	33	X^2
014	03	3	073	09	09	133	94	+/-	193	85	+
015	95	=	074	32	X⇌T	134	55	-	194	53	(
016	42	STO	075	43	RCL	135	02	2	195	43	RCL
017	02	02	076	05	05	136	95	=	196	07	07
018	42	STO	077	77	GE	137	22	INV	197	33	X^2
019	09	09	078	01	01	138	59	INT	198	75	-
020	02	2	079	15	15	139	67	EQ	199	43	RCL
021	44	SUM	080	22	INV	140	00	00	200	08	08
022	02	02	081	87	IFF	141	68	68	201	33	X^2
023	01	1	082	01	01	142	43	RCL	202	54	)
024	44	SUM	083	00	00	143	06	06	203	99	PRT
025	09	09	084	20	20	144	22	INV	204	33	X^2
026	43	RCL	085	43	RCL	145	59	INT	205	95	=
027	03	03	086	02	02	146	22	INV	206	34	$\sqrt{X}$
028	42	STO	087	42	STO	147	67	EQ	207	99	PRT
029	04	04	088	07	07	148	00	00	208	98	ADV
030	43	RCL	089	43	RCL	149	68	68	209	92	RTN
031	02	02	090	03	03	150	43	RCL	210	29	CP
032	42	STO	091	42	STO	151	05	05	211	43	RCL
033	05	05	092	08	08	152	42	STO	212	07	07
034	44	SUM	093	71	SBR	153	07	07	213	55	÷
035	04	04	094	01	01	154	43	RCL	214	43	RCL
036	49	PRD	095	83	83	155	06	06	215	08	08
037	04	04	096	04	4	156	42	STO	216	95	=
038	32	X⇌T	097	01	1	157	08	08	217	59	INT
039	43	RCL	098	69	OP	158	71	SBR	218	94	+/-
040	01	01	099	04	04	159	02	02	219	65	×
041	77	GE	100	02	2	160	10	10	220	43	RCL
042	00	00	101	65	×	161	32	X⇌T	221	08	08
043	51	51	102	43	RCL	162	01	1	222	85	+
044	97	DSZ	103	04	04	163	22	INV	223	43	RCL
045	00	00	104	95	=	164	67	EQ	224	07	07
046	00	00	105	69	OP	165	00	00	225	95	=
047	08	08	106	06	06	166	68	68	226	67	EQ
048	00	0	107	98	ADV	167	43	RCL	227	02	02
049	99	PRT	108	98	ADV	168	05	05	228	36	36
050	91	R/S	109	22	INV	169	42	STO	229	48	EXC
051	43	RCL	110	86	STF	170	07	07	230	08	08
052	02	02	111	01	01	171	43	RCL	231	42	STO
053	42	STO	112	61	GTO	172	06	06	232	07	07
054	07	07	113	00	00	173	42	STO	233	61	GTO
055	43	RCL	114	20	20	174	08	08	234	02	02
056	03	03	115	75	-	175	71	SBR	235	10	10
057	42	STO	116	43	RCL	176	01	01	236	43	RCL
058	08	08	117	04	04	177	83	83	237	08	08
			118	55	÷	178	86	STF	238	92	RTN

Programm 2.3b: Teilerfremde pythagoreische Dreiecke mit demselben Umfang (TI-58/59)

```
 1368.            2812.            2112.
  935.              75.              65.
 1657.            2813.            2113.

   88.             700.            1248.
 1935.            2451.            1265.
 1937.            2549.            1777.

 3960.        U   5700.        U   4290.        U


 1300.            2356.            2668.
   51.             483.            1275.
 1301.            2405.            2957.

  340.            1012.            1900.
 1131.            1995.            2139.
 1181.            2237.            2861.

 2652.        U   5244.        U   6900.        U


  748.            1564.               0.
  195.             627.
  773.            1685.

  364.             988.
  627.            1275.
  725.            1613.

 1716.        U   3876.        U
```

Beispiel 2.3b: Teilerfremde pythagoreische Dreiecke mit demselben Umfang

Probleme für den Leser:

1. Schreiben Sie ein Programm zur Bestimmung der Anzahl der tpD, deren Hypotenuse eine vorgegebene Länge c besitzt. (Es brauchen natürlich keine tpD zu existieren, wie z.B. für jede geradzahlige Hypotenusenlänge. Es muß c in der Form $n^2 + m^2$ mit den üblichen Bedingungen für n und m darstellbar sein. Zum Beispiel gibt es zur Hypotenuse c = 65 zwei tpD mit den Katheten 16 und 63 oder 33 und 56. Zu c = 29 existiert nur ein tpD mit den Katheten 20 und 21 und zu c = 31 überhaupt keins.)

2. Bestimmen Sie drei tpD mit demselben Umfang. (Mit dem Programm 2.3b und N = 100 erhalten Sie die tpD

(119, 7080, 7081); (168, 7055, 7057); (3255, 5032, 5993)

mit demselben Umfang U = 14 280. Schreiben Sie aber jetzt ein Programm, mit dem nur die drei tpD mit demselben Umfang ausgedruckt oder angezeigt werden.)

3. Schreiben Sie ein Programm zur Bestimmung aller tpD, für die die Summe der Längen der Katheten eine vorgegebene Zahl s beträgt, z.B. s = 41, s = 53, s = 161 oder s = 2737.

4. Ermitteln Sie tpD mit demselben Flächeninhalt A. (Diese Aufgabe ist nicht leicht.)

3 Ratespiele

3.1 Zahlenmemory

Viele von uns kennen das Bildermemory, das Kinder oftmals mit erstaunlichem Erinnerungsvermögen spielen. Wir wollen in diesem Abschnitt ein Zahlenmemory spielen. Der Taschenrechner zeigt uns einen Augenblick eine Anzahl von Zahlen an, die wir uns merken und in der angezeigten Reihenfolge dem Rechner mitteilen.

Mit unserem Zufallsgenerator aus 1.1 lassen wir n Zahlen $z_1, z_2, \ldots, z_n$ aus der Menge IN_m berechnen und uns durch einen Pause-Befehl anzeigen. Wegen der begrenzten Kapazität unserer Rechner wählen wir $n \leqq 5$ (variabel) beim SR-56 und $n = 4$ (fest) beim TI-57. (Für den TI-58 oder 59 geben wir weiter unten eine andere Version als die folgende an.) Das Flußdiagramm 3.1 zeigt den Programmablauf für den SR-56. Die Zahlen, die wir (eventuell falsch) im Gedächtnis behalten haben und dem Rechner zum Vergleich mit den angezeigten z_j anbieten, bezeichnen wir mit $\bar{z}_j$. Die Anzahl der richtig behaltenen Zahlen nennen wir k. Zu beachten ist, daß bis zur Bejahung der Abfrage $j = n$ der Index j von 0 bis n läuft, danach aber rückwärts von n bis 0. Daher haben wir den Index $i = n - j + 1$ eingeführt, der jedoch nur im Flußdiagramm 3.1, aber nicht im Programm 3.1a erscheint.

Spielanleitung (SR-56):

(1)	Programm eintasten, $\boxed{\text{RST}}$

(2)	$n \in IN_5$ $\boxed{\text{STO}}$ 1; $x \in {]}0; 1{[}$ $\boxed{\text{STO}}$ 2; m $\boxed{\text{STO}}$ 3.

(3)	$\boxed{\text{R/S}}$: kurze Anzeige von n Zahlen aus IN_m; Anzeige 0.

(4)	Die in Erinnerung gebliebenen Zahlen eintasten: $\bar{z}_1$ $\boxed{\text{R/S}}$ $\ldots$ $\bar{z}_n$ $\boxed{\text{R/S}}$; danach Anzeige der Anzahl der richtig gemerkten Zahlen.

(5)	Neues Spiel mit denselben Werten n und m: nach (3), sonst nach (2).

Das Programm für den TI-57 ist ein klein wenig anders aufgebaut als das für den SR-56, da hier stets $n = 4$ Zahlen aus IN_m angezeigt werden. Die Spielanleitung entspricht der des SR-56 bis auf die Eingabe:

(2)	$x \in {]}0; 1{[}$ $\boxed{\text{STO}}$ 0; m $\boxed{\text{STO}}$ 1.

Mit dem **TI-58/59** wollen wir das Zahlenmemory für maximal acht Personen nach folgenden Regeln spielen. Der Taschenrechner zeigt für jeden einzelnen Spieler S_1, S_2 usw. dieselben n k-stelligen Zahlen $z_1, z_2, \ldots, z_n$ durch einen Pause-Befehl an. Jeder Spielteilnehmer gibt die Zahlen $\bar{z}_i$ ein, die er von den angezeigten z_j behalten hat. Der Rechner vergleicht, wie viele der eingegebenen Zahlen $\bar{z}_i$ mit einer der Zahlen z_j übereinstimmen (die Reihenfolge der Zahlen spielt dabei keine Rolle). Es wird also untersucht, ob

$$\bar{z}_i \in \{z_1, z_2, \ldots, z_n\} = Z$$

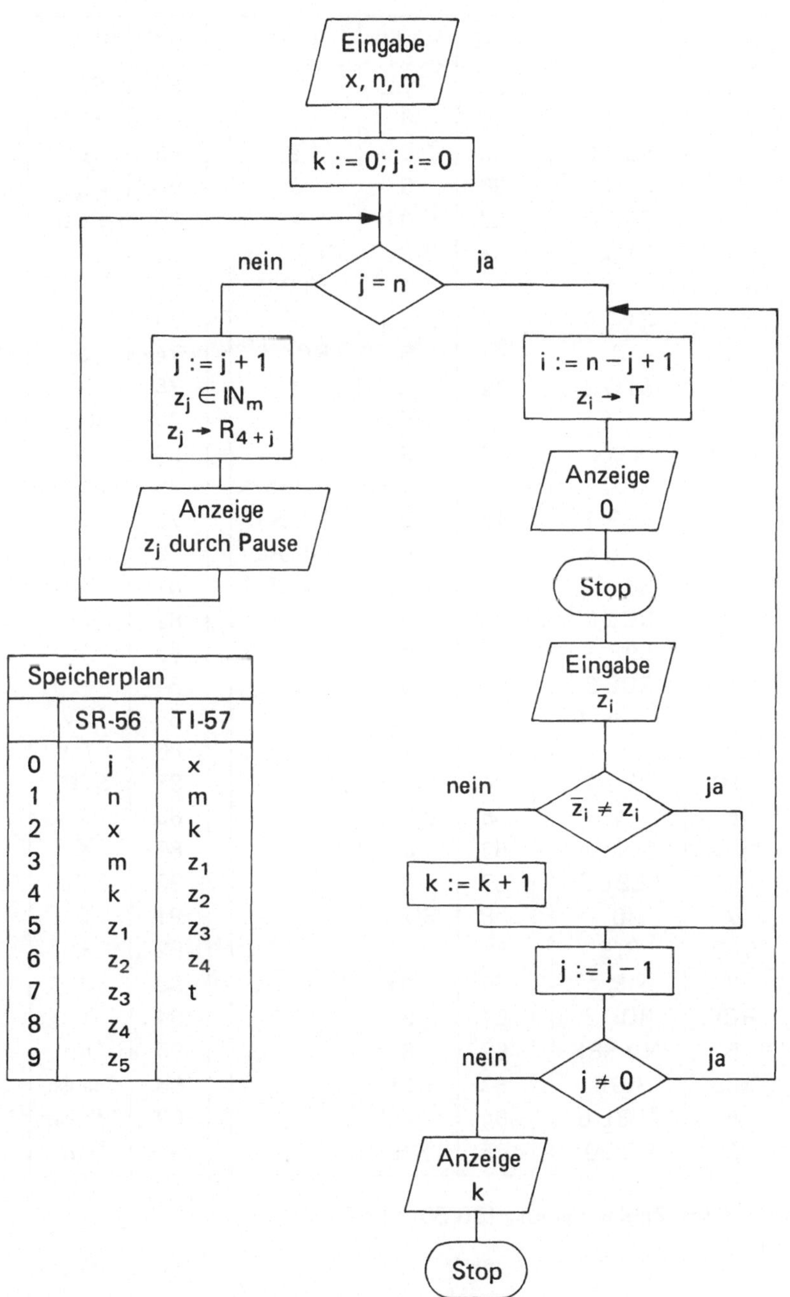

Flußdiagramm 3.1: Zahlenmemory (SR-56)

PSS	SR-56	TI-57	PSS	SR-56	TI-57	PSS	SR-56
00	0	SBR 0	33	RCL	X	66	RST
01	STO	STO 3	34	6	9	67	RCL
02	4	SBR 0	35	*subr	9	68	0
03	*subr	STO 4	36	5	7	69	x ◤ t
04	6	SBR 0	37	0	=	70	RCL
05	7	STO 5	38	RCL	INV *Int	71	1
06	STO	SBR 0	39	7	STO 0	72	*x = t
07	5	STO 6	40	*subr	X	73	2
08	*subr	0	41	5	RCL 1	74	8
09	6	STO 2	42	0	+	75	1
10	7	R/S	43	RCL	1	76	SUM
11	STO	x ◤ t	44	8	=	77	0
12	6	RCL 3	45	*subr	*Int	78	RCL
13	*subr	SBR 1	46	5	*Pause	79	2
14	6	RCL 4	47	0	*Pause	80	X
15	7	SBR 1	48	RCL	INV SBR	81	9
16	STO	RCL 5	49	9		82	9
17	7	SBR 1	50	x ◤ t		83	7
18	*subr	RCL 6	51	0		84	=
19	6	*LBL 1	52	R/S		85	INV
20	7	INV *x = t	53	INV		86	*Int
21	STO	GTO 2	54	*x = t		87	STO
22	8	1	55	6		88	2
23	*subr	SUM 2	56	0		89	X
24	6	*LBL 2	57	1		90	RCL
25	7	0	58	SUM		91	3
26	STO	R/S	59	4		92	+
27	9	x ◤ t	60	*dsz		93	1
28	RCL	RCL 2	61	9		94	=
29	5	INV SBR	62	8		95	*Int
30	*subr	RST	63	RCL		96	*pause
31	5	*LBL 0	64	4		97	*pause
32	0	RCL 0	65	R/S		98	*rtn

Programm 3.1a: Zahlenmemory (SR-56; TI-57)

ist oder nicht. Für $\bar{z}_i \in Z$ erhält der Spieler auf seinem Konto eine 1 vor dem Komma gutgeschrieben, für $\bar{z}_i \notin Z$ dagegen eine 1 in der zweiten Nachkommastelle. In der abschließenden Ausgabe x . x x gibt die Vorkommazahl die Anzahl der richtig und die Nachkommazahl die der falsch in Erinnerung gebliebenen n Zahlen an.

Das gesamte Programm 3.1b besteht aus drei Teilen. Im 1. Teil werden nach der Eingabe von $x \in\,]0;\,1[$, n und k (PSS 000 bis 042) die Zahlen z_j ($j \in \mathbb{N}_n$) ermittelt. z_j soll eine k-stellige Zahl sein, d.h.

$$10^{k-1} \leq z_j < 10^k = (9 + 1) \cdot 10^{k-1}.$$

Wir berechnen diese Zahlen mit unserer Zufallszahl x nach der Vorschrift

$$z_j = \mathrm{Int}\,[(9 \cdot x + 1) \cdot 10^{k-1}]$$

PSS	Code/Taste		PSS	Code/Taste		PSS	Code/Taste		PSS	Code/Taste	
000	76	LBL	041	42	STO	083	76	LBL	125	76	LBL
001	11	A	042	11	11	084	44	SUM	126	14	D
002	47	CMS	043	76	LBL	085	73	RC*	127	43	RCL
003	42	STO	044	43	RCL	086	14	14	128	00	00
004	12	12	045	43	RCL	087	66	PAU	129	44	SUM
005	03	3	046	12	12	088	66	PAU	130	13	13
006	06	6	047	65	×	089	66	PAU	131	76	LBL
007	00	0	048	09	9	090	01	1	132	18	C'
008	01	1	049	09	9	091	44	SUM	133	43	RCL
009	42	STO	050	07	7	092	14	14	134	13	13
010	13	13	051	95	=	093	97	DSZ	135	59	INT
011	00	0	052	22	INV	094	09	09	136	69	OP
012	91	R/S	053	59	INT	095	44	SUM	137	04	04
013	76	LBL	054	42	STO	096	71	SBR	138	73	RC*
014	12	B	055	12	12	097	42	STO	139	00	00
015	42	STO	056	65	×	098	00	0	140	59	FIX
016	10	10	057	09	9	099	91	R/S	141	02	02
017	76	LBL	058	85	+	100	32	X:T	142	69	OP
018	42	STO	059	01	1	101	73	RC*	143	06	06
019	01	1	060	95	=	102	14	14	144	22	INV
020	05	5	061	65	×	103	67	EQ	145	58	FIX
021	42	STO	062	43	RCL	104	01	01	146	01	1
022	14	14	063	11	11	105	19	19	147	22	INV
023	43	RCL	064	95	=	106	01	1	148	44	SUM
024	10	10	065	59	INT	107	44	SUM	149	13	13
025	42	STO	066	72	ST*	108	14	14	150	97	DSZ
026	09	09	067	14	14	109	97	DSZ	151	00	00
027	92	RTN	068	01	1	110	09	09	152	18	C'
028	76	LBL	069	44	SUM	111	01	01	153	98	ADV
029	13	C	070	14	14	112	01	01	154	76	LBL
030	75	-	071	97	DSZ	113	93	.	155	19	D'
031	01	1	072	09	09	114	00	0	156	73	RC*
032	95	=	073	43	RCL	115	01	1	157	14	14
033	42	STO	074	71	SBR	116	61	GTO	158	99	PRT
034	11	11	075	42	STO	117	01	01	159	01	1
035	01	1	076	00	0	118	20	20	160	44	SUM
036	00	0	077	91	R/S	119	01	1	161	14	14
037	45	Y^X	078	76	LBL	120	74	SM*	162	97	DSZ
038	43	RCL	079	15	E	121	00	00	163	09	09
039	11	11	080	01	1	122	61	GTO	164	19	D'
040	95	=	081	44	SUM	123	00	00	165	91	R/S
			082	00	00	124	96	96	166	00	0

Programm 3.1b: Zahlenmemory (TI-58/59 und Drucker)

und speichern sie mit Hilfe der indirekten Adressierung nach R_{14+j} (PSS 043
bis 077). Im 2. Teil erhalten die Spieler S_1, S_2 usw. der Reihe nach den
Taschenrechner, der ihnen nach Betätigen der Taste $\boxed{E}$ zunächst die n Zahlen z_j kurz anzeigt. Zum Abschluß erscheint eine 0 in der Anzeige (PSS 078
bis 099). Danach tastet der Spieler die ihm in Erinnerung gebliebenen Zahlen
$\overline{z}_j$ mit $\boxed{R/S}$ ein. Je nachdem ob $\overline{z}_j \in Z$ ist oder nicht, wird der Rechner in
der Summe des Spielers eine 1 vor dem Komma oder in der 2. Dezimalstelle
addieren (PSS 100 bis 124). Hat jeder Spielteilnehmer auf die beschriebene
Art sein Glück versucht, dann werden im 3. Teil des Programms mit $\boxed{D}$ der
Summenstand mit der Angabe S_1, S_2 usw. und schließlich die in dieser Spielrunde angezeigten n k-stelligen Zahlen z_j ausgedruckt. – Wer keinen Drucker
zur Verfügung hat, wird sich den 3. Teil des Programms (ab PSS 125) leicht
nach seinem eigenen Geschmack umschreiben.

Spielanleitung (TI-58/59):

(1)   Programm einlesen; $x \in \,]0; 1[\; \boxed{A}$ n $\boxed{B}$ k $\boxed{C}$

(2)   Für den 1., 2. usw. Spieler: $\boxed{E}$; Anzeige der z_j durch Pause-Befehl;
       0; Eingabe der in Erinnerung gebliebenen $\overline{z}_j$; $\boxed{R/S}$

(3) $\boxed{D}$: Summenstand der Spieler und Zahlen z_j ($j \in \mathbb{N}_n$) werden ausge-
       druckt. Gewonnen hat der Spieler, der die meisten Zahlen richtig wieder-
       gegeben hat, der also die höchste
       Vorkommazahl erreicht hat.

Im Beispiel 3.1 haben fünf Spieler mit vier
dreistelligen Zahlen gespielt. Gewonnen hat
der Spieler S_3 (alle richtig), während der
Spieler S_4 ein miserables Gedächtnis besitzt
(oder nicht in Spiellaune war). Der Spieler S_2
hatte offensichtlich überhaupt keine Erinnerung mehr an eine 4. Zahl und hat daher nur
drei Zahlen eingegeben.

```
2.02        S5
0.04        S4
4.00        S3
1.02        S2
3.01        S1

894.
404.
849.
470.
```

Beispiel 3.1: Zahlenmemory

Anmerkung: Die meisten Leser werden sicherlich sehr schnell bemerkt haben,
daß das Zahlenmemoryspiel nach dem Programm 3.1b nicht zur vollen Zu-
friedenheit zu funktionieren braucht. Man kann ohne große Anstrengung und
Gedächtnisleistung mit diesem Programm alle n Zahlen (auch wenn n sehr
groß ist) vom Rechner als richtig gutgeschrieben bekommen. Das darf bei
einem fairen Spiel natürlich nicht geschehen. Schreiben Sie daher das Programm so um, daß kein Spieler den Rechner hintergehen kann. – Als **Variante**
der obigen Spielregeln können wir das Eingeben einer falschen Zahl $\overline{z}_j$ stärker
bestrafen. Für $\overline{z}_j \in Z$ wird $+1$ und für $\overline{z}_j \notin Z$ -1 in der Summe für den

Spieler angerechnet. Auch das Auftreten gleicher Zahlen z_j in der Menge Z könnte man verhindern. Als Spielregel könnte weiter bei der Eingabe der $\bar{z}_j$ die Einhaltung der Reihenfolge der angezeigten Zahlen z_j gefordert werden (wie oben beim SR-56 und TI-57).

3.2 Die nächste Zahl bitte!

In vielen Tests zur Bestimmung des Intelligenzquotienten (IQ) sind die ersten Glieder einer Zahlenfolge angegeben. Die Testperson soll dann das nächste Folgenglied bestimmen. Zum Beispiel findet man bei Eysenck [11] die Folgen

$$7,\ 10,\ 9,\ 12,\ 11,\ \dots \ \text{oder}$$
$$2,\ 7,\ 24,\ 77,\ \dots$$

Sicherlich werden Sie leicht erkennen, daß in der ersten Folge jedes Glied aus dem vorvorhergehenden durch Addition der Zahl 2 entsteht. Also lautet die Antwort 14. Etwas schwieriger ist schon die zweite Folge. Versuchen Sie, auf den Trick zu kommen, bevor Sie weiterlesen. Ich glaube, nicht jedem wird es auf Anhieb gelingen, hier das 5. Glied richtig anzugeben. Nun, wenn man es durchschaut hat, ist es natürlich ganz einfach. Sie brauchen die Folge nur in der Form

$$3^1 - 1,\ 3^2 - 2,\ 3^3 - 3,\ 3^4 - 4$$

zu schreiben und haben dann sofort das nächste Glied $3^5 - 5 = 238$. Das ist doch sehr leicht, was die Psychologen sich da zur Messung des IQ ausgedacht haben, nicht wahr?

Weitere Tests wollen wir mit dem Taschenrechner durchführen. Geben Sie dazu das Programm 3.2a in Ihren Rechner, und beachten Sie nach der Programmeingabe und $\boxed{\text{RST}}$ die folgenden Punkte.

(1)   Eingabe: $x \in\ ]0; 1[\ \boxed{\text{STO}}\ 1;\ m \in \mathbb{N}\ \boxed{\text{STO}}\ 2$
      (wählen Sie z.B. $m = 4$ oder 6 oder 10 oder 23 ...).

(2) $\boxed{\text{R/S}}$ ($\boxed{\text{E}}$ beim TI-58/59): Anzeige von fünf Zahlen mit einem Pause-Befehl; 0; tasten Sie die 6. Zahl ein; $\boxed{\text{R/S}}$

(3)   TI-57:   0: richtig; $\neq$ 0: falsch;
      SR-56:   1: richtig; 0: falsch; $\boxed{\text{R/S}}$ erneute Anzeige von fünf Zahlen
               usw.
      TI-58/59: 1: richtig; 0: falsch.

(4)   Neue Zahlenfolge: ($\boxed{\text{RST}}$ beim SR-56) $\boxed{\text{R/S}}$ bzw. $\boxed{\text{E}}$

(5)   Haben Sie die 6. Zahl nicht richtig vorausgesagt und möchten Sie die richtige Zahl erfahren, dann betätigen Sie $\boxed{x \blacktriangleright t}$.

PSS	TI-57	SR-56	TI-58/59
00	2	*subr	*LBL
01	STO 0	6	E
02	*LBL 1	3	*if flg
03	STO 4	RCL	1
04	RCL 1	5	C
05	X	+	GTO
06	9	RCL	B
07	9	6	*LBL
08	7	X	A
09	=	RCL	2
10	INV *Int	3	STO
11	STO 1	=	0
12	X	*dsz	STO
13	RCL 2	5	5
14	+	5	RCL
15	5	x≷t	1
16	=	0	X
17	*Int	R/S	9
18	*Dsz	INV	9
19	GTO 1	*x=t	7
20	STO 5	2	=
21	6	5	INV
22	STO 0	1	*Int
23	0	SUM	STO
24	STO 3	4	1
25	*LBL 2	RCL	X
26	RCL 4	4	RCL
27	*Dsz	R/S	2
28	GTO 3	*subr	+
29	STO 7	6	5
30	0	3	=
31	R/S	RCL	*Int
32	–	5	*Dsz
33	RCL 7	INV	0
34	=	*dsz	0
35	R/S	1	12
36	RST	5	STO
37	*LBL 3	*pause	06
38	*Pause	*pause	6
39	*Pause	+	STO
40	+	1	00
41	1	+	0
42	+	RCL	STO
43	RCL 3	3	3
44	=	=	STO
45	*Exc 5	*EXC	4
46	STO 4	6	INVSBR
47	1	STO	*LBL
48	SUM 3	5	B
49	GTO 2	1	*St flg

PSS	SR-56	TI-58/59
50	SUM	1
51	3	A
52	GTO	*LBL
53	3	D
54	1	RCL
55	*pause	5
56	*pause	+
57	1	RCL
58	SUM	6
59	3	X
60	'GTO	RCL
61	0	3
62	3	=
63	2	*Dsz
64	STO	0
65	0	1
66	STO	12
67	5	x≷t
68	RCL	0
69	1	R/S
70	X	INV
71	9	*x=t
72	9	0
73	7	77
74	=	1
75	INV	SUM
76	*Int	4
77	STO	RCL
78	1	4
79	X	R/S
80	RCL	*LBL
81	2	C
82	+	INV
83	5	*St flg
84	=	1
85	*Int	A
86	*dsz	*LBL
87	6	D'
88	6	RCL
89	STO	5
90	6	INV
91	6	*Dsz
92	STO	0
93	0	0
94	0	67
95	STO	*Pause
96	3	*Pause
97	STO	+
98	4	1
99	*rtn	+

PSS	TI-58/59
100	RCL
101	3
102	=
103	*Exc
104	6
105	STO
106	05
107	1
108	SUM
109	3
110	GTO
111	D'
112	*Pause
113	*Pause
114	1
115	SUM
116	3
117	GTO
118	D

Programm 3.2a: Die nächste Zahl bitte!

Ich nehme an, Sie haben das Bildungsgesetz der Zahlenfolge (bzw. der beiden
Zahlenfolgen beim SR-56 und TI-58/59) bald herausgeknobelt. Wenn nicht,
dann lassen Sie sich noch ein paar weitere Folgenglieder anzeigen. Ersetzen
Sie dazu die 6 in der PSS 21 beim TI-57 (PSS 91 beim SR-56, PSS 38 beim
TI-58/59) durch 7, 8 oder 9. Finden Sie auch dann noch nicht die Gesetz-
mäßigkeit, so analysieren Sie das Programm oder achten Sie auf den Hinweis
am Ende dieses Abschnitts.

Nach diesem Einführungstest wollen wir mit dem TI-58/59 einen etwas umfangreicheren Test mit fünf Zahlenfolgen durchführen. Wir wählen dazu mit
a, b, $a_0 \in \mathbb{N}_5$ (in F_4 auch $a_1 \in \mathbb{N}_5$), $c \in \mathbb{N}_2$ und $n \in \mathbb{N}$ die Folgen

$$F_1 : a_n = a \cdot n + b \cdot (-1)^n,$$
$$\text{z.B. } 1, 8, 7, 14, 13, 20, \ldots \text{ für } a = 3, b = 2;$$

$$F_2 : a_n = a \cdot n^2 + n,$$
$$\text{z.B. } 5, 18, 39, 68, 105, 150, \ldots \text{ für } a = 4;$$

$$F_3 : a_n = \begin{cases} a_{n-1} + a \cdot n & \text{für } n \text{ ungerade} \\ 2 \cdot a_{n-1} & \text{für } n \text{ gerade} \end{cases},$$
$$\text{z.B. } 5, 10, 16, 32, 42, 84, \ldots \text{ für } a = 2, a_0 = 3;$$

$$F_4 : a_{n+1} = a_n + 2 \cdot a_{n-1},$$
$$\text{z.B. } 3, 5, 11, 21, 43, 85, \ldots \text{ für } a_0 = 1, a_1 = 3;$$

$$F_5 : a_n = c \cdot 2^{n-1} + a \cdot (n - 1),$$
$$\text{z.B. } 2, 8, 16, 28, 48, 84, \ldots \text{ für } c = 2, a = 4.$$

In der Folge F_1 setzen wir zur numerischen Berechnung $(-1)^n = \cos(n \cdot \pi)$,
und F_3 schreiben wir in der Form

$$a_n = a_{n-1} + a_{n-1} \cdot \left| \cos \frac{n \cdot \pi}{2} \right| + a \cdot n \cdot \left| \sin \frac{n \cdot \pi}{2} \right|.$$

Eine andere mögliche Darstellung wäre

$$a_n = a_{n-1} + a_{n-1} \cdot 2 \cdot \text{INV Int } \frac{n + 1}{2} + a \cdot n \cdot 2 \cdot \text{INV Int } \frac{n}{2}.$$

$c \in \mathbb{N}_2$ in der Folge F_5 ermitteln wir aus $b \in \mathbb{N}_5$ nach der Vorschrift

$$c = \text{Int} \left(\frac{|b - 3|}{2} + 1 \right).$$

Die Folgenglieder $a_1, a_2, \ldots, a_6$ einer Folge F_k werden im Programm 3.2b
durch ein Unterprogramm berechnet, dessen Adresse im Speicher R_k zu
finden ist. Durch Würfeln (Unterprogramm B) bestimmt der Rechner $k \in \mathbb{N}_5$
und wählt damit die Folge F_k. Ebenfalls durch eine Zufallsentscheidung
werden a, $b \in \mathbb{N}_5$ bzw. a_0, $a_1 \in \mathbb{N}_5$ ermittelt. Das Unterprogramm zur Berechnung der ersten sechs Folgenglieder aus F_k wird durch indirekte Adressie-
rung aufgerufen (PSS 071 bis 081). Den weiteren Ablauf zeigt das Flußdiagramm 3.2.

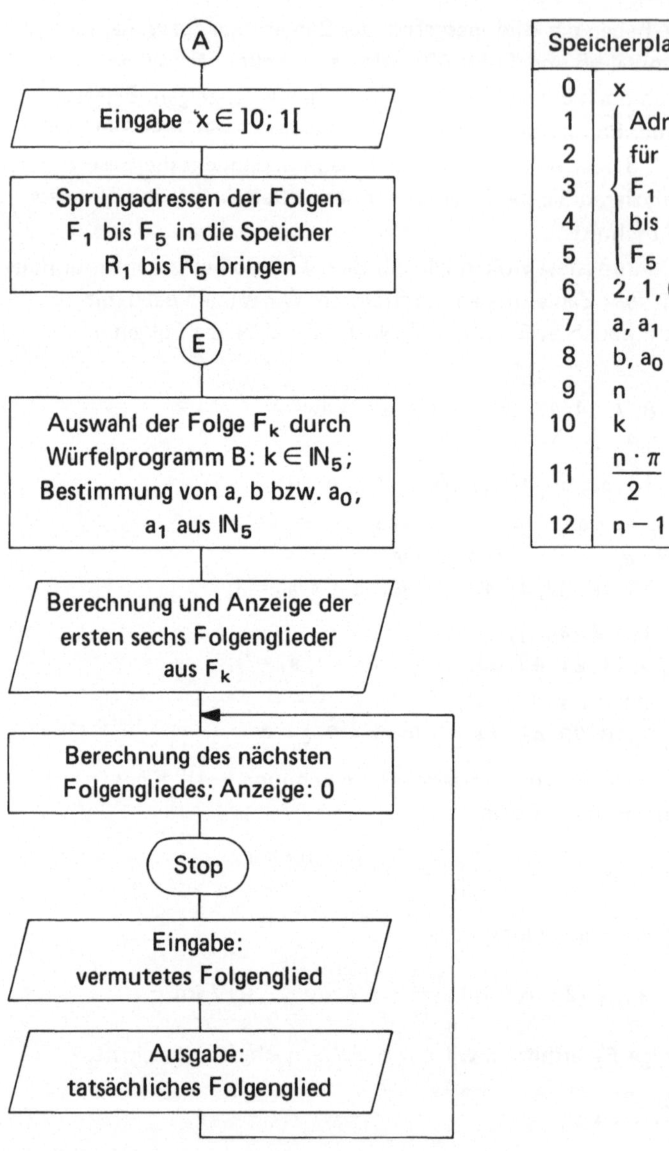

Flußdiagramm 3.2: Die nächste Zahl bitte! (Ti-58/59)

Spielanleitung (TI-58/59 und Drucker):

(1)   Programm einlesen; $x \in\ ]0; 1[$ $\boxed{A}$

(2) $\boxed{E}$: Die ersten sechs Folgenglieder werden ausgedruckt.

(3)   Nächstes Folgenglied ermitteln und eintasten: $\boxed{R/S}$. Das eingegebene und das tatsächliche Folgenglied werden ausgedruckt.

(4)   Falls der Test ohne Erfolg verlief: nach (3); sonst Wahl einer neuen Folge: nach (2).

Steht kein Drucker zur Verfügung, so setzen Sie im Programm 3.2b in die PSS 082 $\boxed{\text{*Pause}}$ und in 101 $\boxed{R/S}$. Der Rechner zeigt dann die sechs Folgenglieder jeweils durch einen Pause-Befehl an und stoppt mit der Null in der Anzeige. Die vermutete nächste Zahl wird am besten aufgeschrieben und mit $\boxed{R/S}$ auf ihre Richtigkeit überprüft.

Varianten des Spiels:

Soll dieses Ratespiel mit mehreren (sagen wir $m \leq 5$) Personen gespielt werden, so schreiben Sie ein Programm unter Beachtung der folgenden Regeln. Der Rechner druckt die sechs Zahlen m-mal aus. Jeder Mitspieler erhält diese Zahlen und gibt dann der Reihe nach die von ihm vermutete nächste Zahl mit seiner persönlichen Taste $\boxed{A}$ bis $\boxed{E}$ ein. Für ein richtiges Ergebnis verbucht der Rechner einen Punkt für den Spieler, andernfalls bleibt sein Kontostand erhalten. Nach z. B. zehn Spielzügen wird mit $\boxed{A'}$ bis $\boxed{E'}$ die Punktsumme der Spieler abgebucht.

Hinweis: Die mit dem Programm 3.2a berechneten Zahlenfolgen genügen dem Bildungsgesetz:

$$1.\ \text{Folge (nicht TI-57)}:\ a_n = a + b \cdot (n - 1);$$
$$2.\ \text{Folge}:\ a_{n+1} = a_{n-1} + n$$

mit $a, b, a_0, a_1 \in \{5, 6, \ldots, 4 + m\}$.

3.3 Hangman

Bei diesem Zweipersonenspiel denkt sich der eine Spielpartner ein Wort aus und markiert die einzelnen Buchstaben durch Punkte:

•   •   •   •   •   •   •   •   •

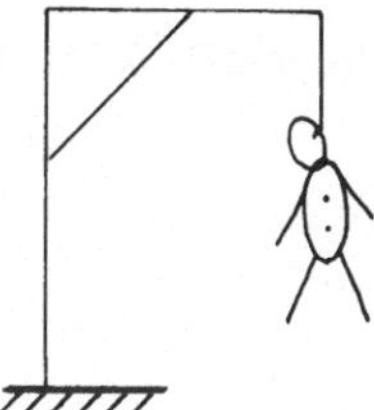

Der andere Spieler soll das Wort in möglichst wenigen Spielzügen raten, indem er Buchstaben nennt, die nach seiner Vermutung in dem Wort enthalten sind. Kommt

PSS	Code/Taste		PSS	Code	Taste	PSS	Code	Taste	PSS	Code	Taste
000	76	LBL	053	05	5	107	92	92	161	43	RCL
001	11	A	054	85	+	108	43	RCL	162	11	11
002	42	STO	055	01	1	109	07	07	163	38	SIN
003	00	00	056	95	=	110	65	×	164	50	I×I
004	70	RAD	057	59	INT	111	43	RCL	165	95	=
005	01	1	058	97	DSZ	112	09	09	166	42	STO
006	01	0	059	06	06	113	85	+	167	08	08
007	00	0	060	13	C	114	43	RCL	168	92	RTN
008	42	STO	061	42	STO	115	08	08	169	43	RCL
009	01	01	062	08	08	116	65	×	170	07	07
010	01	1	063	92	RTN	117	53	(	171	85	+
011	02	2	064	76	LBL	118	43	RCL	172	02	2
012	06	6	065	15	E	119	09	09	173	65	×
013	42	STO	066	07	7	120	65	×	174	43	RCL
014	02	02	067	32	X:T	121	89	π	175	08	08
015	01	1	068	01	1	122	54	)	176	95	=
016	03	3	069	42	STO	123	39	COS	177	48	EXC
017	07	7	070	09	09	124	95	=	178	07	07
018	42	STO	071	12	B	125	92	RTN	179	42	STO
019	03	03	072	42	STO	126	43	RCL	180	08	08
020	01	1	073	10	10	127	07	07	181	92	RTN
021	06	6	074	73	RC*	128	65	×	182	43	RCL
022	09	9	075	10	10	129	43	RCL	183	08	08
023	42	STO	076	42	STO	130	09	09	184	75	-
024	04	04	077	10	10	131	33	X²	185	03	3
025	01	1	078	12	B	132	85	+	186	95	=
026	08	8	079	71	SBR	133	43	RCL	187	50	I×I
027	02	2	080	40	IND	134	09	09	188	55	÷
028	42	STO	081	10	10	135	95	=	189	02	2
029	05	05	082	99	PRT	136	92	RTN	190	85	+
030	00	0	083	01	1	137	43	RCL	191	01	1
031	91	R/S	084	44	SUM	138	08	08	192	95	=
032	76	LBL	085	09	09	139	85	+	193	59	INT
033	12	B	086	43	RCL	140	24	CE	194	65	×
034	02	2	087	09	09	141	65	×	195	02	2
035	42	STO	088	22	INV	142	53	(	196	45	Y×
036	06	06	089	67	EQ	143	43	RCL	197	53	(
037	76	LBL	090	00	00	144	09	09	198	43	RCL
038	13	C	091	79	79	145	65	×	199	09	09
039	42	STO	092	29	CP	146	89	π	200	75	-
040	07	07	093	71	SBR	147	55	÷	201	01	1
041	43	RCL	094	40	IND	148	02	2	202	54	)
042	00	00	095	10	10	149	54	)	203	42	STO
043	65	×	096	32	X:T	150	42	STO	204	12	12
044	09	9	097	98	ADV	151	11	11	205	85	+
045	09	9	098	91	R/S	152	39	COS	206	43	RCL
046	07	7	099	99	PRT	153	50	I×I	207	07	07
047	95	=	100	32	X:T	154	85	+	208	65	×
048	22	INV	101	99	PRT	155	43	RCL	209	43	RCL
049	59	INT	102	01	1	156	07	07	210	12	12
050	42	STO	103	44	SUM	157	65	×	211	95	=
051	00	00	104	09	09	158	43	RCL	212	92	RTN
052	65	×	105	61	GTO	159	09	09	213	00	0
			106	00	00	160	65	×	214	00	0

Programm 3.2b: Die nächste Zahl bitte! (TI-58/59 und Drucker)

der Buchstabe im Wort vor, so wird er in der Punktreihe an die entsprechende
Position gesetzt. Andernfalls erhält der Spieler einen Strich am Galgen, an
dem er gehängt wird, wenn er nach hinreichend vielen Versuchen das Wort
nicht geraten hat. Bei unserer Galgendarstellung wird er nach dem 10. Fehl-
versuch *gehängt.* Natürlich kann man auch vereinbaren, für jeden falsch ge-
nannten Buchstaben zwei Striche (bzw. den Kreis für den Kopf oder das Oval
für den Körper) zu zeichnen. Dann ist das Spiel für den Ratenden bereits nach
fünf Fehlversuchen verloren.

Wir wollen zunächst ein einfaches Programm für Hangman mit höchstens fünf
bzw. vier (TI-57) Buchstaben (‚kurze' Wörter) schreiben. Danach erweitern wir
das Programm auf zehn bzw. acht Buchstaben (‚lange' Wörter). Zum Schluß
spielen wir Hangman mit dem TI-58/59 und dem Drucker, wobei das Wort aus
maximal 20 Buchstaben bestehen darf.

Das zu ratende Wort müssen wir für den Rechner
ziffernmäßig darstellen. Für die 26 Buchstaben
A bis Z benötigen wir für jeden Buchstaben eine
zweiziffrige Zahl. Wir benutzen dazu das Overlay
in Tabelle 3.3a. Zum Beispiel wird dem Buchstaben F die Zahl 2 3 (3. Buchstabe über der 2)
zugeordnet, oder durch 7 3 wird U dargestellt.
Das Wort TEXAS z.B. wird durch die zehnziffrige Zahl $w = 72\ 22\ 83\ 11\ 71$ wiedergegeben.
Jetzt wird gefragt, ob ein Buchstabe, in verschlüsselter Form z.B. 22 = E, im Wort enthalten ist. Das überprüfen wir folgendermaßen.

S T U	V W X	Y Z
7	8	9

J K L	M N O	P Q R
4	5	6

A B C	D E F	G H I
1	2	3

Tabelle 3.3a: Zuordnung
zwischen Buchstaben und
Zahlen

Wir trennen von w von rechts jeweils zwei Ziffern (einen Buchstaben) ab und
untersuchen, ob diese zweiziffrige Zahl mit 22 übereinstimmt oder nicht. Eine
Übereinstimmung soll durch eine 1 an der betreffenden Position des Buchstabens markiert werden, andernfalls bleibt dort eine 0 bzw. Leerstelle. Außerdem soll die Anzahl der Rateversuche gezählt und durch die Nachkommazahl
angezeigt werden. Nach dem 1. Versuch mit 22 = E zeigt der Rechner
$a = 1000.1$ an, nach einem 2. Versuch mit 51 = N $a = 1000.2$, nach einem
3. Versuch mit 71 = S $a = 1001.3$ usw. Sind alle fünf Buchstaben richtig gefunden, so erscheint vor dem Punkt 5-mal die 1. Den gesamten Ablauf mit
dem benutzten Algorithmus zeigt das Flußdiagramm 3.3a. Im zugehörigen
Programm 3.3a wurden $j := j - 1$ und die anschließende Abfrage $j \neq 0$ mit
⌈*dsz*⌉ programmiert. Zur Verdeutlichung haben wir in der Tabelle 3.3b die
Werte z, r und e angegeben, die beim Durchlaufen der Schleife der Reihe nach
angenommen werden.

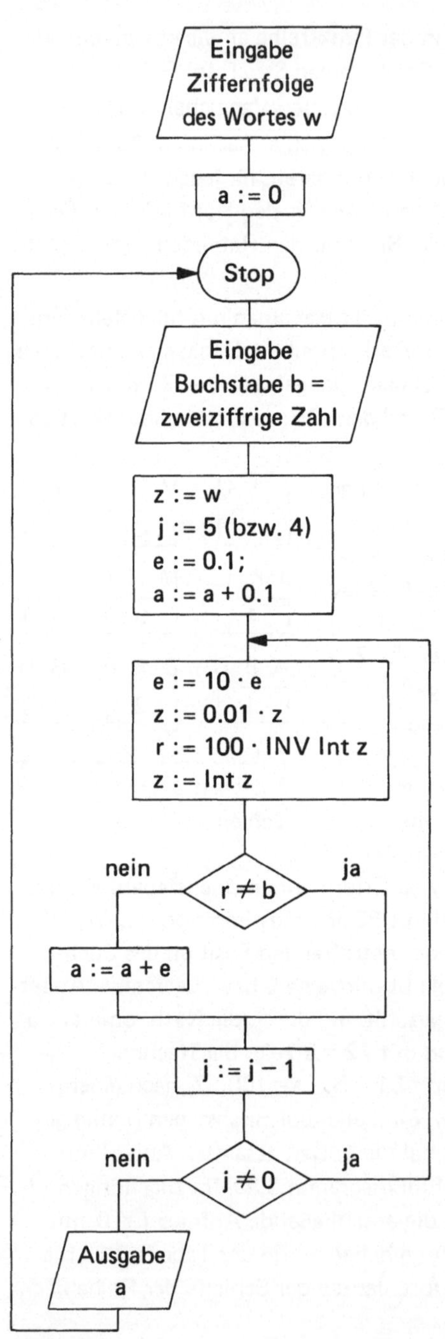

Flußdiagramm 3.3a: Hangman (‚kurze' Wörter)

PSS	TI-57	SR-56	PSS	TI-57	SR-56	PSS	SR-56
00	STO 2	*CM$_s$	20	*Prd 1	0	40	INV
01	0	STO	21	RCL 1	*PROD	41	*x = t
02	*LBL 1	2	22	*Int	3	42	4
03	R/S	0	23	*Exc 1	·	43	8
04	x⇄t	R/S	24	INV *Int	0	44	RCL
05	RCL 2	x⇄t	25	×	1	45	3
06	STO 1	RCL	26	1	*PROD	46	SUM
07	4	2	27	0	1	47	4
08	STO 0	STO	28	0	RCL	48	*dsz
09	·	1	29	=	1	49	1
10	1	5	30	INV *x = t	*Int	50	9
11	STO 3	STO	31	GTO 3	*EXC	51	RCL
12	SUM 4	0	32	RCL 3	1	52	4
13	*LBL 2	·	33	SUM 4	INV	53	GTO
14	1	1	34	*LBL 3	*Int	54	0
15	0	STO	35	*Dsz	×	55	4
16	*Prd 3	3	36	GTO 2	1		
17	·	SUM	37	RCL 4	0		
18	0	4	38	GTO 1	0		
19	1	1	39		=		

Programm 3.3a: Hangman (‚kurze' Wörter)

Eingabe: (INV *C.t) RST w R/S b R/S

Ausgabe: xxxxx.x; weiter mit b R/S

z	r	e
72 22 83 11 71	—	.1
72 22 83 11	71	1
72 22 83	11	10
72 22	83	100
72	22	1000
0	72	10000

Das Programm für den TI-58/59 sieht ähnlich wie das Programm für den SR-56 aus. Wir müssen nur auf die Kurzformadressierung (z.B. STO 2 statt STO 02), die dreistellige Sprungadresse und *Dsz 0 achten.

Tabelle 3.3b: Hangman (‚kurze' Wörter)

PSS	TI-57	SR-56
00	STO 2	*CM$_s$
01	R/S	STO
02	STO 3	7
03	0	R/S
04	*LBL 1	STO
05	R/S	2
06	x ◀ t	R/S
07	1	STO
08	SUM 6	3
09	•	0
10	1	R/S
11	STO 4	*EXC
12	RCL 3	7
13	SBR 0	x ◀ t
14	RCL 2	RCL
15	SBR 0	6
16	RCL 6	*x = t
17	R/S	4
18	RCL 5	8
19	GTO 1	1
20	*LBL 0	SUM
21	STO 1	6
22	4	x ◀ t
23	STO 0	*EXC
24	*LBL 2	7
25	1	x ◀ t
26	0	•
27	*Prd 4	1
28	•	STO
29	0	4
30	1	RCL
31	*Prd 1	3
32	RCL 1	*subr

PSS	TI-57	SR-56
33	*Int	5
34	*Exc 1	0
35	INV *Int	RCL
36	X	2
37	1	*subr
38	0	5
39	0	0
40	=	RCL
41	INV *x = t	6
42	GTO 3	R/S
43	RCL 4	RCL
44	SUM 5	5
45	*LBL 3	GTO
46	*Dsz	1
47	GTO 2	0
48	INV SBR	0
49		*1/x
50		STO
51		1
52		5
53		STO
54		0
55		1
56		0
57		*PROD
58		4
59		•
60		0
61		1
62		*PROD
63		1
64		RCL
65		1

PSS	SR-56
66	*Int
67	*EXC
68	1
69	INV
70	*Int
71	X
72	1
73	0
74	0
75	=
76	INV
77	*x = t
78	8
79	4
80	RCL
81	4
82	SUM
83	5
84	*dsz
85	5
86	5
87	*rtn

Speicherplan	
0	5, … 0
1	z
2	w_2
3	w_1
4	e
5	a
6	k
7	n, b

Programm 3.3b: Hangman (‚lange' Wörter)

Es ist nicht schwer, das Programm für ‚lange' Wörter mit maximal 10 bzw.
8 Buchstaben zu schreiben. Wir teilen dazu die ziffernmäßige Darstellung des
Wortes w in zwei Wörter w_1 und w_2 auf. Für das Wort BUCHSTABE lautet
z.B. die Ziffernübersetzung (SR-56, TI-58/59)

$$w = 12\ 73\ 13\ 32\ 71\ 72\ 11\ 12\ 22 \quad \text{und damit}$$
$$w_2 = 12\ 73\ 13\ 32 \quad \text{und} \quad w_1 = 71\ 72\ 11\ 12\ 22\ .$$

Mit diesen Zahlen verfahren wir der Reihe nach wie im Programm 2.3a, d.h.
wir setzen zunächst $z = w_1$ und danach $z = w_2$. Die Anzahl k der Versuche
und die Position der richtig geratenen Buchstaben müssen wir hier natürlich
getrennt anzeigen. Beim SR-56 und TI-58/59 wollen wir die wichtigste Spielregel für Hangman aufnehmen: Hat der Spieler nach (vereinbarten) n Versuchen das Wort nicht geraten, so soll der Rechner durch Blinken (z.B. Division durch Null) das *Hängen* des Spielers ankündigen. — Beim TI-58/59
müssen wir bei der Eingabe des Programms 3.3b (SR-56) wieder auf die
Kurzformadressierung, die dreistelligen Sprungadressen und $\boxed{\text{*Dsz}}$ 0
achten.

Spielanleitung (Hangman, ‚lange' Wörter):

TI-57: $\boxed{\text{INV}}$ $\boxed{\text{*C.t}}$ $\boxed{\text{RST}}$ w_2 $\boxed{\text{R/S}}$ w_1 $\boxed{\text{R/S}}$ b $\boxed{\text{R/S}}$;
    Anzeige: k $\boxed{\text{R/S}}$ xxxxxxxx; b $\boxed{\text{R/S}}$ usw.

SR-56, TI-58/59: $\boxed{\text{RST}}$ n $\boxed{\text{R/S}}$ w_2 $\boxed{\text{R/S}}$ w_1 $\boxed{\text{R/S}}$ b $\boxed{\text{R/S}}$,
    k oder Blinken, falls die Anzahl der vereinbarten Versuche überschritten
    wurde; $\boxed{\text{R/S}}$ xxxxxxxxxx; b $\boxed{\text{R/S}}$ usw.

Nachdem wir die *Minihangmans* erledigt haben, wenden wir uns dem *Super-
hangman* für den TI-59 (etwas abgeändert auch für den TI-58) und dem
Drucker zu. Wir lassen zum Raten jetzt Wörter mit maximal 20 Buchstaben
zu. Die einzelnen Buchstaben stellen wir nach der Druckermatrix aus dem
TI-Handbuch (Tabelle 3.3c) durch zweiziffrige Zahlen b_i dar:

$$w = b_1 b_2 \ldots b_i \ldots b_m \quad (m \in \mathbb{N}_{20})\ .$$

Dieses Wort teilen wir von links in höchstens vier Einzelwörter w_1, w_2, w_3, w_4
mit je fünf Buchstaben bzw. zehn Ziffern ein, die wir nach R_1, R_2, R_3, R_4
speichern. Bei m Buchstaben beträgt die Anzahl der Einzelwörter

$$I = \text{Int}\ \frac{m+4}{5}\ .$$

Zum Beispiel wird für das Wort HANGMAN

$$I = \text{Int}\ \frac{7+4}{5} = 2, \quad w_1 = 23\ 13\ 31\ 22\ 30 \quad \text{und} \quad w_2 = 13\ 31\ 00\ 00\ 00\ .$$

A	13		F	21		M	30		U	41
B	14		G	22		N	31		V	42
C	15		H	23		O	32		W	43
D	16		I	24		P	33		X	44
E	17		J	25		Q	34		Y	45
			K	26		R	35		Z	46
			L	27		S	36			
						T	37			

Tabelle 3.3c: Druckerzuordnung zwischen
Buchstaben und Zahlen

Wir könnten wie früher direkt w_1 und w_2 eingeben und nach R_1 und R_2
speichern. Wir wollen hier anders vorgehen und jeden einzelnen Buchstaben b_i
eintasten. Nach Betätigen der Taste $\boxed{B}$ soll der Rechner den Platz für b_i
selbst suchen. Das erreichen wir, indem wir den ersten Buchstaben mit 10^8,
den 2. mit 10^6, ... den 5. mit 10^0 multiplizieren und jeweils nach R_1 summieren. Der 6. Buchstabe wird dann wieder mit 10^8 multipliziert und nach R_2
summiert usw. Allerdings treten bei der Berechnung von 10^8 und 10^6 kleine
Ungenauigkeiten auf, die später beim Ausdrucken das Ergebnis verfälschen.
Wir haben daher im Programm $(10^4)^2$, $(10^3)^2$ usw. benutzt. (Im Abschnitt 7.6
wird uns dasselbe Problem noch einmal begegnen. Über die Ungenauigkeiten
wird dort etwas ausführlicher berichtet. Die Lösung des Problems wird dort
zur Abwechslung anders als hier vorgenommen.) Nach der Eingabe der m
Buchstaben b_i soll zunächst das gesuchte Wort mit m Platzhaltern für die
jeweiligen Buchstaben ausgedruckt werden. Wir wählen dazu das Symbol $\therefore$.
mit dem Druckercode 75. Die m Platzhalter fassen wir entsprechend wie oben
die m Buchstaben zu Wörtern $\overline{w}_1, \overline{w}_2, \overline{w}_3, \overline{w}_4$ zusammen, die wir nach R_{11},
R_{12}, R_{13}, R_{14} speichern. Alle vier Einzelwörter $\overline{w}_j$ zusammen ergeben das
Wort $\overline{w}$, das bei Beginn des Spiels aus den m Platzhaltern besteht. Später
werden die einzelnen Platzhalter durch die richtig geratenen Buchstaben ersetzt.

Mit n bezeichnen wir die vereinbarte Anzahl von Buchstaben, die der Ratende
zum Auffinden eines Wortes eingeben darf. Hat der Spieler diese zulässige Anzahl von Versuchen ausgeschöpft, so wird er *gehängt*. Das Programm zur Vor-
bereitung des Spiels (Eingabe von m, b_i, n) wird nach dem Flußdiagramm 3.3b
(1. Teil) geschrieben und ist mit dem Programmschritt 109 abgeschlossen.

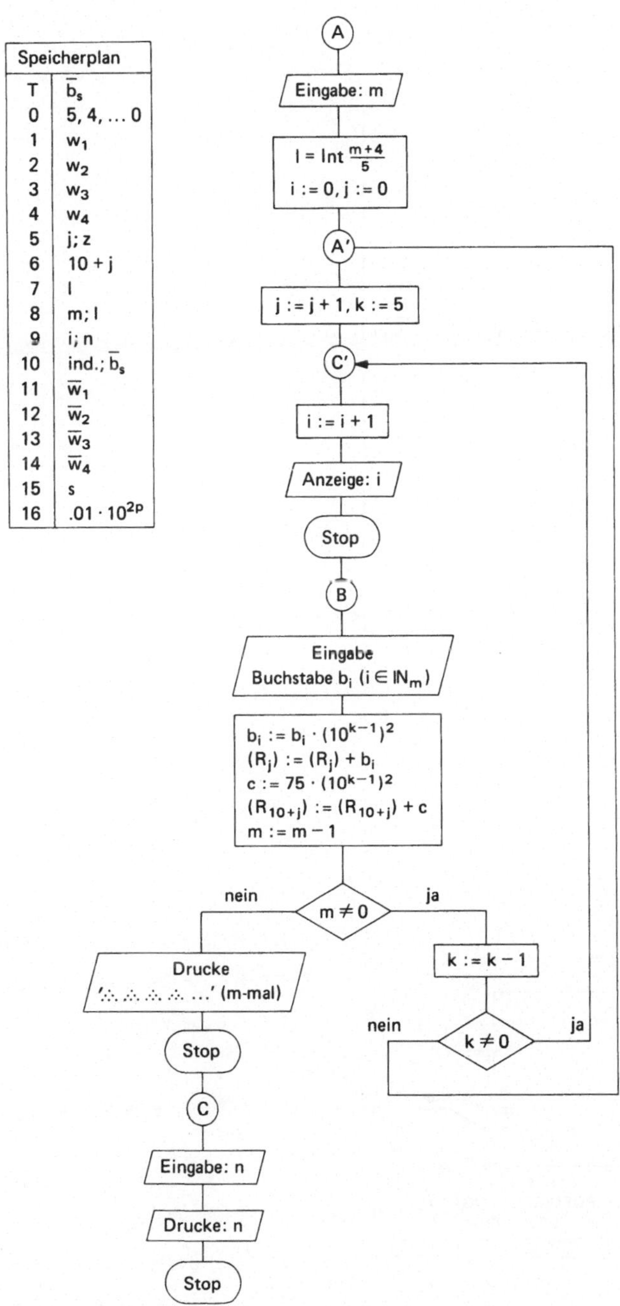

Flußdiagramm 3.3b (1. Teil): Hangman für den TI-59 und Drucker

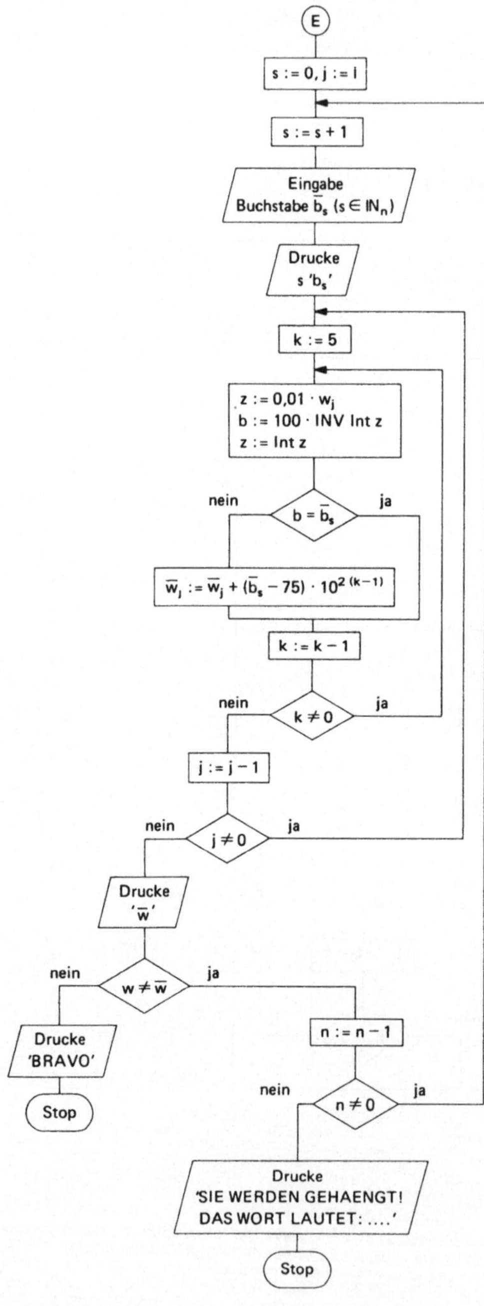

Flußdiagramm 3.3b (2. Teil): Hangman für den TI-59 und Drucker

Jetzt bedient der Spieler, der das Wort raten soll, den Rechner. Aus der Anzahl der ausgedruckten ∴ erkennt er die Länge des gesuchten Wortes. Die Zahl darunter gibt an, wie oft er durch die Eingabe eines nach der Tabelle 3.3c verschlüsselten Buchstabens das Wort raten darf. Der gesamte Ablauf wird durch das Flußdiagramm 3.3b (2. Teil) beschrieben. Der Vergleich, ob ein eingegebener Buchstabe $\overline{b}_s$ im Wort enthalten ist oder nicht, wird genauso wie bei den Programmen weiter oben durchgeführt. Ist $\overline{b}_s$ im Wort enthalten, so wird dieser Buchstabe in $\overline{w}$ an die entsprechende Position für den Platzhalter ∴ gesetzt. Dieses wird durch die Anweisung

$$\overline{w}_j := \overline{w}_j + (\overline{b}_s - 75) \cdot 10^{2\,(k-1)} \quad \text{mit} \quad k \in \mathbb{N}_5$$

erreicht.

PSS	Code	Taste		PSS	Code	Taste		PSS	Code	Taste		PSS	Code	Taste
000	76	LBL		061	97	DSZ		122	08	08		183	74	SM*
001	11	A		062	00	00		123	44	SUM		184	06	06
002	47	CMS		063	18	C'		124	06	06		185	97	DSZ
003	42	STO		064	01	1		125	01	1		186	00	00
004	08	08		065	44	SUM		126	44	SUM		187	01	01
005	85	+		066	06	06		127	15	15		188	52	52
006	04	4		067	61	GTO		128	43	RCL		189	97	DSZ
007	95	=		068	16	A'		129	10	10		190	08	08
008	55	÷		069	65	×		130	69	OP		191	01	01
009	05	5		070	53	(		131	04	04		192	36	36
010	95	=		071	01	1		132	43	RCL		193	01	1
011	59	INT		072	00	0		133	15	15		194	04	4
012	42	STO		073	45	Y×		134	69	OP		195	42	STO
013	07	07		074	53	(		135	06	06		196	10	10
014	01	1		075	43	RCL		136	05	5		197	71	SBR
015	01	1		076	00	00		137	42	STO		198	00	00
016	42	STO		077	75	-		138	00	00		199	84	84
017	06	06		078	01	1		139	93	.		200	43	RCL
018	76	LBL		079	54	)		140	00	0		201	07	07
019	16	A'		080	54	)		141	01	1		202	44	SUM
020	01	1		081	33	X²		142	42	STO		203	10	10
021	44	SUM		082	95	=		143	16	16		204	73	RC*
022	05	05		083	92	RTN		144	01	1		205	07	07
023	05	5		084	04	4		145	22	INV		206	32	X:T
024	42	STO		085	42	STO		146	44	SUM		207	73	RC*
025	00	00		086	00	00		147	06	06		208	10	10
026	76	LBL		087	69	OP		148	73	RC*		209	22	INV
027	18	C'		088	00	00		149	08	08		210	67	EQ
028	01	1		089	73	RC*		150	42	STO		211	02	02
029	44	SUM		090	10	10		151	05	05		212	46	46
030	09	09		091	84	OP*		152	93	.		213	01	1
031	43	RCL		092	00	00		153	00	0		214	22	INV
032	09	09		093	01	1		154	01	1		215	44	SUM
033	91	R/S		094	22	INV		155	49	PRD		216	10	10
034	76	LBL		095	44	SUM		156	05	05		217	97	DSZ
035	12	B		096	10	10		157	43	RCL		218	07	07
036	71	SBR		097	97	DSZ		158	05	05		219	02	02
037	00	00		098	00	00		159	59	INT		220	04	04
038	69	69		099	00	00		160	48	EXC		221	69	OP
039	74	SM*		100	89	89		161	05	05		222	00	00
040	05	05		101	69	OP		162	22	INV		223	01	1
041	07	7		102	05	05		163	59	INT		224	04	4
042	05	5		103	92	RTN		164	65	×		225	03	3
043	71	SBR		104	76	LBL		165	01	1		226	05	5
044	00	00		105	13	C		166	00	0		227	69	OP
045	69	69		106	42	STO		167	00	0		228	01	01
046	74	SM*		107	09	09		168	49	PRD		229	01	1
047	06	06		108	99	PRT		169	16	16		230	03	3
048	97	DSZ		109	91	R/S		170	95	=		231	04	4
049	08	08		110	76	LBL		171	22	INV		232	02	2
050	00	00		111	15	E		172	67	EQ		233	03	3
051	61	61		112	42	STO		173	01	01		234	02	2
052	01	1		113	10	10		174	85	85		235	00	0
053	04	4		114	32	X:T		175	75	-		236	00	0
054	42	STO		115	01	1		176	07	7		237	07	7
055	10	10		116	01	1		177	05	5		238	03	3
056	71	SBR		117	42	STO		178	95	=		239	69	OP
057	00	00		118	06	06		179	65	×		240	02	02
058	84	84		119	43	RCL		180	43	RCL		241	69	OP
059	00	0		120	07	07		181	16	16		242	05	05
060	91	R/S		121	42	STO		182	95	=		243	98	ADV

Fortsetzung Seite 85

PSS Code/Taste

PSS	Code	Taste	PSS	Code	Taste	PSS	Code	Taste	PSS	Code	Taste
244	00	0	272	01	1	300	69	OP	328	02	2
245	91	R/S	273	06	6	301	04	04	329	07	7
246	22	INV	274	01	1	302	69	OP	330	01	1
247	97	DSZ	275	07	7	303	05	05	331	03	3
248	09	09	276	03	3	304	69	OP	332	69	OP
249	02	02	277	01	1	305	00	00	333	03	03
250	53	53	278	69	OP	306	01	1	334	04	4
251	00	0	279	02	02	307	06	6	335	01	1
252	91	R/S	280	02	2	308	69	OP	336	03	3
253	98	ADV	281	02	2	309	01	01	337	07	7
254	69	OP	282	01	1	310	01	1	338	01	1
255	00	00	283	07	7	311	03	3	339	07	7
256	03	3	284	02	2	312	03	3	340	03	3
257	06	6	285	03	3	313	06	6	341	07	7
258	02	2	206	01	1	314	00	0	342	06	6
259	04	4	287	03	3	315	00	0	343	02	2
260	01	1	288	69	OP	316	04	4	344	69	OP
261	07	7	289	03	03	317	03	3	345	04	04
262	00	0	290	01	1	318	03	3	346	69	OP
263	00	0	291	07	7	319	02	2	347	05	05
264	04	4	292	03	3	320	69	OP	348	04	4
265	03	3	293	01	1	321	02	02	349	42	STO
266	69	OP	294	02	2	322	03	3	350	10	10
267	01	01	295	02	2	323	05	5	351	71	SBR
268	01	1	296	03	3	324	03	3	352	00	00
269	07	7	297	07	7	325	07	7	353	84	84
270	03	3	298	07	7	326	00	0	354	98	ADV
271	05	5	299	03	3	327	00	0	355	91	R/S

Programm 3.3c: Hangman für den TI-59 und Drucker

Spielanleitung (Hangman für TI-59 und Drucker):

(1)   Programm 3.3c einlesen.

(2)   Anzahl der Buchstaben b_i des Wortes: m [A] ;
       b_1 [B] b_2 [B] ... b_m [B] ;
       Anzahl der zulässigen Rateversuche: n [C] ;

(3) $\bar{b}_1$ [E] $\bar{b}_2$ [E] usw., bis das Wort in höchstens n Schritten geraten
       wurde oder der Spieler *gehängt* wird.

Das Beispiel 3.3 zeigt den Verlauf zweier Hangman-Spiele. Im 1. Spiel hat der
Ratende nach 12 von 15 zulässigen Versuchen das richtige Wort mit 19 Buchstaben gefunden und wird dafür mit einem BRAVO belobigt. Im 2. Spiel gelingt es dem Spieler nicht, das Wort nach höchstens 9 Versuchen zu raten,
und er wird daher *gehängt* (und darf beim nächsten Spiel erneut sein Glück
versuchen).

Die Besitzer eines TI-58 mit einem Drucker ändern (nach freier Wahl) einige
Druckeranweisungen am Schluß des Programms 3.3c so ab, daß mit der
Speicherbereichseinteilung 319.19 auch hier die Kapazität des Programm-
speichers ausreicht.

86


```
. . . . . . . ... .../.. ...          .^.^.^.^.^.
          15.                                   9.
           1.         E                          1.         E
. . . E . E . . .E. . . .E.           .^.^.^.^.^.^.
           2.         N                          2.         I
. . . . .EH E..HE. . ..E.             ..I.^.^.^.^.
           3.         A                          3.         N
.A. . .EH E. .NE . . ..E..            ..I.^.^.^.^.
           4.         R                          4.         S
 A . . .EHRE . .NEP-.. .E .           ^.IS.:.^.^.
           5.         U                          5.         A
. A . . ENPE .HEP^ . .E.              ..IS. .A.:.
           6.         H                          6.         U
 A   HEHRE.HHER: . .E                 .IS.^.A .
           7.         C                          7.         T
.A. CHEHRECHHER.^ .E :                ...IS^..A:.
           8.         S                          8.         L
..ASCHEHPECHHEPS . .E.                ..IS.LA .
           9.         T                          9.         D
TASCHEHPECHHERS ..E .                 DIS.:LA^
          10.         I
TASCHENRECHHEPS IE
          11.         P                SIE WERDEH GEHAEHGT°
TASCHEHPECHHEPSPIE..                       DAS WORT LAUTET:
          12.         L                DISPLAY
TASCHEHRECHHEPSPIEL
   BRAVO !
```

Beispiel 3.3: Hangman für den TI-59 und Drucker

3.4 Mastermind oder Superhirn

Seit 1973 erfreut sich das Spiel *Mastermind* (in Deutschland hauptsächlich
unter dem Namen *Superhirn* bekannt) großer Beliebtheit. In der Normalaus-
führung werden vier von sechs möglichen farbigen Steckern von einem
Spieler S_1 in vier Positionslöcher gesteckt. Der Spieler S_2 soll diese für ihn
nicht sichtbare Anordnung herausfinden. Er steckt dazu ebenfalls vier farbige
Stecker seiner Wahl in dafür vorgesehene Löcher. S_1 gibt ihm durch schwarze
Stifte an, wieviel Stecker von S_2 in Farbe und Position richtig gewählt wurden.
Stimmt ein Stecker nur in der Farbe, aber nicht in der Position überein, so
wird dieses durch einen weißen Stift angezeigt.

Beim Mastermind mit dem programmierbaren Taschenrechner ersetzen wir die
Farben durch Ziffern in einer mehrstelligen Zahl. Wählen wir z.B. die sechs
Ziffern (Farben) 1, 2, 3, 4, 5, 6 in einer vierstelligen Zahl, so könnte der
Code **2 3 1 5** (ohne Wiederholung der Ziffern) oder auch **6 3 6 5** (mit Wiederholung der Ziffern) lauten. Die schwarzen Stifte im Spiel wollen wir durch
eine Zahl k vor dem Punkt (Komma) und die weißen durch eine Zahl l nach
dem Punkt kennzeichnen. In der Tabelle 3.4a sind hierfür einige Beispiele
angeführt. Für eine vierstellige Zahl, die aus sechs Ziffern ohne Wiederholung
(OW) gebildet wird, gibt es $\frac{6!}{(6-4)!} = 360$ Anordnungsmöglichkeiten. Mit

Wiederholung der Ziffern (MW) sind es $6^4 = 1296$ Möglichkeiten. Es ist also ziemlich unwahrscheinlich, gleich beim ersten Versuch den richtigen Code zu raten.

Code = 2 3 1 5 (OW)		Code = 6 3 6 5 (MW)	
1 2 3 4	0.3	1 2 3 4	0.1
1 2 5 6	0.3	1 2 5 6	0.2
2 1 4 6	1.1	3 4 6 5	2.1
2 3 6 5	3.0	3 5 6 5	2.1
2 3 1 5	4.0	6 3 6 5	4.0

Tabelle 3.4a: Anzeige der Richtigkeit für einen Code

Die Aufgabe des Spielers S_1 soll vom Taschenrechner übernommen werden, während wir als Spieler S_2 versuchen, den Code zu knacken. Wir schreiben das Programm für den TI-59 mit Drucker. Es kann später leicht für den TI-58 ohne Drucker umgeschrieben werden.

Wir wollen als Code allgemein eine n-stellige Zahl z, die aus den Ziffern 1, 2, ..., m $(m \in \mathbb{N}_9)$ gebildet wird, zulassen:

$$z = z_1 z_2 ... z_i ... z_n \quad \text{mit} \quad i \in \mathbb{N}_n \quad \text{und} \quad z_i \in \mathbb{N}_m .$$

Sollen alle z_i voneinander verschieden sein, so muß selbstverständlich $m \geq n$ sein. Die Werte n und m werden wir dem Taschenrechner in der Darstellung n.m mitteilen. Im 1. Teil des Programms wird die Codezahl z durch eine Zufallsberechnung ermittelt. Durch die Betätigung der Taste $\boxed{A}$ werden wir dem Rechner sagen, daß wir ohne Wiederholung der Ziffern (OW) spielen wollen. Lassen wir in z Wiederholungen der Ziffern (MW) zu, so betätigen wir die Taste $\boxed{B}$. Die letzte Prozedur ist verhältnismäßig einfach. Sehen wir uns dazu das Flußdiagramm 3.4 (1. Teil) etwas genauer an. Das Unterprogramm $\boxed{A'}$ dient lediglich zur Trennung von n.m in n und m sowie dem Wegspeichern dieser Werte und löscht die alte Codezahl aus einem vorhergehenden Spiel. $\boxed{B'}$ wird für wiederholt auftretende indirekte Anweisungen benutzt, und $\boxed{C'}$ ist im wesentlichen der Zufallsgenerator, mit dem die einzelnen Ziffern $z_i \in \mathbb{N}_m$ der Codezahl z bestimmt werden. Nach der Berechnung einer Zufallszahl z_i bilden wir $z := 10 \cdot z + z_i$, bis schließlich z auf n Stellen aufgefüllt ist.

Im Teil A (OW) darf z_i nicht mit einer bereits vorher ermittelten Zufallszahl z_j übereinstimmen. Man könnte durch eine Abfrage $z_i = z_j$ für $j = 1, 2, ..., i-1$ nach gleichen Ziffern fragen und im Falle einer Bejahung einfach neu würfeln, bis schließlich stets $z_i \neq z_j$ wird. Wir wählen hier einen anderen Weg (s. auch 5.1 Zahlenlotto). Wir bringen zunächst die Zahlen 1, 2, ..., m in die Speicher

$R_1, R_2, \ldots, R_m$. Nach der ersten Zufallszahl $z_1 \in IN_m$ müssen wir dafür sorgen, daß beim zweiten Würfeln diese Zahl nicht wieder erscheint. Wir löschen daher diese Zahl im Speicher R_{z1} und ersetzen sie durch (R_m). Beim zweiten Würfeln ermitteln wir eine Zufallszahl $z_2 \in IN_{m-1}$ und setzen anschließend $z_2 := (R_{z2})$. Diese Zahl kann z_2, aber auch m sein. Danach bringen wir (R_{m-1}) in den Speicher R_{z2}, bestimmen $z_3 \in IN_{m-2}$ und setzen $z_3 := (R_{z3})$ usw. Die Tabelle 3.4b zeigt für n = m = 5 die Veränderung der Inhalte in den Speichern R_1 bis R_5, wenn die in der Tabelle oben aufgeführten Zufallszahlen z_i ermittelt wurden. Die tatsächlich benutzten Zufallszahlen zur Bestimmung von z stehen in der zweituntersten Zeile. – Die Laufanweisung i = 1 bis i = n im Flußdiagramm 3.4 (1. Teil) haben wir selbstverständlich wieder mit $\boxed{\text{*Dsz}}$ 0 programmiert.

Die Ermittlung der Codezahl z und das Ausdrucken von n.m mit OW bzw. MW schließt den 1. Teil unseres Programms (PSS 000 bis 130) ab. Der Spieler (Sie also oder ich) ist während dieser Zeit (bis auf die Eingabe n.m und der Glückszahl $x \in \,]0; 1[$) untätig. Er muß bei n.m = 4.6 OW etwa 14 Sekunden (9 s MW) auf den Beginn des Spiels warten. Bei 5.8 sind es etwa 16 (10) und bei 9.9 etwa 24 (16) Sekunden.

z_i	3	1	3	1	1
R_1	1	1	4	4	2
R_2	2	2	2	2	2
R_3	3	5	5	5	5
R_4	4	4	4	4	4
R_5	5	5	5	5	5
z_i	3	1	5	4	2
z	3	3 1	3 1 5	3 1 5 4	3 1 5 4 2

Tabelle 3.4b: Veränderung der Speicherinhalte bei der Ermittlung einer Codezahl z ohne Wiederholung der Ziffern

Der 2. Teil des Programms (das eigentliche Spielprogramm) beginnt mit der Eingabe einer n-stelligen Zahl

$$\bar{z} = \bar{z}_1 \bar{z}_2 \ldots \bar{z}_j \ldots \bar{z}_n \quad \text{mit} \quad j \in IN_n \quad \text{und} \quad z_j \in IN_m .$$

Ist $z = \bar{z}$, so ist das Spiel bereits beendet und der Drucker zeigt dieses durch n.0 an. Andernfalls wird abgefragt, ob es gleiche Ziffern an gleicher Position in z und $\bar{z}$ gibt. Die Abtrennung der einzelnen Ziffern z_j bzw. $\bar{z}_j$ von z bzw. $\bar{z}$

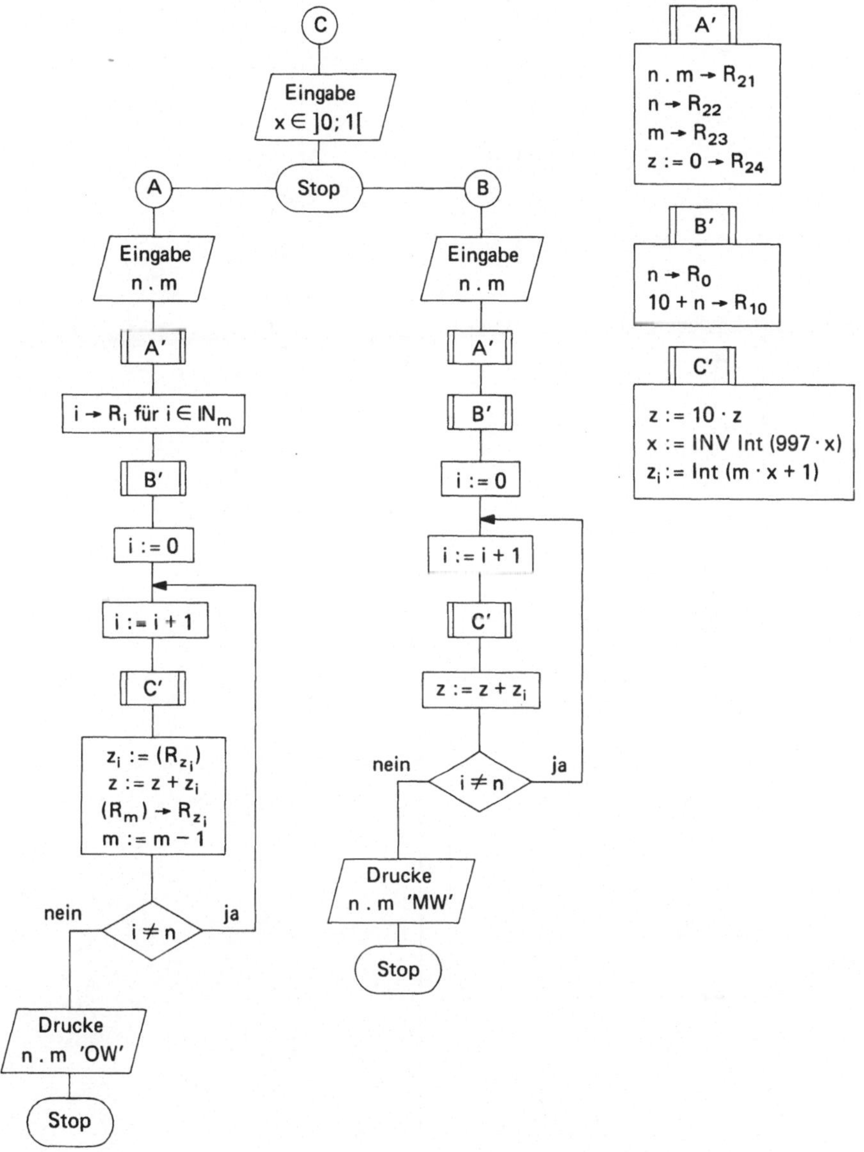

Flußdiagramm 3.4 (1. Teil): Mastermind (TI-59 mit Drucker)

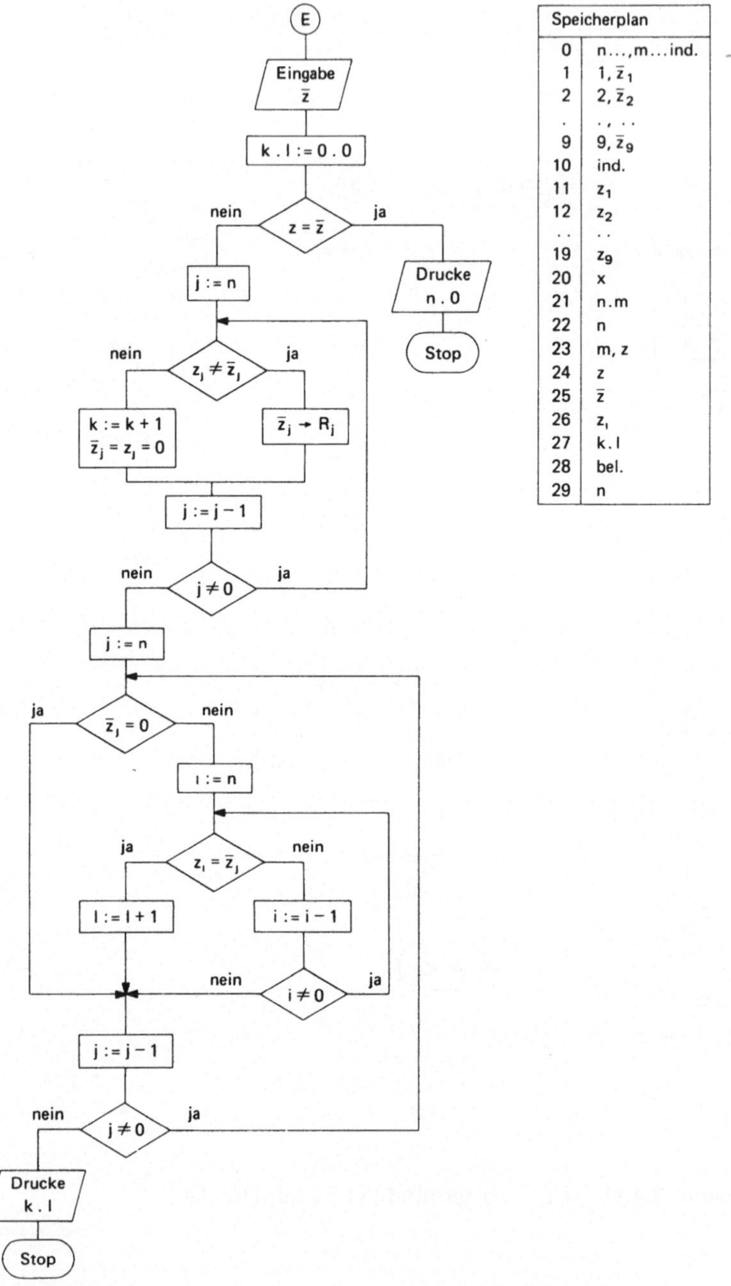

Flußdiagramm 3.4 (2. Teil): Mastermind (TI-59 mit Drucker)

(von rechts her) wird vom Unterprogramm $\boxed{\text{SBR}}$ 1 3 1 ähnlich wie früher bei Hangman nach folgendem Algorithmus vorgenommen:

$$z := 0{,}1 \cdot z \, ;$$
$$z_j := 10 \cdot \text{INV Int } z \, ;$$
$$z := \text{Int } z \, .$$

Den gesuchten Code z müssen wir dabei für den nächsten Spielzug retten, während $\bar{z}$ verloren gehen kann. Der Vergleich $z_j = \bar{z}_j$ (gleicher Index) für $j = 1, 2, \ldots, n$ liefert uns die Anzahl k der richtig positionierten Ziffern. Haben wir gleiche Ziffern gefunden, so setzen wir $z_j = \bar{z}_j = 0$, damit beim weiteren Vergleich diese Ziffern nicht noch einmal bei l mitgezählt werden. Danach werden gleiche Ziffern an verschiedener Position gesucht: $z_i = \bar{z}_j$ für $i = 1, 2, \ldots, n$. Der gesamte Programmablauf ist im Flußdiagramm 3.4 (2. Teil) aufgezeichnet. Die Anweisung $i := i - 1$ mit der nachfolgenden Abfrage $i \neq 0$ haben wir mit $\boxed{*\text{Dsz}}$ 2 9 2 2 0 programmiert. Nach dem TI-Handbuch ist $\boxed{*\text{Dsz}}$ nur auf die Speicher R_0 bis R_9 anwendbar. Tatsächlich aber können Sie diese Anweisung auf *alle* Speicher anwenden. Sie geben dazu z.B. die Tastenfolge

$\boxed{*\text{Dsz}}$ $\boxed{\text{STO}}$ 2 9 $\boxed{\text{GTO}}$ 2 2 0

ein und löschen mit $\boxed{*\text{Del}}$ anschließend $\boxed{\text{STO}}$ und $\boxed{\text{GTO}}$

PSS	Code/Taste		PSS	Code/Taste		PSS	Code/Taste		PSS	Code/Taste	
000	76	LBL	065	59	INT	131	42	STO	197	10	10
001	13	C	066	92	RTN	132	28	28	198	43	RCL
002	42	STO	067	76	LBL	133	93	.	199	28	28
003	20	20	068	11	A	134	01	1	200	42	STO
004	91	R/S	069	16	A'	135	49	PRD	201	23	23
005	76	LBL	070	43	RCL	136	28	28	202	01	1
006	16	A'	071	23	23	137	43	RCL	203	22	INV
007	42	STO	072	42	STO	138	28	28	204	44	SUM
008	21	21	073	00	00	139	59	INT	205	10	10
009	59	INT	074	43	RCL	140	48	EXC	206	97	DSZ
010	42	STO	075	00	00	141	28	28	207	00	00
011	22	22	076	72	ST*	142	22	INV	208	01	01
012	43	RCL	077	00	00	143	59	INT	209	69	69
013	21	21	078	97	DSZ	144	65	×	210	17	B'
014	22	INV	079	00	00	145	01	1	211	73	RC*
015	59	INT	080	00	00	146	00	0	212	00	00
016	65	×	081	74	74	147	95	=	213	32	X:T
017	01	1	082	17	B'	148	92	RTN	214	00	0
018	00	0	083	18	C'	149	76	LBL	215	67	EQ
019	95	=	084	42	STO	150	15	E	216	02	02
020	42	STO	085	26	26	151	98	ADV	217	43	43
021	23	23	086	73	RC*	152	42	STO	218	73	RC*
022	00	0	087	26	26	153	25	25	219	10	10
023	42	STO	088	44	SUM	154	99	PRT	220	67	EQ
024	24	24	089	24	24	155	32	X:T	221	02	02
025	76	LBL	090	73	RC*	156	58	FIX	222	34	34
026	17	B'	091	23	23	157	01	01	223	01	1
027	43	RCL	092	72	ST*	158	17	B'	224	22	INV
028	22	22	093	26	26	159	00	0	225	44	SUM
029	42	STO	094	01	1	160	42	STO	226	10	10
030	00	00	095	22	INV	161	27	27	227	97	DSZ
031	43	RCL	096	44	SUM	162	43	RCL	228	29	29
032	22	22	097	23	23	163	24	24	229	02	02
033	42	STO	098	97	DSZ	164	67	EQ	230	18	18
034	29	29	099	00	00	165	02	02	231	61	GTO
035	85	+	100	00	00	166	56	56	232	02	02
036	01	1	101	83	83	167	42	STO	233	43	43
037	00	0	102	03	3	168	23	23	234	93	.
038	95	=	103	02	2	169	43	RCL	235	01	1
039	42	STO	104	04	4	170	25	25	236	44	SUM
040	10	10	105	03	3	171	71	SBR	237	27	27
041	92	RTN	106	61	GTO	172	01	01	238	00	0
042	76	LBL	107	01	01	173	31	31	239	72	ST*
043	18	C'	108	24	24	174	72	ST*	240	00	00
044	01	1	109	76	LBL	175	00	00	241	72	ST*
045	00	0	110	12	B	176	32	X:T	242	10	10
046	49	PRD	111	16	A'	177	43	RCL	243	71	SBR
047	24	24	112	17	B'	178	28	28	244	00	00
048	43	RCL	113	18	C'	179	42	STO	245	31	31
049	20	20	114	44	SUM	180	25	25	246	97	DSZ
050	65	×	115	24	24	181	43	RCL	247	00	00
051	09	9	116	97	DSZ	182	23	23	248	02	02
052	09	9	117	00	00	183	71	SBR	249	11	11
053	07	7	118	01	01	184	01	01	250	43	RCL
054	95	=	119	13	13	185	31	31	251	27	27
055	22	INV	120	03	3	186	22	INV	252	99	PRT
056	59	INT	121	00	0	187	67	EQ	253	22	INV
057	42	STO	122	04	4	188	01	01	254	58	FIX
058	20	20	123	03	3	189	96	96	255	91	R/S
059	65	×	124	69	OP	190	01	1	256	43	RCL
060	43	RCL	125	04	04	191	44	SUM	257	22	22
061	23	23	126	43	RCL	192	27	27	258	99	PRT
062	85	+	127	21	21	193	00	0	259	22	INV
063	01	1	128	69	OP	194	72	ST*	260	58	FIX
064	95	=	129	06	06	195	00	00	261	91	R/S
			130	91	R/S	196	72	ST*	262	00	0

Programm 3.4: Mastermind (TI-59 mit Drucker)

Spielanleitung (Mastermind für TI-59 und Drucker):

(1)   Programm 3.4 einlesen.

(2) $x \in\ ]0; 1[$ eingeben: $\boxed{C}$

(3)   n.m eintasten (n-stellige Zahl mit den Ziffern 1, 2, ..., m);
        ohne Wiederholung der Ziffern: $\boxed{A}$;
        mit Wiederholung der Ziffern: $\boxed{B}$;
        Ausgabe: n.m 'OW' bzw. 'MW'.

(4)   Eingabe einer n-stelligen Zahl $\bar{z}$: $\boxed{E}$;
        Ausgabe: k.l (k = Anzahl der positionsrichtigen Ziffern;
        l = Anzahl der richtigen Ziffern in falscher Position);
        Ende des Spiels bei n.0, sonst weiter nach (4).

(5)   Neues Spiel: nach (3).

Sie müssen bei einem Spiel in der Normalversion 4.6 etwa 25 Sekunden und
bei Super-Mastermind 5.8 (mit $8^5 = 32\,768$ Anordnungsmöglichkeiten MW
und $\frac{8!}{(8-5)!} = 6\,720$ OW) etwa 32 Sekunden warten, bis Ihnen der Rechner
durch das Ausdrucken von k.l mitteilt, wie gut Sie bereits die gesuchte Codezahl gefunden haben.

Beispiel 3.4 zeigt einige Spielpartien Mastermind in verschiedenen Versionen.

```
   4. 6        OW    4. 6      MW       5. 8      OW      5. 8      MW

 6543.            1123.          12345.          11223.
    0. 3             1. 1            2. 0             0. 1

 1345.            1456.          12678.          44556.
    1. 2             1. 1            1. 3             0. 1

 2435.            1244.          16387.          36887.
    0. 2             1. 0            1. 3             2. 1

 1653.            1535.          17684.          35888.
    3. 0             3. 0            1. 3             3. 1

 1654.            1335.          18765.          38884.
    4. 0             4. 0            5. 0             3. 2

                                                 38848.
                                                    5. 0
```

Beispiel 3.4: Mastermind (TI-59 mit Drucker)

Für TI-58 Besitzer. Das Programm 3.4 besitzt 22 Programmschritte zuviel, um es in obiger Form benutzen zu können. Steht ohnehin kein Drucker zur Verfügung, so lassen sich diese 22 Anweisungen leicht einsparen. Nehmen Sie alle Druckeranweisungen und $\boxed{\text{INV}}$ $\boxed{\text{*Fix}}$ heraus und speichern Sie $x \in \,]0; 1[$ direkt nach R_{20}, so haben Sie 25 Programmschritte gespart. Natürlich müssen die Sprungadressen geändert werden, aber dies ist im Prinzip nicht schwierig, sondern lediglich eine Geduldssache.

4 Einige Probleme aus der numerischen Mathematik

In diesem Abschnitt werden einige Aufgaben behandelt, die auf Fragestellungen der *numerischen* Mathematik führen. Wir werden hier aber keine großen Theorien aufstellen (die findet man in den zahlreichen Lehrbüchern über dieses Gebiet), sondern die Aufgaben mit ganz einfachen Methoden lösen. In 4.1 und 4.2 werden nur mathematische Kenntnisse der Sekundarstufe I benutzt, während in 4.3 der Begriff des bestimmten Integrals benötigt wird.

4.1 Der Terrier und die Rechteckkompanie

Von dem Amerikaner *Sam Loyd,* dem großen Rätselerfinder des 19. Jahrhunderts, stammt die folgende Aufgabe (z.B. in [12]):

Eine Kompanie Soldaten marschiert im Gleichschritt in einer rechteckigen Formation der Länge $l = 50\,\text{m}$ und der Breite $b = \frac{l}{2} = 25\,\text{m}$. Ihr Maskottchen, ein kleiner Terrier, läuft von der Position A (Bild 4.1a) im letzten Glied mit konstanter Geschwindigkeit außen um die Kolonne herum, wobei er sich so nahe wie möglich an der Formation hält. In dem Augenblick, in dem er die Position A wieder erreicht, hat die Kompanie genau die Strecke l zurückgelegt (in Bild 4.1b ist der Weg des Hundes gestrichelt gezeichnet). Wie lang ist der Weg, den der Terrier zurückgelegt hat?

Wir normieren zunächst und setzen: $l = 1$ LE (Längeneinheit); $T = 1$ ZE = Zeit, die die Kompanie für das Zurücklegen der Strecke l benötigt; $\frac{1\,\text{LE}}{1\,\text{ZE}}$ = Geschwindigkeit der Soldaten (die tatsächliche Geschwindigkeit beträgt v_S). Nennen wir $x = \frac{v_T}{v_S}$ die normierte Geschwindigkeit des Terriers, so lösen wir die kinematische Aufgabe am einfachsten, indem wir den Hund um die ruhend ge-

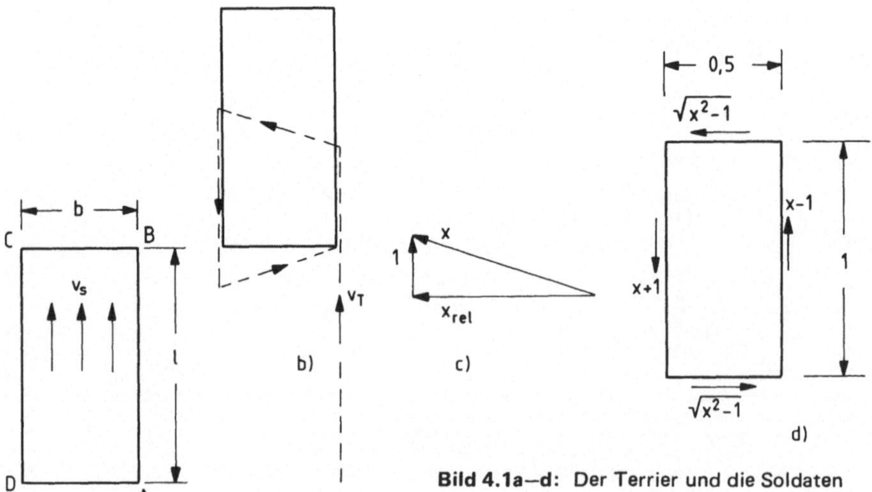

Bild 4.1a—d: Der Terrier und die Soldaten

dachte Kompanie umlaufen lassen. Die Relativgeschwindigkeiten des Hundes
betragen dann auf den langen Seiten des Rechtecks $x - 1$ bzw. $x + 1$ und auf
den kurzen Seiten nach Bild 4.1c $x_{rel} = \sqrt{x^2 - 1}$. Für die gesamte Umlaufzeit
$T = 1$ erhalten wir (mit Zeit = Weg / Geschwindigkeit) nach Bild 4.1d

$$\frac{1}{x - 1} + \frac{0,5}{\sqrt{x^2 - 1}} + \frac{1}{x + 1} + \frac{0,5}{\sqrt{x^2 - 1}} = 1$$

oder

$$\frac{1}{\sqrt{x^2 - 1}} + \frac{2 \cdot x}{x^2 - 1} = 1$$

und schließlich nach Multiplikation mit dem Hauptnenner $x^2 - 1$ die
Gleichung

$$f(x) = \sqrt{x^2 - 1} + 2 \cdot x - x^2 + 1 = 0 .$$

(Lösen wir die Gleichung nach der Wurzel auf und quadrieren, so würden wir
die algebraische Gleichung 4. Ordnung $x^4 - 4 \cdot x^3 + x^2 + 4 \cdot x + 2 = 0$ erhalten. Der Lösung der ursprünglichen Aufgabe sind wir aber dadurch keinen
Schritt näher gekommen.)

Unser mathematisches Problem besteht nunmehr im Aufsuchen der Null-
stelle $\bar{x}$ der Funktion $y = f(x)$. Daß es eine solche Nullstelle $\bar{x}$ geben muß,
ergibt sich aus der Aufgabenstellung. Wir können hier sogar noch weiter $\bar{x} > 3$
folgern. Die Berechnung von $\bar{x}$ nehmen wir nach Bild 4.1e, in dem die Kurve
der Funktion $y = f(x)$ dargestellt ist, folgendermaßen vor (s. a. Extremwerte
in [23, Band 6]). Wir beginnen die Suche mit $x_0 < \bar{x}$ und einer positiven
Schrittweite h und berechnen $y_0 = f(x_0)$, $x_1 = x_0 + h$ und $y_1 = f(x_1)$. Ist das
Produkt $p = y_0 \cdot y_1$ positiv, so liegt keine Nullstelle zwischen x_0 und x_1 (von
dem Ausnahmefall zweier sehr nahe zusammenliegender Nullstellen wollen
wir hier absehen). Wir setzen dann $x_0 := x_1$ und verfahren mit demselben h
wieder wie oben. Ist dagegen $p < 0$, so haben wir die Nullstelle $\bar{x}$ überschritten
und laufen mit kleinerer Schrittweite zurück. Durch z.B. $h := -\frac{h}{10}$ wird die
Suchrichtung automatisch umgekehrt. Dieses führen wir so lange durch, bis
wir ein genügend kleines Intervall angeben können, in dem die Nullstelle $\bar{x}$
liegt. Die gewünschte Intervallbreite $\epsilon = h/10^{n-1}$ (erster h-Wert!) teilen wir
dem Rechner durch Eingabe von n mit. Schließlich wollen wir mit $p = 0$
auch noch den Fall der exakten Nullstelle erfassen.

Der gesamte Algorithmus zum Aufsuchen einer Nullstelle ist im Flußdia-
gramm 4.1 dargestellt. Die Funktionswerte $y = f(x)$ lassen wir durch ein
Unterprogramm berechnen. Das Programm 4.1 schreiben wir für die *kleinen*
Rechner SR-56 und TI-57, wobei wir die Eingabe von n, h und x_0 beim
TI-57 zur Ersparung von Programmspeicherplätzen aus dem Programm heraus-
genommen haben.

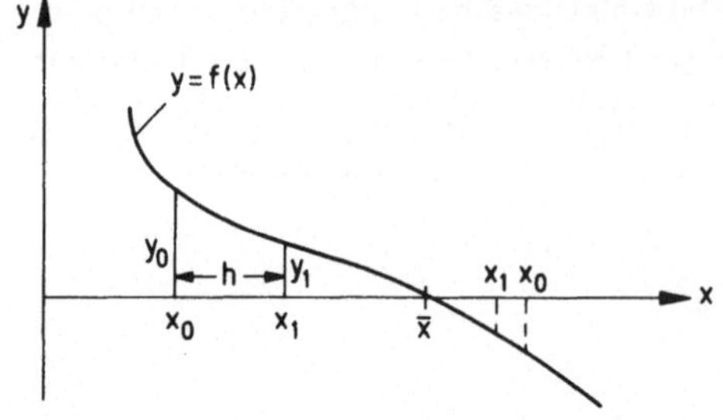

Bild 4.1e: Aufsuchen der Nullstelle einer Funktion y = f (x)

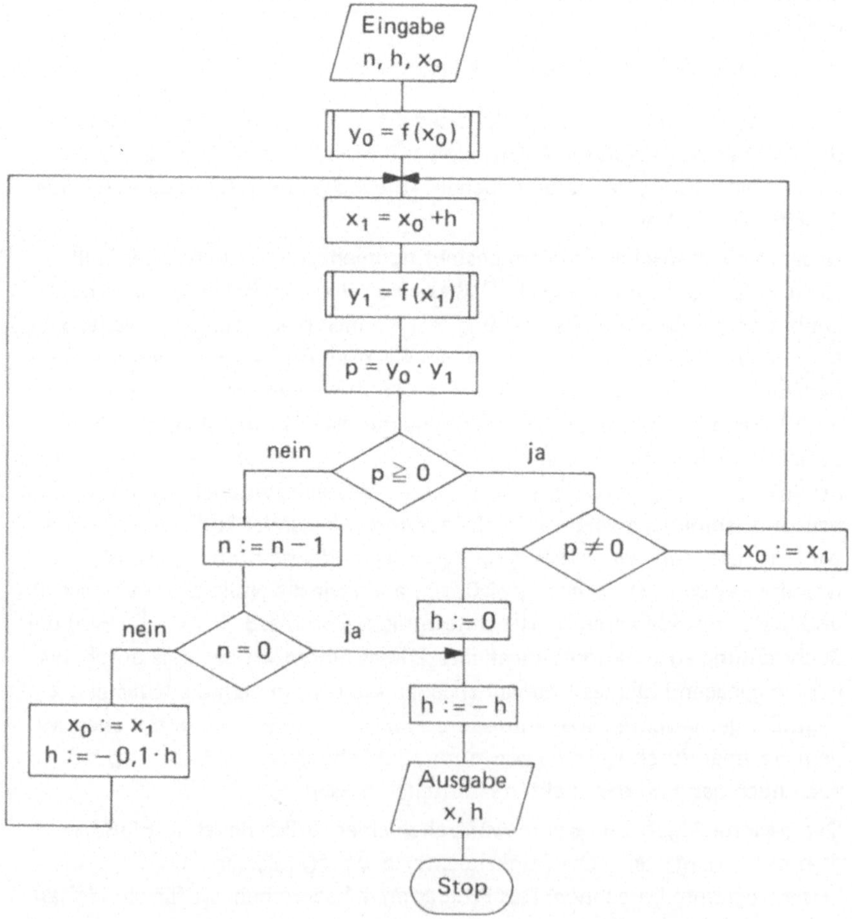

Flußdiagramm 4.1: Nullstelle einer Funktion

PSS	SR-56	TI-57	PSS	SR-56	TI-57	PSS	SR-56
00	STO	SBR 1	21	3	GTO 4	42	*x = t
01	0	STO 3	22	X	0	43	1
02	R/S	*LBL 4	23	RCL	STO 2	44	3
03	STO	RCL 2	24	3	*LBL 3	45	0
04	2	SUM 1	25	=	RCL 1	46	STO
05	R/S	SBR 1	26	*x $\geq$ t	R/S	47	2
06	STO	*Exc 3	27	4	RCL 2	48	RCL
07	1	X	28	1	+/−	49	1
08	*subr	RCL 3	29	INV	R/S	50	R/S
09	5	=	30	*dsz	*LBL 1	51	RCL
10	5	*x $\geq$ t	31	4		52	2
11	STO	GTO 2	32	8		53	+/−
12	3	INV *Dsz	33	•		54	R/S
13	RCL	GTO 3	34	1			
14	2	•	35	+/−			
15	SUM	1	36	*PROD			
16	1	1/	37	2			
17	*subr	*Prd 2	38	GTO			
18	5	GTO 4	39	1			
19	5	*LBL 2	40	3			
20	*EXC	INV *x = t	41	INV			

Speicherplan	
0	n
1	x
2	h
3	y

Programm 4.1: Nullstelle einer Funktion

Benutzeranleitung (SR-56, in Klammern TI-57):

(1)   Programm eintasten;

(2)   Nach GTO 5 5 (1) LRN Tastenfolge zur Berechnung von
      $f(x)$ eingeben; $x = (R_1)$; mit *rtn (INV SBR) LRN abschließen;

(3)   Eingabe: RST n R/S (STO 0) h R/S (STO 2)
      x_0 R/S (STO 1 R/S);

(4)   Ausgabe: x R/S h; die Nullstelle $\bar{x}$ liegt im Intervall $[x; x + h]$
      für $h \geq 0$ und in $[x + h; x]$ für $h \leq 0$. Für $h = 0$ ist x die
      exakte Nullstelle von $f(x) = 0$.

Die Tastenfolge zur Berechnung der Funktionswerte $f(x)$ unseres Problems
lautet

$\boxed{\text{RCL}}\ 1\ \boxed{x^2}\ \boxed{-}\ 1\ \boxed{=}\ \boxed{\text{STO}}\ 4\ \boxed{\sqrt{x}}\ \boxed{+}\ 2\ \boxed{\times}\ \boxed{\text{RCL}}\ 1$
$\boxed{-}\ \boxed{\text{RCL}}\ 4\ \boxed{=}$

Mit $x_0 = 3$, $h = 1$ und $n = 4$ erhalten wir mit dem SR-56 nach etwa 25 Sekunden (27 beim TI-57)

$$x = 3{,}258 \quad \text{und} \quad h = 0{,}001, \quad \text{d.h.} \quad x \in [3{,}258; 3{,}259].$$

Das Maskottchen der Kompanie legt damit den Weg

$$s = v_T \cdot \frac{l}{v_S} = x \cdot l = 3{,}2585 \cdot 50\,\text{m} = 162{,}93\,\text{m}$$

zurück. Möchten wir aus irgendwelchen Gründen die Nullstelle $\bar{x}$ noch genauer haben, so geben wir mit $x_0 = 3$ und $h = 1$ z.B. $n = 7$ ein und erhalten
nach etwa einer Minute Rechenzeit

$$x = 3{,}258627 \quad \text{und} \quad h = -0{,}000001\,.$$

Für den Leser:

Lassen Sie die Soldaten in quadra-
tischer Formation in Diagonalrichtung
marschieren. Der Terrier läuft von A
über B nach C und von dort durch
die Reihen der Soldaten nach A
zurück. Die Kompanie hat inzwischen
die Länge der Diagonalen zurückgelegt.

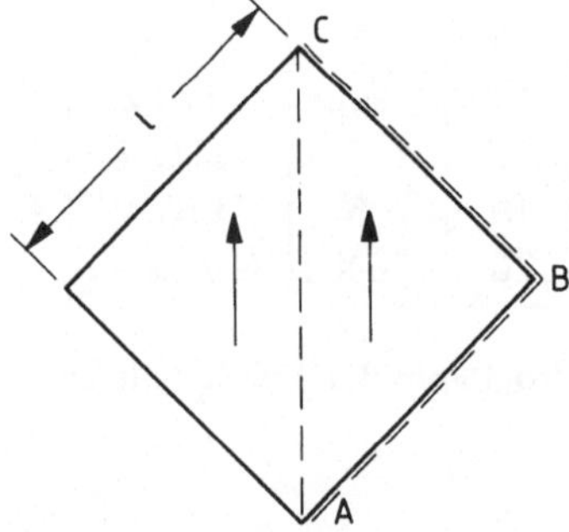

4.2 Die flügellahme Fliege und der Tropfen im Weinglas

Viele Leser kennen sicherlich die Aufgabe, in der ein Käfer in einem Zimmer
von einem Punkt A des Fußbodens auf dem kürzesten Weg zu einem Punkt B
der Wand krabbeln soll. Oder die entsprechende Aufgabe mit einem zylindri-
schen Glas und einem äußeren Punkt A und einem inneren Punkt B (Bild 4.2a).
Um diese Probleme zu lösen, benötigt man kaum Mathematik und schon gar
nicht einen programmierbaren Taschenrechner. (Den holt man ohnehin ja
immer erst dann zu Hilfe, wenn man mit den üblichen Methoden der Mathematik nicht weiterkommt. Oder wenn man den Umgang mit dem Rechner an
einfachen kontrollierbaren Aufgaben üben will.)

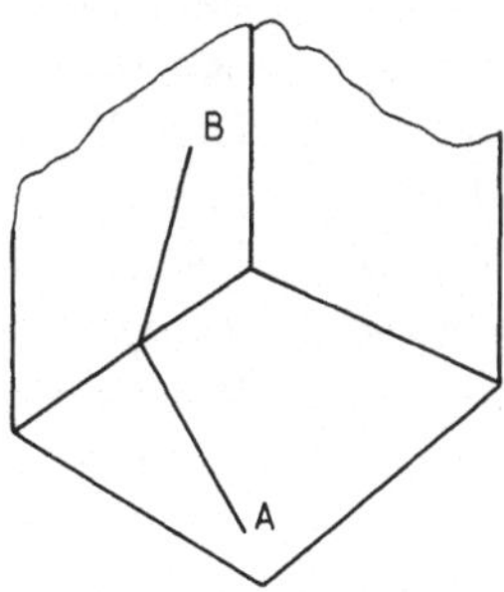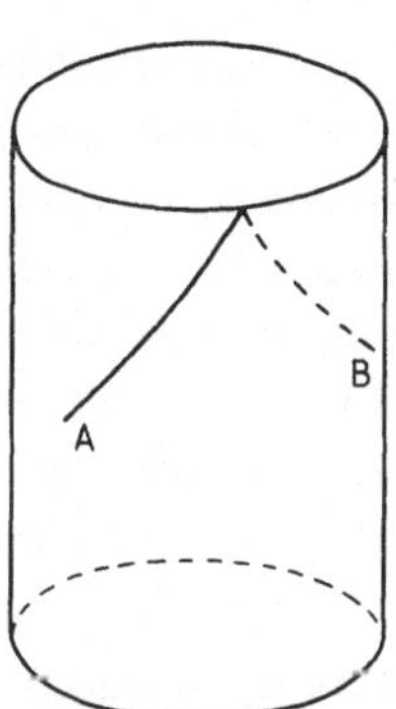

Bild 4.2a: Kürzester Weg von A nach B

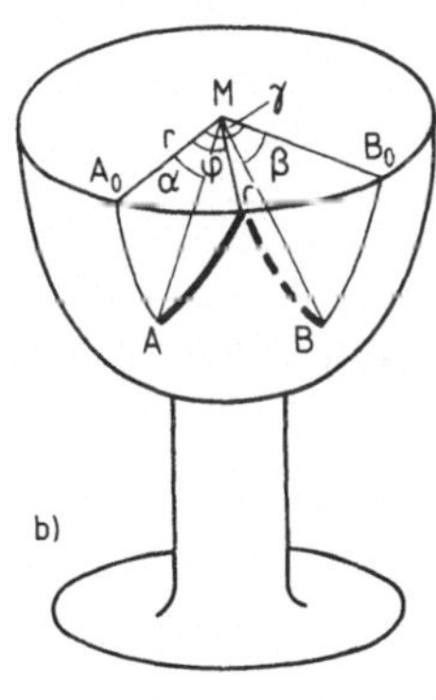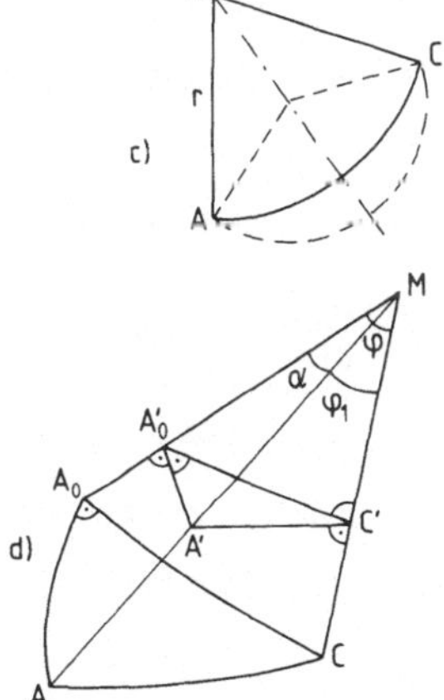

Bild 4.2b–d: Kürzester Weg von A nach B

Wesentlich schwieriger — und ohne programmierbaren Rechner nur sehr mühsam lösbar — ist unser folgendes Problem. Eine Fliege sitzt im Punkt A außen auf einen halbkugelförmigen Weinglas (Bild 4.2b) und möchte auf dem kürzesten Weg zum inneren Punkt B, in dem sich ein Tropfen einer Rheingauer Auslese aus dem Jahr 1976 befindet. Da die Fliege bereits vorher ausgiebig aus anderen Gläsern genascht hat, ist sie nicht mehr fähig, ihre Flügel zu betätigen. Sie muß daher den Weg von A über den Randpunkt nach B krabbelnderweise zurücklegen. Wir wollen den kürzesten Weg ermitteln, auf dem die Fliege von ihrer Ausgangssituation A zum begehrten Tropfen B gelangt.

Zunächst geben wir die Positionen von A und B durch die im Mittelpunkt M der Halbkugel gemessenen Winkel α, β und γ an. α und β liegen in senkrechten Ebenen durch AM bzw. BM und γ in der waagerechten Ebene durch M. Von A bis zum Punkt C auf dem Rand des Glases wird die Fliege sich auf einem Großkreis, d.h. auf einem Kreis mit dem Radius r, bewegen, denn zu jedem anderen Kreis mit einem kleineren Radius gehört ein größerer Bogen (Bild 4.2c). Den Kugelsektor MA_0AC zeichnen wir uns noch einmal gesondert heraus (Bild 4.2d). Die Länge des Weges von A nach C beträgt $\overset{\frown}{AC} = r \cdot \varphi_1$, wobei der Winkel φ_1 im Bogenmaß zu messen ist.

Unser Ziel ist es, φ_1 durch den Winkel φ darzustellen. Dann können wir die Länge des Bogens $\overset{\frown}{CB}$ entsprechend durch $\gamma - \varphi$ ausdrücken und den gesamten Weg s als Funktion der einen Veränderlichen φ erhalten. Um die Relation zwischen α, φ und φ_1 zu finden, legen wir durch einen beliebigen Punkt C' auf MC eine Ebene senkrecht zu MC. Diese Ebene schneidet die anderen Kanten in A_0' bzw. A'. Beachten wir, daß die Ebene A_0MA senkrecht zur Ebene A_0MC steht, so folgt daraus

$$A_0'\,A' \perp A_0M \quad \text{und} \quad A_0'\,C' \perp A_0'\,A' \,.$$

Aus den rechtwinkligen Dreiecken lesen wir ab:

$$\cos\varphi_1 = \frac{M\,C'}{M\,A'} \,; \quad \cos\alpha = \frac{M\,A_0'}{M\,A'} \,; \quad \cos\varphi = \frac{M\,C'}{M\,A_0'} \,, \quad \text{d.h.}$$

$$\cos\varphi_1 = \cos\alpha \cdot \cos\varphi \,.$$

Entsprechend erhalten wir für den Kugelsektor MB_0BC

$$\cos\varphi_2 = \cos\beta \cdot \cos(\gamma - \varphi)$$

und damit

$$\frac{s}{r} = f(\varphi) = \arccos(\cos\alpha \cdot \cos\varphi) + \arccos(\cos\beta \cdot \cos(\gamma - \varphi)) \,.$$

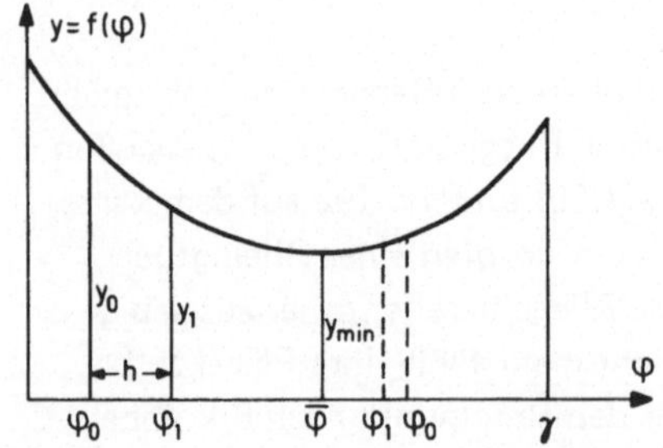

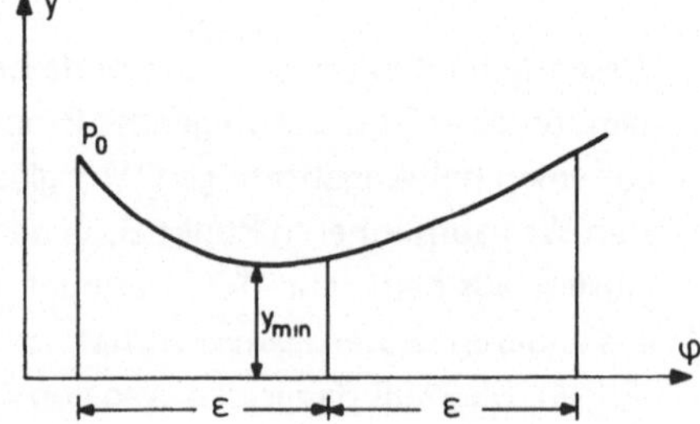

Bild 4.2e: Minimum einer Funktion

Unsere Aufgabe besteht darin, den Winkel $\varphi \in [0; \gamma]$ so zu wählen, daß
$y = f(\varphi)$ ein Minimum wird (Bild 4.2e). Wir wählen dazu einen ähnlichen
Suchalgorithmus mit Hin- und Rücklauf wie in 4.1 [23, Band 6]. Wir starten
mit $\varphi_0 < \overline{\varphi}$ und einer positiven Schrittweite h und berechnen $y_0 = f(\varphi_0)$,
$\varphi_1 = \varphi_0 + h$ und $y_1 = f(\varphi_1)$. Dann vergleichen wir die Funktionswerte y_0
und y_1 und kehren die Suchrichtung mit kleinerer Schrittweite ($h := -0,1 \cdot h$)
um, wenn $y_1 \geqq y_0$ geworden ist. Das iterative Verfahren soll wieder abge-
brochen werden, wenn die Intervallbreite den Wert $\epsilon = h/10^{n-1}$ erreicht hat.
Der Winkel $\overline{\varphi}$, für den $y = f(\varphi)$ ein Minimum annimmt, liegt dann mit Sicher-
heit in einem Intervall der Breite $2 \cdot \epsilon$ (s. Bild 4.2e, rechts). Wir lassen uns
aber nur den Winkel φ und y_{min} ausgeben und überprüfen die Genauigkeit,
indem wir die Aufgabe mit verschiedenen n-Werten durchrechnen.

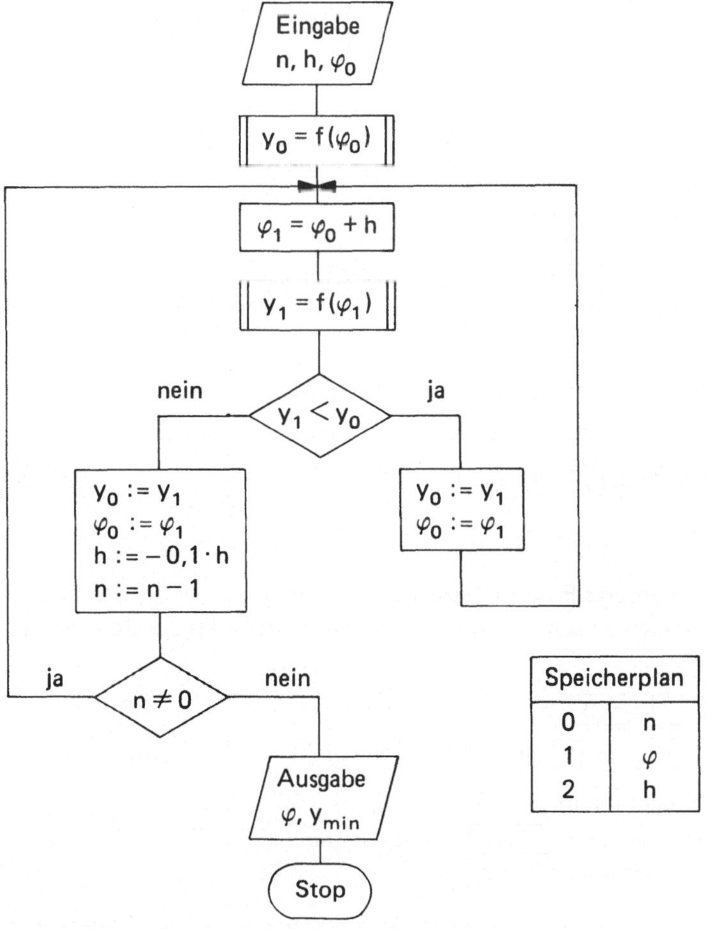

Flußdiagramm 4.2: Minimum einer Funktion

PSS	SR-56	TI-57
00	STO	STO 0
01	0	R/S
02	R/S	STO 2
03	STO	R/S
04	2	STO 1
05	R/S	SBR 0
06	STO	*LBL 1
07	1	x⇄t
08	*subr	*LBL 2
09	3	RCL 2
10	7	SUM 1
11	x⇄t	SBR 0
12	RCL	INV *x≧t

PSS	SR-56	TI-57
13	2	GTO 1
14	SUM	x⇄t
15	1	·
16	*subr	1
17	3	+/−
18	7	*Prd 2
19	INV	*Dsz
20	*x≧t	GTO 2
21	1	RCL 1
22	1	R/S
23	x⇄t	x⇄t
24	·	R/S
25	1	*LBL 0

PSS	SR-56
26	+/−
27	*PROD
28	2
29	*dsz
30	1
31	2
32	RCL
33	1
34	R/S
35	x⇄t
36	R/S
37	
38	

Programm 4.2: Minimum einer Funktion

Den gesamten Algorithmus zur Bestimmung des Minimums einer Funktion stellen wir im Flußdiagramm 4.2 zusammen. Das zugehörige Programm 4.2 schreiben wir auch hier nur für die kleinen Rechner SR-56 und TI-57 und beachten:

Eingabe: $\boxed{\text{GTO}}$ 3 7 (bzw. $\boxed{\text{GTO}}$ 0 beim TI-57) $\boxed{\text{LRN}}$;

Tastenfolge zur Berechnung der Funktionswerte $f(\varphi)$;

$\boxed{\text{*rtn}}$ ($\boxed{\text{INV}}$ $\boxed{\text{SBR}}$) $\boxed{\text{LRN}}$ $\boxed{\text{RST}}$ n $\boxed{\text{R/S}}$ h $\boxed{\text{R/S}}$ φ_0 $\boxed{\text{R/S}}$

Ausgabe: φ $\boxed{\text{R/S}}$ y_{min}

Für die Funktion unseres Problems speichern wir $\cos\alpha$ nach R_3, $\cos\beta$ nach R_4 und γ (im Bogenmaß!) nach R_5. Dann lautet die Tastenfolge zur Berechnung von $f(\varphi)$:

$\boxed{\text{RCL}}$ 3 $\boxed{\times}$ $\boxed{\text{RCL}}$ 1 $\boxed{\cos}$ $\boxed{=}$ $\boxed{\text{INV}}$ $\boxed{\cos}$ $\boxed{+}$ $\boxed{(}$ $\boxed{\text{RCL}}$ 4
$\boxed{\times}$ $\boxed{(}$ $\boxed{\text{RCL}}$ 5 $\boxed{-}$ $\boxed{\text{RCL}}$ 1 $\boxed{)}$ $\boxed{\cos}$ $\boxed{)}$ $\boxed{\text{INV}}$ $\boxed{\cos}$ $\boxed{=}$

Wir testen das Programm mit $\alpha = \beta = 60° = \frac{\pi}{3}$, $\gamma = 90° = \frac{\pi}{2}$ und n = 4, h = 1, $\varphi_0 = 0$ (vergessen Sie nicht $\boxed{\text{*RAD}}$!) und erhalten nach 1 m 45 s mit dem SR-56 und 3 m 30 s mit dem TI-57

$$\varphi = 0{,}784 \approx \frac{\pi}{4} \quad \text{und} \quad y_{min} = 2{,}418859 \approx 2 \cdot \arccos \frac{\sqrt{2}}{4} = 2{,}4188584 \, .$$

Nach erfolgreichem Test wählen wir $\alpha = 74°$, $\beta = 52°$ und $\gamma = 115°$. Mit $h = 1$ und $\varphi_0 = 0$ erhalten wir für die verschiedenen n-Werte die Ergebnisse im Beispiel 4.2 (φ und y_{min} für den SR-56). Die sehr großen Unterschiede in der Rechenzeit der beiden Taschenrechner erklären sich aus der Zugriffszeit der trigonometrischen Funktionen. Hier arbeitet der TI-57 merklich langsamer als der SR-56.

n	φ	y_{min}	Rechenzeit	
			SR-56	TI-57
2	1,5	2,553822185	47 s	1 m 34 s
4	1,631	2,548476208	1 m 45 s	3 m 26 s
6	1,63206	2,548475849	2 m 51 s	5 m 8 s
8	1,6320667	2,548475849	3 m 17 s	5 m 33 s
10	1,632066748	2,548475849	3 m 36 s	5 m 58 s

Beispiel 4.2: Minimum einer Funktion

Wer noch die Differentialrechnung beherrscht oder sie wieder auffrischen möchte, kann die obige Aufgabe auch über $f'(\varphi) = 0$ lösen und die Nullstelle der Gleichung für φ nach der Methode in 4.1 bestimmen. Sie werden feststellen, daß dieser Weg keineswegs einfacher als die obenstehende direkte Methode ist.

Für den Leser:
Lösen Sie die obige Aufgabe des minimalen Weges für ein kegelförmiges Sektglas.
Gegeben sind z.B.
$SC = m_c = 100$ mm,
$SA = m_a = 38$ mm,
$SB = m_b = 75$ mm,
$r = 32$ mm und $\gamma = 125°$.
(Beachten Sie, daß die Kegelfläche — im Gegensatz zur Kugelfläche — abwickelbar ist.)

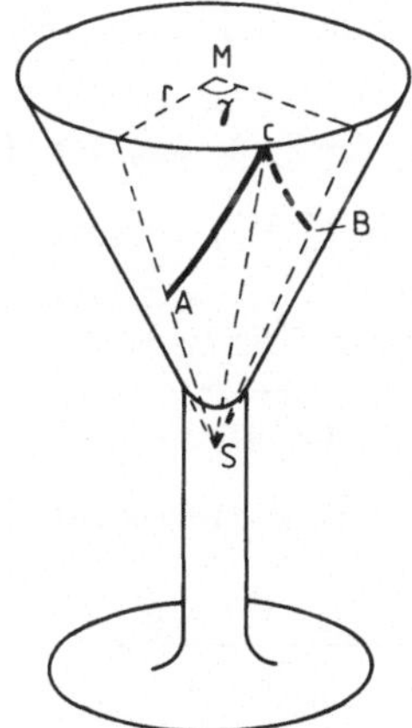

4.3 Der Terrier und die Kreiskompanie

Wir greifen das Problem aus 4.1 noch einmal auf und lassen die Soldaten jetzt in einer kreisförmigen Formation mit dem Durchmesser d = 60 m marschieren. Der Weg des Terriers ist im Bild 4.3a gestrichelt gezeichnet. Mit den normierten Größen d = 1 LE, T = 1 ZE (s. 4.1) führt die Relativbetrachtung (der Hund läuft mit der Geschwindigkeit x_{rel} um die ruhend gedachte Kompanie) für einen Umlauf auf

$$\oint \frac{ds}{x_{rel}} = 1 \ .$$

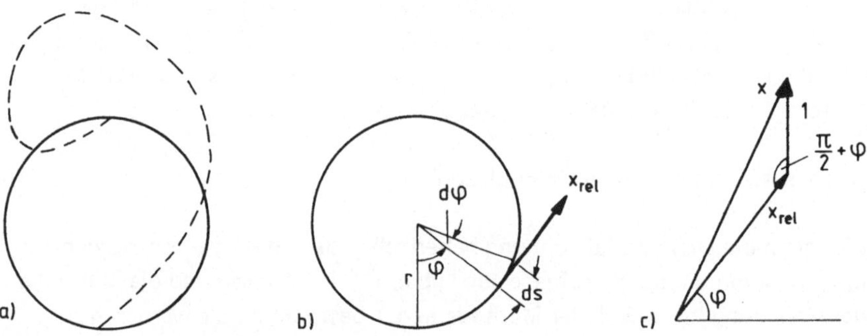

Bild 4.3a–c: Der Terrier und die Kreiskompanie

Aus dem Geschwindigkeitsdreieck (Bild 4.3c) erhalten wir mit dem Cosinussatz

$$x^2 = 1^2 + x_{rel}^2 - 2 \cdot 1 \cdot x_{rel} \cdot \cos\left(\tfrac{\pi}{2} + \varphi\right)$$

und hieraus mit $\cos\left(\tfrac{\pi}{2} + \varphi\right) = -\sin\varphi$

$$x_{rel} = -\sin\varphi + \sqrt{\sin^2\varphi + x^2 - 1} \qquad \text{oder}$$

$$x_{rel} = \sqrt{x^2 - \cos^2\varphi} - \sin\varphi \ .$$

Für das obige Integral bilden wir mit $ds = r \cdot d\varphi = \tfrac{1}{2} \cdot d\varphi$

$$\frac{ds}{x_{rel}} = \frac{\tfrac{1}{2} \cdot d\varphi}{\sqrt{x^2 - \cos^2\varphi} - \sin\varphi}$$

und erweitern diesen Bruch mit $\sqrt{x^2 - \cos^2 \varphi} + \sin \varphi$:

$$\frac{ds}{x_{rel}} = \frac{1}{2} \cdot \frac{\sqrt{x^2 - \cos^2 \varphi} + \sin \varphi}{x^2 - \cos^2 \varphi - \sin^2 \varphi} \cdot d\varphi \,,$$

$$\oint \frac{ds}{x_{rel}} = \frac{1}{2 \cdot (x^2 - 1)} \int\limits_0^{2\pi} (\sqrt{x^2 - \cos^2 \varphi} + \sin \varphi) \cdot d\varphi \,.$$

Beachten wir noch $\displaystyle\int\limits_0^{2\pi} \sqrt{x^2 - \cos^2 \varphi} \cdot d\varphi = 4 \cdot \int\limits_0^{\pi/2} \sqrt{x^2 - \cos^2 \varphi} \cdot d\varphi$

(die Funktion $\cos^2 \varphi$ besitzt hinsichtlich der Integration die Periode $\frac{\pi}{2}$)

und $\displaystyle\int\limits_0^{2\pi} \sin \varphi \cdot d\varphi = 0$, so erhalten wir

$$\frac{2}{x^2 - 1} \int\limits_0^{\pi/2} \sqrt{x^2 - \cos^2 \varphi} \cdot d\varphi = 1$$

oder schließlich die Gleichung

$$f(x) = \int\limits_0^{\pi/2} \sqrt{x^2 - \cos^2 \varphi} \cdot d\varphi - \frac{x^2 - 1}{2} = 0 \,.$$

Schwierigkeiten beim Aufsuchen der Nullstelle $\bar{x} > \pi$ (diese Bedingung folgt
aus der Aufgabenstellung) der Funktion $y = f(x)$ bereitet zunächst einmal
das Integral. Es kann nicht in geschlossener Form durch elementare Funktionen berechnet werden und zählt zur Klasse der elliptischen Integrale, die
den Mathematikern erstmalig bei der Frage nach dem Umfang der Ellipse
begegneten. Wir müssen daher das Integral

$$I(x) = \int\limits_0^{\pi/2} \sqrt{x^2 - \cos^2 \varphi} \cdot d\varphi = \int\limits_0^{\pi/2} g(x, \varphi) \cdot d\varphi$$

numerisch mit einem Näherungsverfahren berechnen. Wir wählen die Sehnentrapezregel, die sich sehr leicht herleiten läßt. Das bestimmte Integral $I(x)$
können wir für einen fest vorgegebenen x-Wert als Inhalt der Fläche unter der
Kurve $z = g(x, \varphi)$ von $\varphi = 0$ bis $\varphi = \frac{\pi}{2}$ deuten. Für die numerische Integration
unterteilen wir das Gesamtintervall $\frac{\pi}{2}$ in m Teilintervalle der Länge $\Delta\varphi = \frac{\pi}{2 \cdot m}$
und ersetzen die gekrümmte Kurve jeweils durch ihre Sehne (Bild 4.3d).

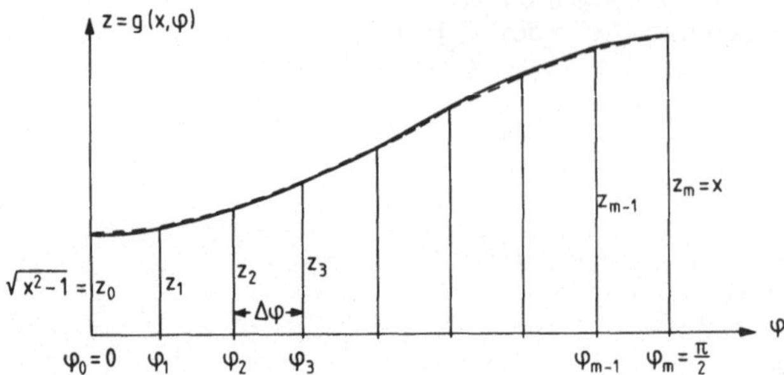

Bild 4.3d: Sehnentrapezregel

Dann erhalten wir als Summe der Flächeninhalte aller Trapeze

$$I(x) \approx \Delta\varphi \cdot \frac{z_0 + z_1}{2} + \Delta\varphi \cdot \frac{z_1 + z_2}{2} + \Delta\varphi \cdot \frac{z_2 + z_3}{2} + \ldots + \Delta\varphi \cdot \frac{z_{m-1} + z_m}{2},$$

$$I(x) \approx \Delta\varphi \cdot \left(\frac{z_0 + z_m}{2} + z_1 + z_2 + z_3 + \ldots + z_{m-1} \right).$$

Mit $z_0 = g(x, 0) = \sqrt{x^2 - 1}$, $z_m = g(x, \frac{\pi}{2}) = x$ und $z_k = g(x, k \cdot \Delta\varphi)$ wird

$$I(x) \approx \Delta\varphi \cdot \left[\frac{\sqrt{x^2 - 1} + x}{2} + \sum_{k}^{m-1} g(x, k \cdot \Delta\varphi) \right].$$

Beim Aufsuchen der Nullstelle $\bar{x}$ der Funktion

$$y = f(x) = I(x) - \frac{x^2 - 1}{2}$$

wählen wir den in 4.1 beschriebenen Algorithmus. Wir starten die Suche
nach $\bar{x}$ mit $x_0 < \bar{x}$, einer positiven Schrittweite h und m und berechnen
$y_0 = f(x_0)$, $x_1 = x_0 + h$ und $y_1 = f(x_1)$. $I(x_0)$ und $I(x_1)$ werden näherungs-
weise nach der Sehnentrapzeregel mit $\Delta\varphi = \frac{\pi}{2 \cdot m}$ ermittelt. Ist $p = y_0 \cdot y_1 > 0$,
dann suchen wir in positiver Richtung mit derselben Schrittweite h und der-
selben Intervallunterteilung m weiter. Wird $p \leqq 0$, so lassen wir uns x, − h,
I, m anzeigen bzw. ausdrucken und rechnen im nächsten Schritt mit

$$x_0 := x_1, \quad h := -0,1 \cdot h \quad \text{und} \quad m := m + 3.$$

Je näher wir an die Nullstelle $\bar{x}$ herankommen, umso genauer werden wir $I(x)$
durch Vergrößerung der Anzahl der Teilintervalle mit der Sehnentrapezregel
berechnen. Natürlich steckt in der Wahl $m := m + 3$ eine gewisse Willkür.
Sinnvoller erscheint vielleicht $m := 2 \cdot m$. Aber die zu integrierende Funktion
$g(x, \varphi)$ ist so glatt, daß wir mit einer verhältnismäßig groben Unterteilung

auskommen werden. Die gesamte Rechnung führen wir n-mal durch. Die Berechnung von $f(x)$ über ein Unterprogramm wollen wir uns sparen und setzen daher für den eingegebenen Wert x_0 für y_0 eine beliebige positive Größe ein. Denn wegen

$$f(1) = I(1) = \int_0^{\pi/2} \sqrt{1 - \cos^2 \varphi} \cdot d\varphi = \int_0^{\pi/2} \sin \varphi \cdot d\varphi = 1$$

ist $f(x) > 0$ für $x \in [1; \bar{x}[$. Im Programm haben wir $y_0 = x_0$ gewählt. Im Flußdiagramm 4.3 stellen wir den Suchalgorithmus zur Bestimmung von $\bar{x}$ übersichtlich zusammen. Das Programm 4.3a schreiben wir zunächst für den TI-58/59 mit einem Drucker. Im Programm 4.3b für den SR-56 nehmen wir die Eingabe aus dem Programm heraus, ebenso die Ausgabe des letzten m-Wertes.

PSS	Code/Taste		PSS	Code/Taste		PSS	Code/Taste		PSS	Code/Taste	
000	76	LBL	034	76	LBL	069	53	(	104	32	X:T
001	11	A	035	16	A'	070	43	RCL	105	00	0
002	70	RAD	036	43	RCL	071	00	00	106	22	INV
003	42	STO	037	04	04	072	65	×	107	77	GE
004	03	03	038	44	SUM	073	43	RCL	108	16	A'
005	42	STO	039	03	03	074	06	06	109	43	RCL
006	05	05	040	43	RCL	075	54	)	110	03	03
007	91	R/S	041	02	02	076	39	COS	111	99	PRT
008	76	LBL	042	75	-	077	33	X²	112	43	RCL
009	12	B	043	01	1	078	95	=	113	04	04
010	42	STO	044	95	=	079	34	√X	114	94	+/-
011	04	04	045	42	STO	080	44	SUM	115	99	PRT
012	91	R/S	046	00	00	081	07	07	116	43	RCL
013	76	LBL	047	43	RCL	082	97	DSZ	117	07	07
014	13	C	048	03	03	083	00	00	118	99	PRT
015	42	STO	049	85	+	084	00	00	119	43	RCL
016	01	01	050	53	(	085	64	64	120	02	02
017	91	R/S	051	24	CE	086	43	RCL	121	99	PRT
018	76	LBL	052	33	X²	087	06	06	122	98	ADV
019	14	D	053	75	-	088	49	PRD	123	00	0
020	42	STO	054	01	1	089	07	07	124	67	EQ
021	02	02	055	54	)	090	43	RCL	125	01	01
022	91	R/S	056	42	STO	091	07	07	126	38	38
023	76	LBL	057	08	08	092	75	-	127	93	.
024	15	E	058	34	√X	093	43	RCL	128	01	1
025	89	π	059	95	=	094	08	08	129	94	+/-
026	55	÷	060	55	÷	095	55	÷	130	49	PRD
027	02	2	061	02	2	096	02	2	131	04	04
028	55	÷	062	95	=	097	95	=	132	03	3
029	43	RCL	063	42	STO	098	48	EXC	133	44	SUM
030	02	02	064	07	07	099	05	05	134	02	02
031	95	=	065	43	RCL	100	65	×	135	97	DSZ
032	42	STO	066	03	03	101	43	RCL	136	01	01
033	06	06	067	33	X²	102	05	05	137	15	E
			068	75	-	103	95	=	138	91	R/S

Programm 4.3a: Der Terrier und die Kreiskompanie (TI-58/59 mit Drucker)

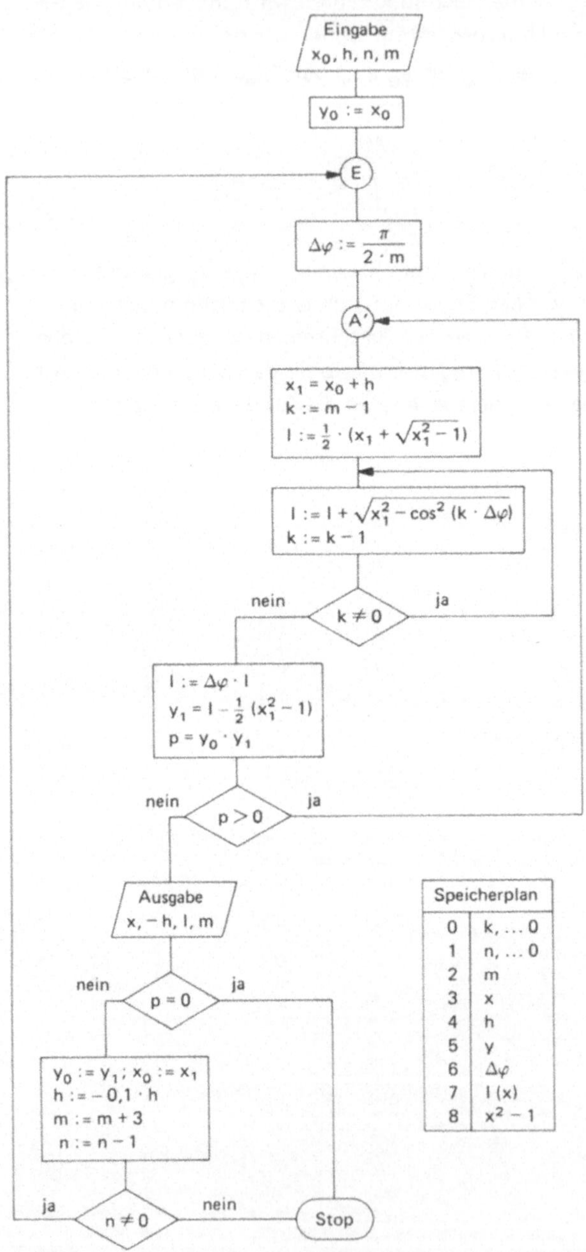

Flußdiagramm 4.3: Der Terrier und die Kreiskompanie

PSS	SR-56						
00	$^*\pi$	25	x^2	51	=	77	0
01	÷	26	−	52	$^*\sqrt{x}$	78	INV
02	2	27	1	53	SUM	79	$^*x \geq t$
03	÷	28	)	54	7	80	0
04	RCL	29	STO	55	*dsz	81	9
05	2	30	8	56	3	82	RCL
06	=	31	$^*\sqrt{x}$	57	8	83	3
07	STO	32	=	58	RCL	84	R/S
08	6	33	÷	59	6	85	RCL
09	RCL	34	2	60	*PROD	86	4
10	4	35	=	61	7	87	R/S
11	SUM	36	STO	62	RCL	88	RCL
12	3	37	7	63	7	89	7
13	RCL	38	RCL	64	−	90	R/S
14	2	39	3	65	RCL	91	•
15	−	40	x^2	66	8	92	1
16	1	41	−	67	÷	93	+/−
17	=	42	(	68	2	94	*PROD
18	STO	43	RCL	69	=	95	4
19	0	44	0	70	*EXC	96	3
20	RCL	45	×	71	5	97	SUM
21	3	46	RCL	72	×	98	2
22	+	47	6	73	RCL	99	RST
23	(	48	)	74	5		
24	CE	49	cos	75	=		
		50	x^2	76	x ⇄ t		

Programm 4.3b: Der Terrier und die Kreiskompanie (SR-56)

Eingabe: TI-58/59: x_0 [A] h [B] n [C] m [D] [E]

           SR-56: x_0 [STO] 3 [STO] 5 h [STO] 4

                    m [STO] 2 [RST] [*RAD] [R/S]

Ausgabe: TI-58/59: x, −h, I(x), m werden n-mal ausgedruckt:

            SR-56:   x [R/S] h [R/S] I [RCL] 2 m;

               neue Rechnung: [R/S]

Mit den Eingangswerten $x_0 = 3$, $h = 1$, $n = 12$ und $m = 3$ erhalten wir die Ergebnisse im Beispiel 4.3. Die gesamte Rechenzeit beträgt etwa 25 Minuten. Der Weg des Terriers für einen Umlauf um die Kompanie beträgt somit

$$s = x \cdot d = 202{,}08 \text{ m} \; .$$

```
         4.              3. 368         3. 368075      3. 368074526
        -1.              0. 001        -0. 000001      0. 000000001
6. 183829024      5. 171843226      5. 171963769      5. 171963007
         3.                 12.               21.               30.

         3. 3            3. 3681        3. 3680745     3. 368074527
         0. 1           -0. 0001        0. 0000001     -. 0000000001
5. 06249669       5. 17200395       5. 171962966      5. 171963009
         6.                 15.               24.               33.

         3. 37          3. 36807       3. 36807453    3. 368074527
        -0. 01          0. 00001      -0. 00000001              1. -11
5. 17505767       5. 171955733      5. 171963014      5. 171963009
         9.                 18.               27.               36.
```

Beispiel 4.3: Der Terrier und die Kreiskompanie

Mathematische Anmerkung. Betrachten wir noch einmal die Gleichung

$$f(x) = \int\limits_0^{\pi/2} \sqrt{x^2 - \cos^2 \varphi} \cdot d\varphi - \frac{x^2 - 1}{2} = 0 \; ,$$

deren Lösung uns die (normierte) Geschwindigkeit x des Terriers lieferte. **Ohne** programmierbaren Taschenrechner können wir folgende Betrachtung anstellen. Mit (s. Bild 4.3d)

$$\sqrt{x^2 - 1} \leqq \sqrt{x^2 - \cos^2 \varphi} \leqq x \quad \text{für} \quad \varphi \in [0; \tfrac{\pi}{2}] \quad \text{wird}$$

$$\sqrt{x^2 - 1} \cdot \frac{\pi}{2} < \int\limits_0^{\pi/2} \sqrt{x^2 - \cos^2 \varphi} \cdot d\varphi < x \cdot \frac{\pi}{2}$$

und damit

$$\sqrt{x^2 - 1} \cdot \frac{\pi}{2} - \frac{x^2 - 1}{2} < 0 < x \cdot \frac{\pi}{2} - \frac{x^2 - 1}{2} \; .$$

Aus der linken Ungleichung erhalten wir

$$\sqrt{x^2 - 1} \cdot \pi < x^2 - 1 \; .$$

Wir dividieren durch $\sqrt{x^2 - 1} > 0$ und quadrieren:

$$\pi^2 < x^2 - 1 \quad \text{oder} \quad x > \sqrt{1 + \pi^2} = 3{,}296908 \ .$$

Aus der rechten Ungleichung folgt

$$x^2 - \pi \cdot x - 1 < 0 \quad \text{oder} \quad x < \frac{\pi}{2} + \sqrt{\left(\frac{\pi}{2}\right)^2 + 1} = 3{,}432892 \ .$$

Insgesamt gilt also

$$3{,}296908 < x < 3{,}432892 \ .$$

Nehmen wir aus der unteren und oberen Schranke für x den Mittelwert, so liefert uns die obige Betrachtung für die Lösung der Gleichung $f(x) = 0$ den Näherungswert

$$x \cong 3{,}3649 \ .$$

Dieser Wert weicht von dem im Beispiel 4.3 berechneten exakteren Wert nur um 0,094 % (!) ab. Natürlich gelingt es in der Mathematik nicht immer so einfach, auf diese Art so phantastische numerische Ergebnisse zu erzielen. Das liegt hier an der Funktion $\sqrt{x^2 - \cos^2 \varphi}$, die hinsichtlich φ nur sehr geringe Schwankungen aufweist. Ersetzen wir diese Funktion durch ihren Wert in der Mitte $(\varphi = \frac{\pi}{4})$, so erhalten wir mit

$$\int_0^{\pi/2} \sqrt{x^2 - \cos^2 \varphi} \cdot d\varphi \cong \int_0^{\pi/2} \sqrt{x^2 - \cos^2 \frac{\pi}{4}} \cdot d\varphi = \sqrt{x^2 - 0{,}5} \cdot \frac{\pi}{2}$$

die Näherungsgleichung

$$\sqrt{x^2 - 0{,}5} \cdot \frac{\pi}{2} \cong \frac{x^2 - 1}{2} \ .$$

Quadrieren und Ordnen liefert

$$x^4 - (2 + \pi^2) \cdot x^2 + 1 + \frac{\pi^2}{2} \cong 0$$

mit der Lösung

$$x^2 \cong 1 + \frac{\pi^2}{2} + \sqrt{\left(1 + \frac{\pi^2}{2}\right)^2 - \left(1 + \frac{\pi^2}{2}\right)} \ ,$$

$$x^2 \cong \sqrt{1 + \frac{\pi^2}{2}} \cdot \left(\sqrt{1 + \frac{\pi^2}{2}} + \frac{\pi}{\sqrt{2}}\right) = 11{,}34656 \ ,$$

$$x \cong 3{,}36846 \quad \text{(Fehler 0,012 \% !)} .$$

5 Einige Probleme mit Zufallszahlen

Im Abschnitt 1 führten wir mit Zufallszahlen Würfelspiele durch. Dort ließen wir vom Taschenrechner Zahlen $w \in IN_6$ oder $IN_{0,6}$ bestimmen, die wir nicht vorhersagen konnten. (Der Statistiker nennt diese Zahlen übrigens *Pseudozufallszahlen,* da sie eben doch nicht ganz durch Zufall, sondern durch Rechnung zustandekommen.) In diesem Abschnitt wenden wir uns einigen weiteren Problemen zu, die wir mit Hilfe von Zufallszahlen lösen werden.

5.1 Zahlenlotto

In einer Umfrage nach ihrem liebsten Hobby gaben viele (es waren sogar sehr, sehr viele) Bewohner der BRD das Lottospiel *,6 aus 49'* an. Die Auslosung am Samstagabend im Fernsehen erreicht allwöchentlich höchste Einschaltquoten. Wir wollen die Auslosung dieser 6 Zahlen aus der Menge der ersten 49 natürlichen Zahlen mit einem programmierbaren Taschenrechner simulieren. Wir wählen dazu das Würfelprogramm aus 1.1 für einen *49-flächigen* Würfel:

$$x := \text{INV Int } (x \cdot 997) \quad \text{mit} \quad x \in \,]0;\,1[\quad \text{und}$$
$$w := \text{Int } (49 \cdot x + 1) \quad \text{mit} \quad w \in IN_{49}\,.$$

Hierbei kann es natürlich geschehen, daß unser Rechner bei 6 gewürfelten Zahlen eine Zahl doppelt oder noch häufiger gezogen hat. Dieses soll selbstverständlich vermieden werden. Stimmt eine neu gewürfelte Zahl mit einer der bisherigen Lottozahlen überein, so wiederholen wir einfach den Wurf. Liegt keine Übereinstimmung vor, so wird die k-te Lottozahl in den Datenspeicher R_k gebracht. Das Würfelprogramm und den Vergleich mit den in R_1 bis R_5 gespeicherten Zahlen fassen wir in einem Unterprogramm zusammen, das beim SR-56 durch $\boxed{\text{*subr}}$ 4 2 und beim TI-57 durch $\boxed{\text{SBR}}$ 0 aufgerufen wird. Die vollständigen Programme für diese Rechner finden Sie in 5.1a aufgeführt. (Das Programm für den TI-58/59 bringen wir weiter unten in etwas verallgemeinerter Form.)

Nach dem eingetasteten Programm und $\boxed{\text{RST}}$ wird nach Eingabe einer Glückszahl $x \in \,]0;\,1[$ mit $\boxed{\text{R/S}}$ gestartet. Beim **SR-56** speichert der Rechner eine ermittelte Lottozahl nach R_1 bis R_6 und zeigt sie im Anzeigeregister an. Mit $\boxed{\text{R/S}}$ wird neu gewürfelt, bis alle 6 Lottozahlen gezogen wurden. Eine zweite Serie von 6 Lottozahlen wird wieder mit $\boxed{\text{R/S}}$ gestartet (die Eingabe von x ist beim zweiten Mal nicht erforderlich). Beim **TI-57** reichen die Programmspeicher zur Anzeige der jeweiligen Lottozahl mit einem Stop nicht aus. Hier werden mit $\boxed{\text{R/S}}$ alle 6 Lottozahlen ermittelt und gespeichert. Nach Beendigung der Rechnung — angezeigt durch eine 0 im Anzeigeregister — werden die Lottozahlen durch $\boxed{\text{RCL}}$ k für $k \in IN_6$ abgerufen.

PSS	TI-57	SR-56
00	STO 0	*CM$_s$
01	SBR 0	STO
02	STO 1	0
03	SBR 0	*subr
04	STO 2	4
05	SBR 0	2
06	STO 3	STO
07	SBR 0	1
08	STO 4	R/S
09	SBR 0	*subr
10	STO 5	4
11	SBR 0	2
12	STO 6	STO
13	0	2
14	R/S	R/S
15	RST	*subr
16	*LBL 0	4
17	RCL 0	2
18	X	STO
19	9	3
20	9	R/S
21	7	*subr
22	=	4
23	INV *Int	2
24	STO 0	STO
25	X	4
26	4	R/S
27	9	*subr
28	+	4
29	1	2

PSS	TI-57	SR-56
30	=	STO
31	*Int	5
32	x ⇄ t	R/S
33	RCL 1	*subr
34	*x = t	4
35	GTO 0	2
36	RCL 2	STO
37	*x = t	6
38	GTO 0	R/S
39	RCL 3	RCL
40	*x = t	0
41	GTO 0	RST
42	RCL 4	RCL
43	*x = t	0
44	GTO 0	X
45	RCL 5	9
46	*x = t	9
47	GTO 0	7
48	x ⇄ t	=
49	INV SBR	INV
50		*Int
51		STO
52		0
53		X
54		4
55		9
56		+
57		1
58		=
59		*Int

PSS	SR-56
60	x ⇄ t
61	RCL
62	1
63	*x = t
64	4
65	2
66	RCL
67	2
68	*x = t
69	4
70	2
71	RCL
72	3
73	*x = t
74	4
75	2
76	RCL
77	4
78	*x = t
79	4
80	2
81	RCL
82	5
83	*x = t
84	4
85	2
86	x ⇄ t
87	*rtn

Programm 5.1a: Lottozahlen ‚6 aus 49‘ (TI-57 und SR-56)

Und nun wünschen wir Ihnen viel Erfolg und hoffen, daß die 6 mit dem
Taschenrechner gewürfelten und auf Ihrem Lottoschein ordnungsgemäß ange-
kreuzten Zahlen mit den am kommenden Samstagabend aus der Lottotrommel
gelosten 6 Zahlen übereinstimmen. Sollten Sie aber nicht gewinnen, so lasten
Sie dieses bitte nicht unserem Lottoprogramm und schon gar nicht Ihrem
Taschenrechner an (er tat sein Bestes!). Bedenken Sie, daß es $\binom{49}{6} = 13\,983\,816$

Möglichkeiten gibt, aus 49 Zahlen 6 auszuwählen. Wir geben die Wahrscheinlichkeiten für einen Gewinn an:

$$6 \text{ richtige:} \quad \frac{1}{13\,983\,816} = 7{,}18 \cdot 10^{-8};$$

$$5 \text{ richtige mit Zusatzzahl:} \quad \frac{\binom{6}{5}}{13\,983\,816} = \frac{6}{13\,983\,816} = 4{,}29 \cdot 10^{-7};$$

$$5 \text{ richtige ohne Zusatzzahl:} \quad \frac{\binom{6}{5} \cdot 42}{13\,983\,816} = \frac{252}{13\,983\,816} = 1{,}80 \cdot 10^{-5};$$

$$4 \text{ richtige:} \quad \frac{\binom{6}{4} \cdot \binom{43}{2}}{13\,983\,816} = \frac{13\,545}{13\,983\,816} = 9{,}69 \cdot 10^{-4};$$

$$3 \text{ richtige:} \quad \frac{\binom{6}{3} \cdot \binom{43}{3}}{13\,983\,816} = \frac{246\,820}{13\,983\,816} = 1{,}765 \cdot 10^{-2} = 0{,}01765.$$

Nun müssen wir es aber doch endlich gestehen: Vollkommen exakt simuliert
unser Programm doch nicht die Ziehung der Lottozahlen (von den Pseudozufallszahlen einmal ganz abgesehen). Bei der Ausspielung am Samstagabend
wird ja jedesmal die gezogene Kugel mit der aufgedruckten Zahl beiseitegelegt
und nicht wieder in die Lostrommel zurückgelegt. Werden auf diese Art z.B.
die 6 Zahlen 29, 15, 16, 38, 43, 37 ermittelt, so wurde die 1. Zahl 29 mit einer
Wahrscheinlichkeit von $\frac{1}{49}$, die 2. Zahl 15 mit $\frac{1}{48}$, die 3. Zahl 16 mit $\frac{1}{47}$ usw.
gezogen. Mit unserem Rechnerprogramm dagegen wird jede Lottozahl mit
derselben Wahrscheinlichkeit $\frac{1}{49}$ gewürfelt, denn es wird jedesmal beim er-
neuten Würfeln eine der Zahlen 1 bis 49 ermittelt. Diese Zahl wird nur nicht
als Lottozahl anerkannt und uns auch gar nicht erst angezeigt, wenn sie bereits einmal gezogen worden war. Die entsprechende Ziehung aus der Lostrommel würde bedeuten, daß jede gezogene Kugel, nachdem ihre Nummer
notiert wurde, wieder in die Trommel zurückgelegt wird und bei der nächsten
Auswahl erneut gezogen werden kann. Den 6 Lottozahlen, die wir nach dem
Programm 5.1a mit dem TI-57 oder SR-56 ermitteln, sieht man diesen feinen
Unterschied natürlich überhaupt nicht an. Hier geht es im Augenblick aber um
die möglichst genaue Nachahmung der Ziehung der Lottozahlen.

Die obigen Überlegungen wollen wir berücksichtigen und ein Programm zur
Ziehung der Lottozahlen für den TI-58/59 schreiben. Wir bringen zunächst
die Zahlen 1, 2, 3, ..., 49 in die Speicher R_1, R_2, R_3, ..., R_{49}. (Beim TI-58
müssen wir vorher mit 5 $\boxed{\text{*Op}}$ 17 die Speicherbereichsverteilung 79.49
wählen, d.h. es stehen 80 Programmspeicher und 50 Datenspeicher zur Ver-
fügung.) Die Anweisung $m \rightarrow R_m$ für $m \in \mathbb{N}_{49}$ führen wir in einer Schleife
mit $\boxed{\text{*Dsz}}$ 0 und der indirekten Adressierung aus. Dieser ‚Ladevorgang' (er
entspricht dem Einfüllen der numerierten Kugeln in die Lostrommel) wird

durch $\boxed{A}$ aufgerufen und im Programm durch die Anweisungen in den Speicherstellen 002 bis 013 durchgeführt. Der Abschluß dieser Speicherung wird vom Rechner durch eine 1 im Anzeigeregister angezeigt. In den jetzt freigewordenen Speicher R_0 bringen wir unsere Glückszahl $x \in {]}0; 1[$, mit der wir beim 1. Würfeln $w \in IN_{49}$ (z.B. $w = 26$) erhalten. Als Lottozahl soll dann der Inhalt des Speichers R_w angezeigt werden. (Beim 1. Würfeln ist natürlich $(R_w) = w$, später aber braucht dieses nicht mehr zu gelten.) Diese Lottozahl darf beim 2. Würfeln nicht wieder erhalten werden, sie muß also beiseitegeschafft werden. Dieses erreichen wir, indem wir in den Speicher R_w die letzte Zahl $(R_{49}) = 49$ bringen. Gleichzeitig erniedrigen wir die Zahl 49 im Speicher R_{49} um 1, so daß dort bei Beginn des 2. Würfelns 48 gespeichert ist.

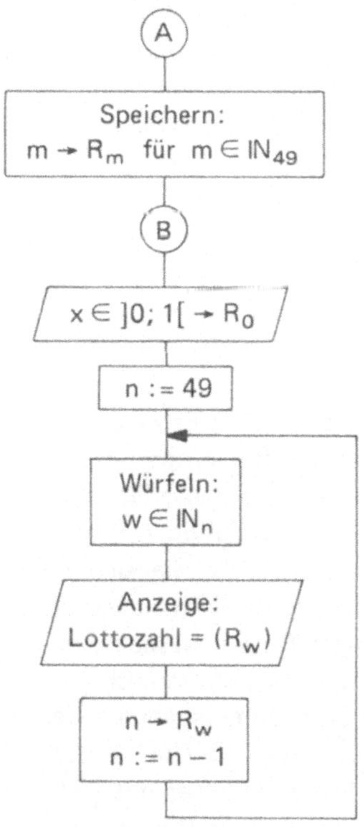

PSS	Taste		
		27	*Int
00	*LBL	28	STO
01	A	29	0
02	4	30	×
03	9	31	RCL
04	STO	32	49
05	0	33	+
06	RCL	34	1
07	0	35	=
08	STO *Ind	36	*Int
09	0	37	*Exc
10	*Dsz	38	49
11	0	39	x ⇄ t
12	0	40	RCL *Ind
13	0 6	41	49
14	R/S	42	R/S
15	*LBL	43	x ⇄ t
16	B	44	STO *Ind
17	STO	45	49
18	0	46	−
19	RCL	47	1
20	0	48	=
21	×	49	STO
22	9	50	49
23	9	51	GTO
24	7	52	0
25	=	53	1 9
26	INV		

Flußdiagramm und Programm 5.1b:
Zahlenlotto ‚6 aus 49‘ (TI-58/59)

Diese Prozedur wird in den PSS 037 bis 050 durchgeführt. Da uns beim TI-58
nur 50 Datenspeicher zur Verfügung stehen, diese aber alle bereits belegt sind,
haben wir vorübergehend den T-Speicher zum Aufbewahren von (R_{49}) benutzen müssen. Beim 2. Würfeln erzeugen wir eine natürliche Zahl $w \in \mathbb{N}_{48}$,
denn im Programm wird in 031/032 mit (R_{49}) multipliziert und in R_{49} befindet sich jetzt die Zahl 48. Wir haben also mit der Wahrscheinlichkeit $\frac{1}{48}$
eine Zahl $w \in \mathbb{N}_{48}$ gewürfelt. Diese Zahl kann selbstverständlich wieder wie
oben z.B. $w = 26$ sein. Als Lottozahl soll aber der Inhalt des Speichers R_{26}
angegeben werden, und dort steht die Zahl 49. Nach dem Anzeigen der
2. Lottozahl wird die Zahl $(R_{49}) = 48$ in den Speicher R_w gebracht und der
Inhalt von R_{49} wieder um 1 erniedrigt, d.h. es wird dann $(R_{49}) = 47$. Danach
wird erneut gewürfelt, wir erhalten $w \in \mathbb{N}_{47}$ mit der Wahrscheinlichkeit $\frac{1}{47}$
usw.

Im Flußdiagramm 5.1b stellen wir den Programmablauf noch einmal kurz
und übersichtlich zusammen. Mit dem Programm 5.1b können wir nunmehr
die Ziehung der Lottozahlen aus einer Lostrommel ohne Zurücklegen einer
gezogenen Kugel naturgetreu (bis auf die Benutzung der Pseudozufallszahlen)
simulieren.

Spielanleitung (Zahlenlotto *6 aus 49* für TI-58/59):

(1)   Programm eintasten; $\boxed{A}$: Anzeige 1;

(2)   Eingabe $x \in \;]0; 1[\; \boxed{B}$ 1. Lottozahl; $\boxed{R/S}$ 2. Lottozahl; $\boxed{R/S}$ usw.
        bis zur 6. Lottozahl.

Für den TI-59 verallgemeinern wir das Programm noch etwas: Es sollen k
Lottozahlen aus der Menge der ersten n natürlichen Zahlen gezogen werden,
kurz: *k aus n* mit $k \leq n$. Wegen der beschränkten Speicherkapazität muß
$n \leq 90$ gewählt werden. (Für $n \leq 49$ werden Sie sicherlich das obige Programm 5.1b für den TI-58/59 schnell so abändern können, daß Sie auch hier
k aus n ziehen können.) Mit 10 $\boxed{*Op}$ 1 7 (im Programm) wählen wir die
Speicherbereichsverteilung 159.99. Wie beim vorigen Programm speichern
wir m nach R_m für $m \in \mathbb{N}_n$ und weiter k nach $R_{98} \wedge R_{99}$ und n nach
$R_{96} \wedge R_{97}$. Der Aufbau des in 5.1c aufgelisteten Programms ist ähnlich dem
des obigen Lottoprogramms mit folgenden Abweichungen: 1. Die k Lottozahlen werden ausgedruckt, danach stoppt der Rechner und kann mit $\boxed{R/S}$
für eine neue Serie von k Lottozahlen gestartet werden; 2. Im Programm
treten die Anweisung $\boxed{*Dsz}$ 9 7 (PSS 028/029) und $\boxed{*Dsz}$ 9 9
(PSS 068/069) auf. In der Bedienungsanweisung zum TI-58/59 ist angegeben,
daß die Anweisung *Decrement and Skip on Zero* (*Dsz) nur für die 10 Speicher R_{00} bis R_{09} durchgeführt werden kann. Sie läßt sich aber auf alle Datenspeicher anwenden. Dazu gibt man zunächst z.B. die (unsinnige) Tastenfolge
$\boxed{*Dsz}$ $\boxed{STO}$ 9 7 ein und läuscht mit $\boxed{*Del}$ die Anweisung $\boxed{STO}$ (statt

```
PSS  Code/Taste      027  97   97      055  42  STO
000   76  LBL         028  97  DSZ      056  95   95
001   11   A          029  97   97      057  73  RC*
002   42  STO         030  18  C'       058  95   95
003   00   00         031  43  RCL      059  99  PRT
004   01   1          032  96   96      060  73  RC*
005   00   0          033  42  STO      061  96   96
006   69  OP          034  97   97      062  72  ST*
007   17   17         035  76  LBL      063  95   95
008   91  R/S         036  17  B'       064  01   1
009   76  LBL         037  43  RCL      065  22  INV
010   12   B          038  00   00      066  44  SUM
011   42  STO         039  65   ×       067  96   96
012   99   99         040  09   9       068  97  DSZ
013   42  STO         041  09   9       069  99   99
014   98   98         042  07   7       070  17  B'
015   91  R/S         043  95   =       071  98  ADV
016   76  LBL         044  22  INV      072  91  R/S
017   13   C          045  59  INT      073  43  RCL
018   42  STO         046  42  STO      074  97   97
019   97   97         047  00.  00      075  42  STO
020   42  STO         048  65   ×       076  96   96
021   96   96         049  43  RCL      077  43  RCL
022   76  LBL         050  96   96      078  98   98
023   18  C'          051  85   +       079  42  STO
024   43  RCL         052  01   1       080  99   99
025   97   97         053  95   =       081  18  C'
026   72  ST*         054  59  INT      082  00   0
```

Programm 5.1c: Zahlenlotto *‚k aus n‘* (TI-59 mit Drucker)

$\boxed{\text{STO}}$ kann auch $\boxed{\text{RCL}}$, $\boxed{\text{SUM}}$ o.ä. gewählt werden). Wir hätten auch $\boxed{\text{*Dsz}}$ $\boxed{\text{*Dsz}}$ bzw. $\boxed{\text{*Dsz}}$ $\boxed{\text{*Prt}}$ eingeben können, denn der Tastencode ist 9 7 für $\boxed{\text{*Dsz}}$ und 9 9 für $\boxed{\text{*Prt}}$.

Eingabe: $x \in \,]0; 1[$ $\boxed{\text{A}}$ k $\boxed{\text{B}}$ n $\boxed{\text{C}}$

Ausgabe: k Lottozahlen aus der Menge IN_n.
Eine neue Serie von k Lottozahlen wird mit $\boxed{\text{R/S}}$ gestartet.

Wir testen das Programm mit x = sin 25°, k = n = 7 und erhalten die Folge 3, 7, 4, 1, 2, 6, 5, in der jede Zahl ≤ 7 genau einmal auftritt.

Lottovariante:
In einer Trommel befinden sich 40 Kugeln, von denen je 10 mit den Ziffern 1, 2, 3, 4 beschriftet sind. Aus der Trommel werden 4 Kugeln gezogen, deren Ziffern in der Reihenfolge des Ziehens die 4-stellige Gewinnzahl ergeben, z.B. 1232 oder 3124 oder 4434 usw. Schreiben Sie ein Programm, das die folgenden Fälle simuliert:

a) Jede Kugel wird nach dem Ziehen wieder in die Trommel zurückgelegt;

b) Eine gezogene Kugel wird beiseitegelegt und nimmt an der weiteren Ausspielung nicht mehr teil.

5.2 Verschlüsselung eines Textes oder Kryptologie

Will Herr A seinem Geschäftsfreund B eine wichtige Nachricht übermitteln, die
auf keinen Fall einer dritten Person bekannt werden darf, so erscheint es nicht
sinnvoll, ihm diese Nachricht im Klartext (z.B. handgeschrieben durch einen
Boten) zu überbringen. Herr A wird vielmehr diese Nachricht in irgendeiner
Form verschlüsseln und sie so Herrn B zukommen lassen, der sie dann mit
dem natürlich auch ihm bekannten Schlüssel in den Klartext zurückübersetzt.

Die einfachste Form einer *ziffernmäßigen* Verschlüsselung wäre die eindeutige
Zuordnung zwischen den Buchstaben und zweiziffrigen Zahlen, z.B. a ↔ 01,
b ↔ 02 usw. Ein derartig verschlüsselter Text kann aber relativ leicht ent-
schlüsselt werden, wenn man weiß, daß die einzelnen Buchstaben in deutschen
Texten in verschiedener, aber ziemlich konstanter Häufigkeit auftreten. Zählen
wir z.B. im 1. Absatz dieses Abschnitts die Buchstaben (ohne Berücksichtigung
des Groß- und Kleinschreibens und mit ä = ae usw.) und die Zwischenräume,
so erhalten wir die 2. Spalte der Tabelle 5.2a. In der 3. Spalte sind die relativen
Häufigkeiten der einzelnen Buchstaben im obigen Text und in der 4. Spalte
die entsprechenden Häufigkeiten einer umfangreicheren Textmenge aufgeführt.
Mit diesen bekannten Häufigkeiten kann im allgemeinen ein nicht zu kurzer
Text geknackt werden, wenn durch eine zweiziffrige Zahl immer derselbe
Buchstabe dargestellt wird. Die Verschlüsselung durch eine eindeutige Zuordnung zwischen den Buchstaben und Ziffern ist also zu simpel und keineswegs
sicher.

	67	0,15056	0,14951	b	11	0,02472	0,01576
e	65	0,14607	0,15816	o	7	0,01573	0,02000
n	41	0,09213	0,08720	k	6	0,01348	0,00943
i	34	0,07640	0,06294	g	5	0,01124	0,02632
r	33	0,07416	0,06768	f	5	0,01124	0,01342
s	23	0,05169	0,05318	z	4	0,00899	0,01404
t	22	0,04944	0,04669	w	4	0,00899	0,01402
h	22	0,04944	0,04298	v	3	0,00674	0,00725
a	18	0,04045	0,04759	x	2	0,00449	0,00013
l	16	0,03596	0,02893	p	1	0,00225	0,00493
c	16	0,03596	0,02638	j	0	0,00000	0,00162
u	15	0,03371	0,03718	y	0	0,00000	0,00017
d	14	0,03146	0,04328	q	0	0,00000	0,00014
m	11	0,02472	0,02106		445	1,00000	1,00000

Tabelle 5.2a: Häufigkeit der Buchstaben in der deutschen Sprache

Wir wollen die Verschlüsselung eines Textes nach folgendem Prinzip vornehmen. Zunächst ordnen wir jedem Zeichen (Buchstabe, Ziffer, Satzzeichen, Zwischenraum oder Sonderzeichen) eine zweiziffrige Zahl zu. Zu dieser Ziffernfolge addieren wir eine 2. Ziffernfolge, die aus Zufallszahlen besteht. Dadurch wird die eindeutige Zuordnung zwischen Zeichen und Ziffer aufgehoben, so daß mit Hilfe der Häufigkeitstabelle eine Entschlüsselung nicht mehr möglich sein wird. Der Empfänger des Textes wird von der übermittelten Ziffernfolge die Folge der Zufallszahlen wieder subtrahieren und kann dann sofort den Text entschlüsseln.

Unsere Aufgabe soll darin bestehen, für den TI-58/59 und den Drucker PC-100 ein Übersetzungsprogramm sowohl für den Absender A (das **Ver**schlüsselungsprogramm) als auch für den Empfänger B (das **Ent**schlüsselungsprogramm) zu schreiben. Diese Programme dürfen natürlich nur A und B bekannt sein, z.B. geschützt auf einer Magnetkarte.

Für die eindeutige Zuordnung zwischen den Zeichen und zweiziffrigen Zahlen wählen wir die im Handbuch von Texas Instruments angegebene Druckermatrix (Tabelle 5.2b). Da der Drucker in einer Zeile bis zu 20 Zeichen ausgeben kann, werden wir den Klartext und auch die mit der Druckermatrix erhaltene Ziffernfolge entsprechend aufteilen. Will z.B. Herr A Herrn B den streng vertraulichen Satz ‚Spiele mit dem Taschenrechner machen Spaß!' übermitteln, so soll dieser Text Herrn B vom Drucker in folgendem Format ausgegeben werden:

```
S P I E L E     M I T     D E M
T A S C H E N R E C H N E R
M A C H E N     S P A S S !
```

	0	1	2	3	4	5	6	7
0		0	1	2	3	4	5	6
1	7	8	9	A	B	C	D	E
2	–	F	G	H	I	J	K	L
3	M	N	O	P	Q	R	S	T
4	.	U	V	W	X	Y	Z	+
5	×	÷	Γ	π	⊢	(	)	;
6	†	%	⊥	/	=	∎	×	⊼
7	Σ	?	÷	'	Ⅱ	∴	Ⅱ	Σ

Tabelle 5.2b: Druckermatrix für PC-100

(Wir könnten natürlich auch einfacher ohne Trennzeichen unter Ausnutzung
der 20 Zeichen pro Zeile das Format so wählen:

```
S P I E L E     M I T   D E M     T A S C H
E N R E C H N E R   M A C H E N   S P A
S S !
```

Ohne Drucker brauchen wir überhaupt keine Rücksicht auf die 20 Zeichen
pro Zeile zu nehmen und schreiben den Text in ‚Endlosform'. Allerdings
würde man hier wohl eine andere, übersichtlichere Zuordnung zwischen
Zeichen und Ziffer wählen als die in der Druckermatrix angegebene, siehe
weiter unten.)

Wir übersetzen zunächst den Klartext mit Hilfe der Druckermatrix in die
Ziffernfolge der *‚Rechnersprache'*:

```
    S  P  I  E  L E     M  I T    D  E M
   36 33 24 17 27 17 00 30 24 37 00 16 17 30 00 00 00 00 00 00

    T  A  S  C  H E  N  R  E  C H  N  E R
   37 13 36 15 23 17 31 35 17 15 23 31 17 35 00 00 00 00 00 00

    M  A  C  H  E N     S  P  A S  S  !
   30 13 15 23 17 31 00 36 33 13 36 36 73 00 00
```

Die Folge der zweiziffrigen Zahlen bündeln wir zu n Zahlen mit je $5 \cdot 2 = 10$
Ziffern (Tabelle 5.2c). Im obigen Beispiel beträgt n = 11. Die Angabe der Null
in der 4. und 8. Zeile der Tabelle 5.2c ist nach dem späteren Aufbau unseres
Programms erforderlich. Diese n Zahlen bringen
wir in die Datenspeicher R_5, R_6, ..., R_{4+n}.
Jetzt beginnt das eigentliche Verschlüsselungs-
programm. Wir summieren in die obigen
n Datenspeicher zehnziffrige Zufallszahlen z,
die wir — ähnlich wie in 1.1 — mit $x \in\,]0; 1[$
nach der Vorschrift

$$z := \text{Int } (22 \cdot 10^8 \cdot \text{INV Int } (x \cdot 997))$$

berechnen. Die Multiplikation mit $22 \cdot 10^8$
haben wir gewählt, weil die höchste Verschlüsse-
lungsziffer in der Druckermatrix 77 beträgt und
sich nach der Addition von z zum Inhalt von R_i
(i = 5, 6, ..., 4 + n) eine höchstens zehnziffrige
Zahl ergeben darf. Die Eingangszahl $x \in\,]0; 1[$
geben wir nicht direkt ein, sondern lassen sie
mit einer *Schlüsselzahl* $k \in \mathbb{N}_{8000}$ berechnen:
$x = \sin \sqrt{k}$ ($\sqrt{k}$ als Winkel im Gradmaß).

1	3633241727
2	1700302437
3	16173000
4	0
5	3713361523
6	1731351715
7	2331173500
8	0
9	3013152317
10	3100363313
11	3636730000

Tabelle 5.2c: Übersetzung
eines Textes in eine Folge
von 10-stelligen Zahlen

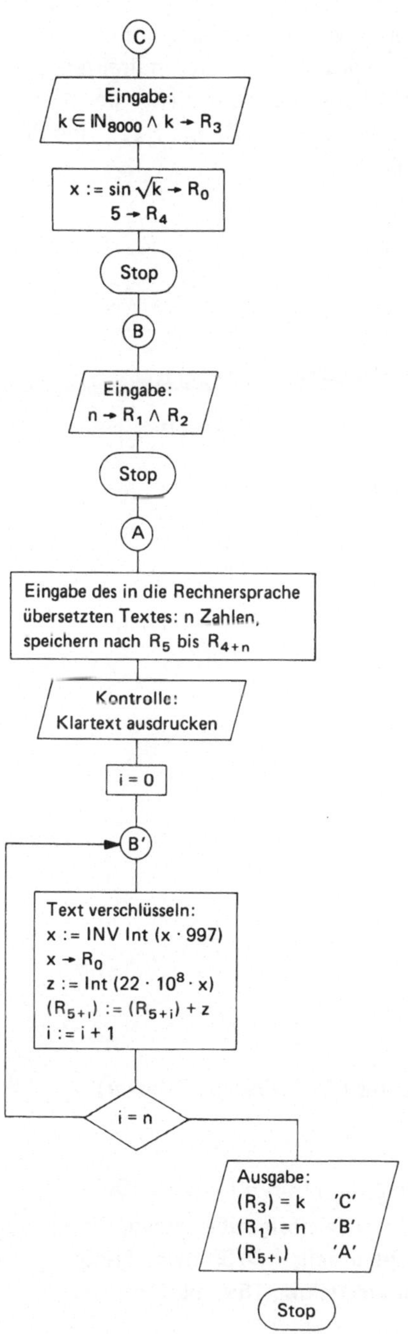

Flußdiagramm 5.2: Verschlüsselung eines Textes

126   5 Einige Probleme mit Zufallszahlen

Nach diesen langen Vorbereitungen skizzieren wir das Flußdiagramm 5.2. Die
Eingabe der n zehnziffrigen Zahlen mit $\boxed{A}$ wird mit Hilfe der indirekten
Adressierung (Speicher R_4) vorgenommen. Ebenso das Ausdrucken des Klar-
textes, die Summation der Zufallszahlen in die Speicher R_5 bis R_{4+n} und die
Ausgabe des ziffernmäßig verschlüsselten Textes.

PSS	Code/Taste		PSS			PSS			PSS		
000	76	LBL	039	97	DSZ	079	44	SUM	119	97	DSZ
001	13	C	040	01	01	080	01	01	120	01	01
002	47	CMS	041	18	C'	081	43	RCL	121	17	B'
003	42	STO	042	14	D	082	01	01	122	76	LBL
004	03	03	043	76	LBL	083	32	X!T	123	15	E
005	34	FX	044	16	A'	084	00	0	124	14	D
006	38	SIN	045	69	OP	085	22	INV	125	01	1
007	42	STO	046	00	00	086	77	GE	126	05	5
008	00	00	047	73	RC+	087	16	A'	127	69	OP
009	76	LBL	048	04	04	088	14	D	128	04	04
010	14	D	049	69	OP	089	98	ADV	129	43	RCL
011	05	5	050	01	01	090	98	ADV	130	03	03
012	42	STO	051	01	1	091	76	LBL	131	69	OP
013	04	04	052	44	SUM	092	17	B'	132	06	06
014	43	RCL	053	04	04	093	43	RCL	133	01	1
015	02	02	054	73	RC+	094	00	00	134	04	4
016	42	STO	055	04	04	095	65	×	135	69	OP
017	01	01	056	69	OP	096	09	9	136	04	04
018	92	RTN	057	02	02	097	09	9	137	43	RCL
019	76	LBL	058	01	1	098	07	7	138	02	02
020	12	B	059	44	SUM	099	95	=	139	69	OP
021	42	STO	060	04	04	100	22	INV	140	06	06
022	02	02	061	73	RC+	101	59	INT	141	98	ADV
023	14	D	062	04	04	102	42	STO	142	76	LBL
024	76	LBL	063	69	OP	103	00	00	143	10	E'
025	18	C'	064	03	03	104	65	×	144	01	1
026	43	RCL	065	01	1	105	02	2	145	03	3
027	04	04	066	44	SUM	106	02	2	146	69	OP
028	75	–	067	04	04	107	65	×	147	04	04
029	04	4	068	73	RC+	108	01	1	148	73	RC+
030	95	=	069	04	04	109	00	0	149	04	04
031	91	R/S	070	69	OP	110	45	YX	150	69	OP
032	76	LBL	071	04	04	111	08	8	151	06	06
033	11	A	072	01	1	112	95	=	152	01	1
034	72	ST+	073	44	SUM	113	59	INT	153	44	SUM
035	04	04	074	04	04	114	74	SM+	154	04	04
036	01	1	075	69	OP	115	04	04	155	97	DSZ
037	44	SUM	076	05	05	116	01	1	156	01	01
038	04	04	077	04	4	117	44	SUM	157	10	E'
			078	22	INV	118	04	04	158	91	R/S

Programm 5.2a: Verschlüsselung eines Textes (TI-58/59 mit Drucker)

Benutzeranleitung (Verschlüsselungsproblem für TI-58/59 mit PC-100):

(1) Klartext mit Hilfe der Tabelle 5.2b in Ziffernfolge übersetzen; Einteilung
der Ziffernfolge in n zehnziffrige Zahlen, falls $n > 55$ beim TI-59
($n > 25$ beim TI-58) Speicherbereichsverteilung 159 . 99 (159 . 39)
wählen; $n_{max} = 95$ (35);

(2) Programm einlesen;

(3)   Schlüsselzahl $k \in \mathbb{N}_{8000}$ eintasten: $\boxed{C}$; n $\boxed{B}$; Eingabe der n zehn-
        ziffrigen Zahlen mit $\boxed{A}$; vor der Eingabe erscheinen in der Anzeige die
        natürlichen Zahlen 1, 2, 3, ..., n; nach der letzten eingetasteten Zahl
        und $\boxed{A}$ wird ausgegeben:

$$
\begin{array}{ll}
k & C \\
n & B \\
\text{Zahl} & A \\
\text{Zahl} & A \\
\dots & \dots \\
\text{Zahl} & A
\end{array}
\left.\right\} \text{n-mal}
$$

Als Beispiel für das Programm 5.2a wählen wir den Text von oben: ‚SPIELE
MIT DEM TASCHENRECHNER MACHEN SPASS!'. Die Ziffernübersetzung
in die Rechnersprache und Aufteilung in n zehnziffrige Zahlen haben wir bereits in der Tabelle 5.2b angegeben. Mit k = 3057 und n = 11 erhalten wir die
Ausgabe Beispiel 5.2a. Vergleichen wir einmal einige Ziffern. Der Buchstabe E
wird in der Tabelle 5.2b sieben mal durch die Zahl 17 (fettgedruckt) angegeben. In der verschlüsselten Ziffernfolge Beispiel 5.2a erscheint an diesen
Positionen (unterstrichen) jedesmal eine andere zweiziffrige Zahl. Umgekehrt
stellt die 49 in der 1., 4. und 9. Zahl im Klartext jedesmal ein anderes Zeichen
dar (S, Zwischenraum, M).

```
SPIELE MIT DEM
TASCHENRECHNER
MACHEN SPASS!                          6843.       C
                                         20.       B

        3057.       C            6447441031.       A
          11.       B            4324083056.       A
                                 3017019574.       A
4909156340.         A            3572989736.       A
2187172415.         A            5656080053.       A
1425541604.         A            4252413388.       A
1540498566.         A            4821204025.       A
3990432682.         A            5140003062.       A
2971297656.         A            4516564815.       A
4357277414.         A            2739602883.       A
 425603035.         A            8384995285.       A
4939378820.         A            2057811955.       A
5148236673.         A            5806442854.       A
3766470857.         A            5441706723.       A
                                 3690492120.       A
                                 4057505971.       A
                                 5684084047.       A
                                 4946490618.       A
                                 4843651138.       A
                                 1201243913.       A
```

Beispiel 5.2a und b: Verschlüsselung (TI-58/59 mit Drucker)

Die Schlüsselzahl k, n und die verschlüsselten n Zahlen werden dem Empfänger mitgeteilt, der sie mit dem Entschlüsselungsprogramm 5.2b mit [C], [B] und [A] in seinen Rechner eingibt. Die früher addierten Zufallszahlen werden jetzt wieder von den Inhalten der Speicher R_5 bis R_{4+n} subtrahiert. Danach gibt der Drucker den Klartext aus. Falls Sie eine weitere Ausgabe wünschen: [E].

```
PSS Code/Taste      030  76 LBL     061  08  8      092  44 SUM
000  76 LBL         031  11  A      062  95  =      093  04  04
001  13  C          032  72 ST*     063  59 INT     094  73 RC*
002  47 CMS         033  04  04     064  22 INV     095  04  04
003  34 [X          034  01  1      065  74 SM*     096  69 OP
004  38 SIN         035  44 SUM     066  04  04     097  03  03
005  42 STO         036  04  04     067  01  1      098  01  1
006  00  00         037  97 DSZ     068  44 SUM     099  44 SUM
007  76 LBL         038  01  01     069  04  04     100  04  04
008  14  D          039  17 B'      070  97 DSZ     101  73 RC*
009  05  5          040  14  D      071  01  01     102  04  04
010  42 STO         041  76 LBL     072  16 A'      103  69 OP
011  04  04         042  16 A'      073  76 LBL     104  04  04
012  43 RCL         043  43 RCL     074  15  E      105  01  1
013  02  02         044  00  00     075  14  D      106  44 SUM
014  42 STO         045  65  x      076  76 LBL     107  04  04
015  01  01         046  09  9      077  10 E'      108  69 OP
016  92 RTN         047  09  9      078  69 OP      109  05  05
017  76 LBL         048  07  7      079  00  00     110  04  4
018  12  B          049  95  =      080  73 RC*     111  22 INV
019  42 STO         050  22 INV     081  04  04     112  44 SUM
020  02  02         051  59 INT     082  69 OP      113  01  01
021  14  D          052  42 STO     083  01  01     114  43 RCL
022  76 LBL         053  00  00     084  01  1      115  01  01
023  17 B'          054  65  x      085  44 SUM     116  32 X:T
024  43 RCL         055  02  2      086  04  04     117  00  0
025  04  04         056  02  2      087  73 RC*     118  22 INV
026  75  -          057  65  x      088  04  04     119  77 GE
027  04  4          058  01  1      089  69 OP      120  10 E'
028  95  =          059  00  0      090  02  02     121  91 R/S
029  91 R/S         060  45 YX      091  01  1      122  00  0
```

Programm 5.2b: Entschlüsselung eines Textes (TI-58/59 mit Drucker)

Testen Sie Ihre Programme mit den Zahlen der Tabelle 5.2b und des Beispiels 5.2a. Sollte der Test positiv ausgefallen sein, so habe ich im Beispiel 5.2b noch eine Mitteilung an Sie (natürlich nur vertraulich und streng geheim, daher verschlüsselt!).

Auch die Besitzer der Taschenrechner SR-56, TI-57 und TI-58/59 ohne Drucker brauchen natürlich auf die Übersetzung einer geheimen Mitteilung nicht zu verzichten. Allerdings muß hier wesentlich mehr manuelle Arbeit bei der Rückübersetzung in den Klartext erledigt werden als oben beim TI-58/59 mit dem Drucker. Die eindeutige Zuordnung zwischen einem Zeichen und einer zweiziffrigen Zahl nehmen wir nach dem Overlay der Tabelle 5.2d vor (s. auch 2.3).

S T U   V W X   Y Z

| 7 | | 8 | | 9 |

J K L   M N O   P Q R

| 4 | | 5 | | 6 |

A B C   D E F   G H I

| 1 | | 2 | | 3 | **Tabelle 5.2d:** Zuordnung
                                       zwischen Zeichen und zwei-
, . !   ziffriger Zahl

| 0 |

Als Beispiel wählen wir:

R   C   C   H   N   E   R   S   P   I   E   L   E   M   A   C   H   E   N   S   P   A   S   S   !
63 22 13 32 52 22 63 71 61 33 22 43 22 93 51 11 13 32 22 52 93 71 61 11 71 71 03

Die Ziffernfolge teilen wir beim SR-56 und TI-58/59 in n = 6 zehnziffrige
Zahlen und beim TI-57 in n = 7 achtziffrige Zahlen auf. Diese Übersetzungszahlen y haben wir in der Tabelle 5.2e (links) zusammengestellt. Hinsichtlich n
gelten allgemein die Beschränkungen

$n \leq 7$ für den TI-57, $n \leq 9$ für den SR-56 und $n \leq 27$ für den TI-58/59.

n	TI-57	SR-56 TI-58/59	TI-57	SR-56	TI-58/59
1	63221332	6322133252	65076440	6507644247	6507644247
2	52226371	2263716133	55069901	2548178351	2548178880
3	61332243	2243229351	64332080	2652061083	2652588902
4	22935111	1113322252	28373310	1618559889	1554795212
5	13322252	9371611171	19007513	9823535750	9380152445
6	93716111	7103000000	97921743	7501805785	7358650711
7	71710300		75726150		

Tabelle 5.2e: Übersetzungs- und Verschlüsselungszahlen

PSS	TI-57	SR-56	TI-58/59	PSS	SR-56	TI-58/59
00	$\sqrt{x}$	*$\sqrt{x}$	*LBL	40	5	28
01	*sin	sin	C	41	1	X
02	STO 0	STO	$\sqrt{x}$	42	SUM	5
03	SBR 0	0	*sin	43	8	9
04	SUM 1	*subr	STO	44	*subr	X
05	SBR 0	5	28	45	5	1
06	SUM 2	1	R/S	46	1	0
07	SBR 0	SUM	*LBL	47	SUM	y^x
08	SUM 3	1	B	48	9	7
09	SBR 0	*subr	STO	49	0	=
10	SUM 4	5	00	50	R/S	*Int
11	SBR 0	1	1	51	RCL	*Nop
12	SUM 5	SUM	STO	52	0	SUM *Ind
13	SBR 0	2	29	53	X	29
14	SUM 6	*subr	R/S	54	9	1
15	SBR 0	5	*LBL	55	9	SUM
16	SUM 7	1	A	56	7	29
17	0	SUM	STO *Ind	57	=	*Dsz
18	R/S	3	29	58	INV	0
19	*LBL 0	*subr	1	59	*Int	0
20	RCL 0	5	SUM	60	STO	30
21	X	1	29	61	0	0
22	9	SUM	RCL	62	X	STO
23	9	4	29	63	5	29
24	7	*subr	R/S	64	9	R/S
25	=	5	*LBL	65	X	*LBL
26	INV *Int	1	D	66	1	E
27	STO 0	SUM	1	67	0	1
28	X	5	STO	68	y^x	SUM
29	5	*subr	29	69	7	29
30	9	5	RCL	70	=	RCL *Ind
31	X	1	28	71	*Int	29
32	1	SUM	X	72	*NOP	R/S
33	0	6	9	73	*rtn	
34	y^x	*subr	9			
35	5	5	7			
36	=	1	=			
37	*Int	SUM	INV			
38	*Nop	7	*Int			
39	INV SBR	*subr	STO			

Programm 5.2c: Verschlüsselungs- und Entschlüsselungsprogramm

Die mehrziffrigen Zahlen y bringen wir in die Datenspeicher R_1, R_2, usw.
und addieren zu den Speicherinhalten die Zufallszahlen

$$z := \text{Int}\,(59 \cdot 10^P \cdot \text{INV Int}\,(x \cdot 997))$$

mit $p = 7$ für den SR-56 und TI-58/59, $p = 5$ für den TI-57 und $x = \sin\sqrt{k}$
mit $k \in \mathbb{N}_{8000}$.

Die Verschlüsselungsprogramme sind in 5.2c angegeben. Dabei ist nach der
Eingabe des Programms und $\boxed{\text{RST}}$ folgendes zu beachten:

TI-57 und SR-56: Die Übersetzungszahlen y werden manuell mit $\boxed{\text{STO}}$ in
die Speicher R_1, R_2, usw. gebracht. Nach k $\boxed{\text{R/S}}$ werden die verschlüsselten
Zahlen mit $\boxed{\text{RCL}}$ aus den Speichern abgerufen.

TI-58/59: k $\boxed{\text{C}}$ n $\boxed{\text{B}}$ y_1 $\boxed{\text{A}}$ y_2 $\boxed{\text{A}}$ ... y_n $\boxed{\text{A}}$ $\boxed{\text{D}}$
Die verschlüsselten Zahlen werden mit $\boxed{\text{E}}$ in das Anzeigeregister gebracht.

Die Schlüsselzahl k, n (beim TI-58/59) und die verschlüsselten Zahlen (für
$k = 5108$ rechts in der Tabelle 5.2e) werden dem Empfänger mitgeteilt.
Dieser ersetzt im Programm 5.2c $\boxed{\text{*Nop}}$ durch $\boxed{+/-}$, gibt die verschlüsselten Zahlen in die Speicher R_1, R_2, usw. und startet mit k (z.B. 5108) das
Programm. Danach erhält er die Übersetzungszahlen y, mit denen er nach
der Tabelle 5.2d den Klartext herstellen kann.

5.3 Der Taschencomputer als Rechenlehrer

Das Üben der Addition oder Subtraktion von Zahlen oder des kleinen oder
gar des großen Einmaleins wird von wenigen Schulkindern — und noch weniger
von deren Eltern — mit großer Begeisterung ausgeführt. Wenn man heute auch
nicht mehr einen so großen Wert auf diese Fertigkeiten legt wie früher, so ist
doch ein gewisses Mindestmaß an Fähigkeiten im Kopfrechnen auch in unserer
Zeit oft noch von Vorteil. Eltern, die im Besitz eines TI-59 mit einem Drucker
sind, können aufatmen: Der Taschenrechner nimmt ihnen das Aufgabenstellen
und Überprüfen des von ihrem Sprößling ermittelten Ergebnisses ab. Wir müssen nur das richtige Programm in den Rechner einlesen und dem Kind einige
kurze Erläuterungen geben, und schon kann der Spaß beginnen.

Wir wollen uns aber das Programm noch etwas genauer ansehen. Es besteht
im wesentlichen aus zwei Teilen. Im 1. Teil wählt der Taschenrechner zwei
Zufallzahlen a und b und eine der vier Grundrechenarten plus, minus, mal,
durch aus. Das Verknüpfungsergebnis

$$a * b \quad \text{mit} \quad * \in \{+, -, \times, \div\}$$

speichert er für den später durchzuführenden Vergleich nach T und stellt dem
Benutzer durch den Druckbefehl (PSS 155 bis 176) die Aufgabe a * b =. Die
zu verknüpfenden Zahlen a und b werden nach unserem bewährten Würfelprogramm aus einem Zahlenbereich IN_n für die Addition und Subtraktion und
IN_m für die Multiplikation und Division (für Divisor und Quotient) berechnet.
Die natürlichen Zahlen n und m werden von uns je nach gewünschtem Schwierigkeitsgrad der Aufgaben gewählt und dem Rechner über die Tasten $\boxed{A}$ und
$\boxed{B}$ mitgeteilt. Ohne Eingabe dieser Zahlen arbeitet das Programm mit n = 99
und m = 9 (kleines Einmaleins). Wie wählt der Taschenrechner nun durch
Zufall die Verknüpfung * aus? Wir benutzen auch hier das Würfelprogramm
mit $w \in \{0, 1\}$ und treffen nach zweimaligem Würfeln die folgende Zuordnung:

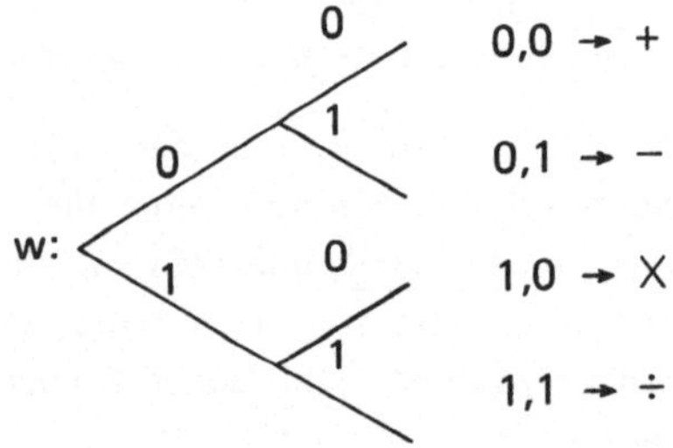

Wird also durch zweimaliges Würfeln z.B. die Folge 1, 0 erhalten, so stellt der
Rechner die Aufgabe a × b =. Eine beliebige Entscheidung über eine der vier
Grundrechnenarten soll durch $\boxed{E}$ gestartet werden. Wünschen wir nur die
Addition oder Subtraktion, so teilen wir dieses dem Rechner durch $\boxed{C}$ mit;
entsprechend für die Multiplikation oder Division
durch $\boxed{D}$. Den Druckercode für die Verknüpfung *
speichern wir nach R_6, z.B. 47 → R_6 für +. Bei der
Subtraktion a − b müssen wir noch darauf achten,
daß a ≧ b wird. Falls bei der zufälligen Auswahl der
Zahlen a und b dieses nicht der Fall ist, vertauschen
wir die Zahlen: a ↔ b. Um bei der Division zu erreichen, daß a durch b ohne Rest teilbar ist, berechnen
wir zunächst a · b und setzen dann a := a · b. Damit
ist selbstverständlich a durch b teilbar.

Speicherplan	
T	a * b
0	x
1	n
2	m
3	a
4	b
5	a * b
6	Code *

Für die Ermittlung der Zufallszahlen w, a und b haben wir die folgenden Unterprogramme benutzt:

$\boxed{\boxed{\text{A}'}}$:   Int $(2 \cdot (\text{D}'))$;

$\boxed{\boxed{\text{B}'}}$:   Int $(n \cdot (\text{D}') + 1)$;

$\boxed{\boxed{\text{C}'}}$:   Int $(m \cdot (\text{D}') + 1)$;

$\boxed{\boxed{\text{D}'}}$:   INV Int $(x \cdot 997)$ mit $x \in \,]0; 1[$.

Nach diesen Bemerkungen wenden wir uns dem 2. Teil des Programms
(ab PSS 182) zu. Der Benutzer gibt für die gestellte Aufgabe das von ihm errechnete Ergebnis, das wir mit c bezeichnen, ein und startet danach das Programm mit $\boxed{\text{R/S}}$. Der Taschenrechner vergleicht diesen Wert mit a * b
und druckt dann, je nachdem ob c = a * b ist oder nicht, den aus dem Flußdiagramm 5.3 ersichtlichen Text aus. Ist c = a * b, so wird der Benutzer belobigt und aufgefordert, eine neue Aufgabe zu verlangen (PSS 431 bis 470).
Andernfalls rechnen wir in einem 2. Anlauf a * b aus, geben das neue Ergebnis c ein und starten wieder mit $\boxed{\text{R/S}}$. Bei einem richtigen Resultat fällt die
Belobigung nicht ganz so gut aus wie beim ersten Mal. Haben wir aber wieder
Pech gehabt und falsch gerechnet (es war wirklich nur Pech, keineswegs Unvermögen!), so wird uns eine letzte Chance gegeben. Haben wir auch diese
vertan, so teilt der Taschenrechner uns das richtige Ergebnis mit und fordert
uns auf, mit einer neuen Aufgabe unser Glück zu versuchen. Das gesamte Programm haben wir in 5.3 aufgelistet.

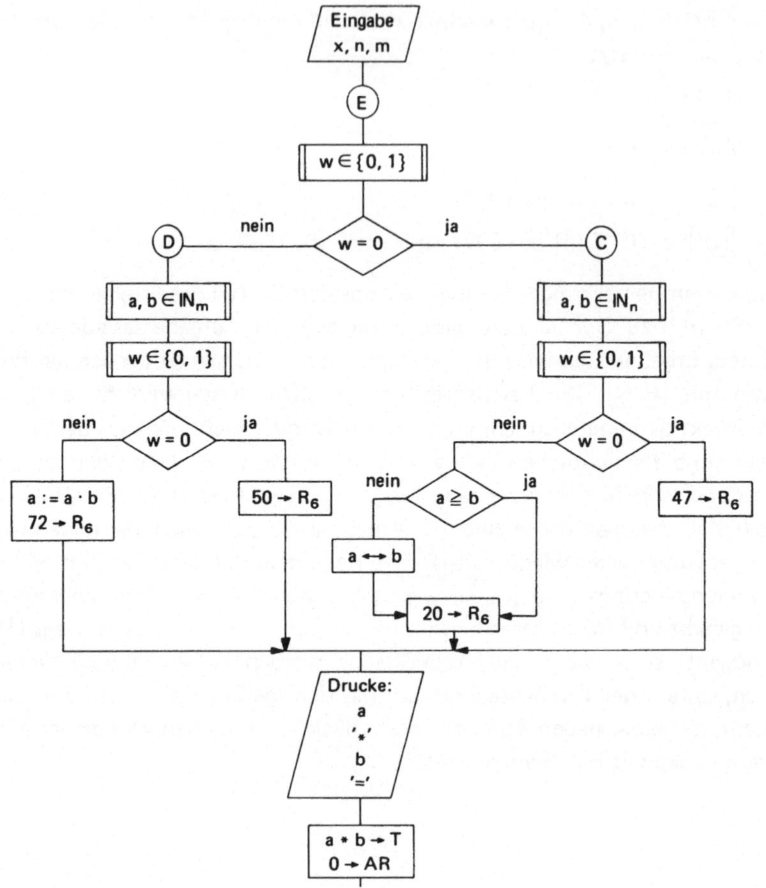

Eingabe
x, n, m
E
w ∈ {0, 1}
nein
D
ja
w = 0
C
a, b ∈ IN_m
a, b ∈ IN_n
w ∈ {0, 1}
w ∈ {0, 1}
nein
ja
w = 0
nein
ja
w = 0
a := a · b
72 → R_6
50 → R_6
nein
ja
a ≧ b
47 → R_6
a ⟷ b
20 → R_6
Drucke:
a
'*'
b
'='
a * b → T
0 → AR

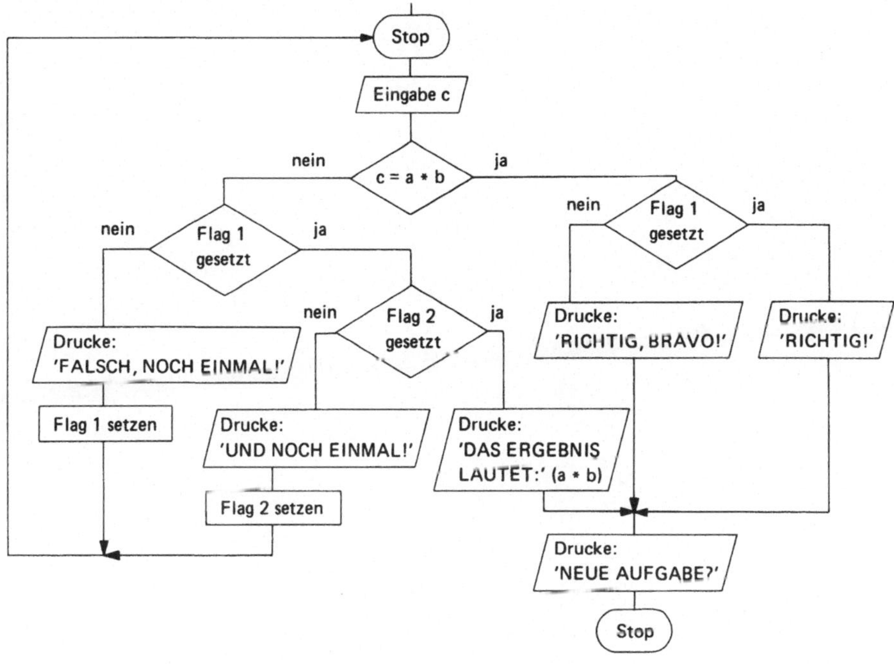

Flußdiagramm 5.3: Der Taschencomputer als Rechenlehrer

PSS	Code	Taste	PSS	Code	Taste	PSS	Code	Taste	PSS	Code	Taste
001	76	LBL	061	01	01	122	67	EQ	183	67	EQ
002	16	A'	062	91	R/S	123	01	01	184	03	03
003	19	D'	063	76	LBL	124	51	51	185	60	60
004	65	×	064	12	B	125	43	RCL	186	87	IFF
005	02	2	065	42	STO	126	04	04	187	01	01
006	95	=	066	02	02	127	32	X:T	188	02	02
007	59	INT	067	91	R/S	128	43	RCL	189	47	47
008	92	RTN	068	76	LBL	129	03	03	190	69	OP
009	76	LBL	069	15	E	130	77	GE	191	00	00
010	17	B'	070	16	A'	131	01	01	192	02	2
011	19	D'	071	67	EQ	132	37	37	193	01	1
012	65	×	072	13	C	133	48	EXC	194	01	1
013	43	RCL	073	76	LBL	134	04	04	195	03	3
014	01	01	074	14	D	135	42	STO	196	02	2
015	85	+	075	18	C'	136	03	03	197	07	7
016	01	1	076	42	STO	137	42	STO	198	03	3
017	95	=	077	03	03	138	05	05	199	06	6
018	59	INT	078	42	STO	139	43	RCL	200	01	1
019	92	RTN	079	05	05	140	04	04	201	05	5
020	76	LBL	080	18	C'	141	94	+/-	202	69	OP
021	18	C'	081	42	STO	142	44	SUM	203	01	01
022	19	D'	082	04	04	143	05	05	204	02	2
023	65	×	083	49	PRD	144	02	2	205	03	3
024	43	RCL	084	05	05	145	00	0	206	05	5
025	02	02	085	16	A'	146	42	STO	207	07	7
026	85	+	086	67	EQ	147	06	06	208	00	0
027	01	1	087	00	00	148	61	GTO	209	00	0
028	95	=	088	96	96	149	01	01	210	03	3
029	59	INT	089	05	5	150	55	55	211	01	1
030	92	RTN	090	00	0	151	04	4	212	03	3
031	76	LBL	091	42	STO	152	07	7	213	02	2
032	19	D'	092	06	06	153	42	STO	214	69	OP
033	43	RCL	093	61	GTO	154	06	06	215	02	02
034	00	00	094	01	01	155	43	RCL	216	01	1
035	65	×	095	55	55	156	03	03	217	05	5
036	09	9	096	43	RCL	157	99	PRT	218	02	2
037	09	9	097	05	05	158	69	OP	219	03	3
038	07	7	098	48	EXC	159	00	00	220	00	0
039	95	=	099	03	03	160	43	RCL	221	00	0
040	22	INV	100	42	STO	161	06	06	222	01	1
041	59	INT	101	05	05	162	69	OP	223	07	7
042	42	STO	102	07	7	163	02	02	224	02	2
043	00	00	103	02	2	164	69	OP	225	04	4
044	92	RTN	104	42	STO	165	05	05	226	69	OP
045	76	LBL	105	06	06	166	43	RCL	227	03	03
046	10	E'	106	61	GTO	167	04	04	228	03	3
047	42	STO	107	01	01	168	99	PRT	229	01	1
048	00	00	108	55	55	169	69	OP	230	03	3
049	09	9	109	76	LBL	170	00	00	231	00	0
050	09	9	110	13	C	171	06	6	232	01	1
051	42	STO	111	17	B'	172	04	4	233	03	3
052	01	01	112	42	STO	173	69	OP	234	02	2
053	09	9	113	03	03	174	02	02	235	07	7
054	42	STO	114	42	STO	175	69	OP	236	07	7
055	02	02	115	05	05	176	05	05	237	03	3
056	00	0	116	17	B'	177	43	RCL	238	69	OP
057	91	R/S	117	42	STO	178	05	05	239	04	04
058	76	LBL	118	04	04	179	32	X:T	240	69	OP
059	11	A	119	44	SUM	180	00	0	241	05	05
060	42	STO	120	05	05	181	91	R/S	242	86	STF
			121	16	A'	182	99	PRT	243	01	01

Fortsetzung Seite 137

PSS Code/Taste

PSS	Code	Taste	PSS	Code	Taste	PSS	Code	Taste	PSS	Code	Taste
244	61	GTO	302	69	OP	360	87	IFF	418	03	3
245	01	01	303	00	00	361	01	01	419	03	3
246	80	80	304	01	1	362	04	04	420	07	7
247	87	IFF	305	06	6	363	07	07	421	02	2
248	02	02	306	01	1	364	69	OP	422	04	4
249	03	03	307	03	3	365	00	00	423	02	2
250	02	02	308	03	3	366	03	3	424	02	2
251	69	OP	309	06	6	367	05	5	425	07	7
252	00	00	310	00	0	368	02	2	426	03	3
253	04	4	311	00	0	369	04	4	427	69	OP
254	01	1	312	01	1	370	01	1	428	02	02
255	03	3	313	07	7	371	05	5	429	69	OP
256	01	1	314	69	OP	372	02	2	430	05	05
257	69	OP	315	01	01	373	03	3	431	69	OP
258	01	01	316	03	3	374	03	3	432	00	00
259	01	1	317	05	5	375	07	7	433	03	3
260	06	6	318	02	2	376	69	OP	434	01	1
261	00	0	319	02	2	377	01	01	435	01	1
262	00	0	320	01	1	378	02	2	436	07	7
263	03	3	321	07	7	379	04	4	437	04	4
264	01	1	322	01	1	380	02	2	438	01	1
265	03	3	323	04	4	381	02	2	439	01	1
266	02	2	324	03	3	382	05	5	440	07	7
267	01	1	325	01	1	383	07	7	441	00	0
268	05	5	326	69	OP	384	00	0	442	00	0
269	69	OP	327	02	02	385	00	0	443	69	OP
270	02	02	328	02	2	386	01	1	444	01	01
271	02	2	329	04	4	387	04	4	445	01	1
272	03	3	330	03	3	388	69	OP	446	03	3
273	00	0	331	06	6	389	02	02	447	04	4
274	00	0	332	00	0	390	03	3	448	01	1
275	01	1	333	00	0	391	05	5	449	02	2
276	07	7	334	02	2	392	01	1	450	01	1
277	02	2	335	07	7	393	03	3	451	02	2
278	04	4	336	01	1	394	04	4	452	02	2
279	03	3	337	03	3	395	02	2	453	01	1
280	01	1	338	69	OP	396	03	3	454	03	3
281	69	OP	339	03	03	397	02	2	455	69	OP
282	03	03	340	04	4	398	07	7	456	02	02
283	03	3	341	01	1	399	03	3	457	01	1
284	00	0	342	03	3	400	69	OP	458	04	4
285	01	1	343	07	7	401	03	03	459	01	1
286	03	3	344	01	1	402	69	OP	460	07	7
287	02	2	345	07	7	403	05	05	461	06	6
288	07	7	346	03	3	404	61	GTO	462	02	2
289	07	7	347	07	7	405	04	04	463	00	0
290	03	3	348	06	6	406	31	31	464	00	0
291	07	7	349	02	2	407	69	OP	465	00	0
292	03	3	350	69	OP	408	00	00	466	00	0
293	69	OP	351	04	04	409	03	3	467	69	OP
294	04	04	352	69	OP	410	05	5	468	03	03
295	69	OP	353	05	05	411	02	2	469	69	OP
296	05	05	354	43	RCL	412	04	4	470	05	05
297	86	STF	355	05	05	413	01	1	471	98	ADV
298	02	02	356	99	PRT	414	05	5	472	29	CP
299	61	GTO	357	61	GTO	415	69	OP	473	00	0
300	01	01	358	04	04	416	01	01	474	81	RST
301	80	80	359	31	31	417	02	2	475	00	0

Programm 5.3: Der Taschencomputer als Rechenlehrer

Benutzeranleitung (Der Taschencomputer als Rechenlehrer):

(1)   Programm einlesen;

(2) $x \in \,]0; 1[$ eintasten: $\boxed{E'}$;

(3)   Gewünschten Zahlenbereich angeben:
      Addition und Subtraktion: n $\boxed{A}$;
      Multiplikation und Division: m $\boxed{B}$;
      wird (3) übergangen, so wird n = 99 und m = 9 gesetzt;

(4)   Aufgabe anfordern: $\boxed{E}$ für $* \in \{+, -, \times, \div\}$;
      wird nur Addition oder Subtraktion gewünscht: $\boxed{C}$;
      wird nur Multiplikation oder Division gewünscht: $\boxed{D}$;

(5)   Ergebnis eintasten, danach $\boxed{R/S}$;
      falls neue Aufgabe: nach (4) oder (3), sonst noch einmal (5).

Im Beispiel 5.3 finden Sie die Aufzeichnung eines Dialogs zwischen dem
‚Rechenlehrer' und einem seiner Schüler.

```
       137.                    18.                       434.
        +                       X                         +
        31.                    15.                       490.
        =                       =                         =
       168.                   240.                       814.
RICHTIG, BRAVO"        FALSCH, NOCH EINMAL?        FALSCH, NOCH EINMAL?
NEUE AUFGABE:                 260.                       834.
        96.            UND NOCH EINMAL""           UND NOCH EINMAL""
        -                     270.                       934.
        16.            RICHTIG"                   DAS ERGEBNIS LAUTET:
        =              NEUE AUFGABE:                     924.
         8.                                        NEUE AUFGABE:
FALSCH, NOCH EINMAL"
         6.
   RICHTIG"
NEUE AUFGABE:
```

Beispiel 5.3: Der Taschencomputer als Rechenlehrer

6 Zahlen- und Anordnungsspiele

6.1 Streichhölzer wegnehmen

Dieses einfache Zweipersonenspiel (besonders geeignet für Kinder!) wird nach folgender Regel gespielt:

> Von einem Haufen mit n Streichhölzern nehmen die Spieler A und B abwechselnd k ($1 \leq k \leq k_{max}$) Streichhölzer fort. Gewonnen hat der Spieler, der das letzte Streichholz nehmen kann.

In dem Programm 6.1a übernimmt der Taschenrechner den Part des Spielers B und der Benutzer den von A. Das Programm für den TI-58/59 entspricht dem für den SR-56, lediglich die Sprungadressen müssen passend abgeändert werden.

PSS	SR-56	TI-57	PSS	SR-56	TI-57	PSS	SR-56
00	STO	STO 1	27	1	INV *Int	54	GTO
01	1	R/S	28	RCL	*x = t	55	1
02	R/S	STO 2	29	1	GTO 2	56	3
03	STO	STO 3	30	R/S	RCL 4	57	RCL
04	2	1	31	÷	*Int	58	1
05	STO	SUM 3	32	RCL	X	59	*$\sqrt{x}$
06	3	3	33	3	RCL 3	60	INV
07	1	STO 0	34	=	=	61	*Int
08	SUM	*LBL 1	35	STO	STO 1	62	X
09	3	RCL 1	36	4	GTO 1	63	RCL
10	3	+/−	37	*dsz	*LBL 2	64	2
11	STO	R/S	38	5	RCL 1	65	+
12	0	x ◀ t	39	7	$\sqrt{x}$	66	1
13	RCL	RCL 3	40	INV	INV *Int	67	=
14	1	x ◀ t	41	*Int	X	68	*Int
15	+/−	*x ≥ t	42	*x = t	RCL 2	69	INV
16	R/S	GTO 9	43	5	+	70	SUM
17	x ◀ t	*C.t	44	7	1	71	1
18	RCL	INV SUM 1	45	RCL	=	72	GTO
19	3	RCL 1	46	4	*Int	73	1
20	x ◀ t	R/S	47	*Int	INV SUM 1	74	3
21	*x ≥ t	÷	48	X	GTO 1	75	1
22	7	RCL 3	49	RCL		76	+/−
23	5	=	50	3		77	ln x
24	*CP	STO 4	51	=		78	GTO
25	INV	*Dsz	52	STO		79	1
26	SUM	GTO 2	53	1		80	7

Programm 6.1a: Streichhölzer wegnehmen

Spielanleitung:

(1)   Programm eintasten.

(2) $\boxed{\text{RST}}$ n $\boxed{\text{R/S}}$ k_{max} $\boxed{\text{R/S}}$; angezeigt wird $-$ n.

(3)   Geben Sie mit k die Anzahl der Streichhölzer ein, die Sie von n fort-
      nehmen wollen: $\boxed{\text{R/S}}$; ist $k > k_{max}$ unzulässig gewählt, so blinkt der
      Rechner; nach $\boxed{\text{CE}}$ zulässige Zahl k eingeben: $\boxed{\text{R/S}}$; der Rechner
      zeigt den neuen Spielstand $n := n - k$ an; ist $n = 0$, so haben Sie ge-
      wonnen.

(4)   Mit $\boxed{\text{R/S}}$ wählt der Taschenrechner ein k und stoppt mit der Anzeige
      $-$ n; ist $n = -0$, so haben Sie das Spiel verloren.

Spielen Sie z.B. mit den Werten $n = 26$, $k_{max} = 3$ oder $n = 95$, $k_{max} = 7$ oder
$n = 36$, $k_{max} = 5$ usw. Nach einigen Spielen werden Sie erkennen, daß Sie als
Spieler mit dem ersten Zug sehr häufig (fast immer) den Sieg herbeiführen
können. Wenn Sie nur die richtige Strategie anwenden, hat der Rechner kaum
eine Chance gegen Sie. Sie werden weiter bemerken, daß Ihr *Spielpartner* Ihnen
eine Chance läßt, falls Sie in Ihren ersten beiden Zügen eine für Sie ungünstige
Anzahl von Streichhölzern wegnehmen. Danach allerdings kennt der Taschenrechner keinen Pardon mehr. Ein Fehler von Ihnen führt unweigerlich zu Ihrer
Niederlage. Versuchen Sie selbst, das Programm zu analysieren, um hinter die
Schliche des Taschenrechners zu kommen.

Im obigen Spiel wollen wir für k die Bedingung

$$k_{min} \leqq k \leqq k_{max}$$

fordern. Die Gewinnsituation ist für $k_{min} > 1$ für den beginnenden Spieler
nicht mehr so günstig wie oben. Sie hängt ab von den Zahlen n, k_{min} und k_{max}.
Für $2 \leqq k \leqq 5$ zeigen dieses die Beispiele:

1. n = 31. Hier führt die Folge

$$31, \ \mathbf{28}, \ 25, \ \mathbf{21}, \ 16, \ \mathbf{14}, \ 12, \ \mathbf{7}, \ 4, \ \mathbf{0}$$

zum Sieg des ersten Spielers. Wir erkennen auch die Strategie, die zum Sieg
führt. Der Spieler muß versuchen, ein Vielfaches der Summe $s = k_{min} + k_{max} = 7$
zu erreichen. Dieses ist möglich, falls der kleinste Überschuß von n über ein
Vielfaches von s einen zulässigen Wert für k ergibt:

$$k_{min} \leqq n - s \cdot \text{Int} \frac{n}{s} \leqq k_{max} \ .$$

Für das obige Beispiel erfüllt

$$n - s \cdot \text{Int} \frac{n}{s} = 31 - 7 \cdot \text{Int} \frac{31}{7} = 31 - 7 \cdot 4 = 3$$

diese Bedingung.

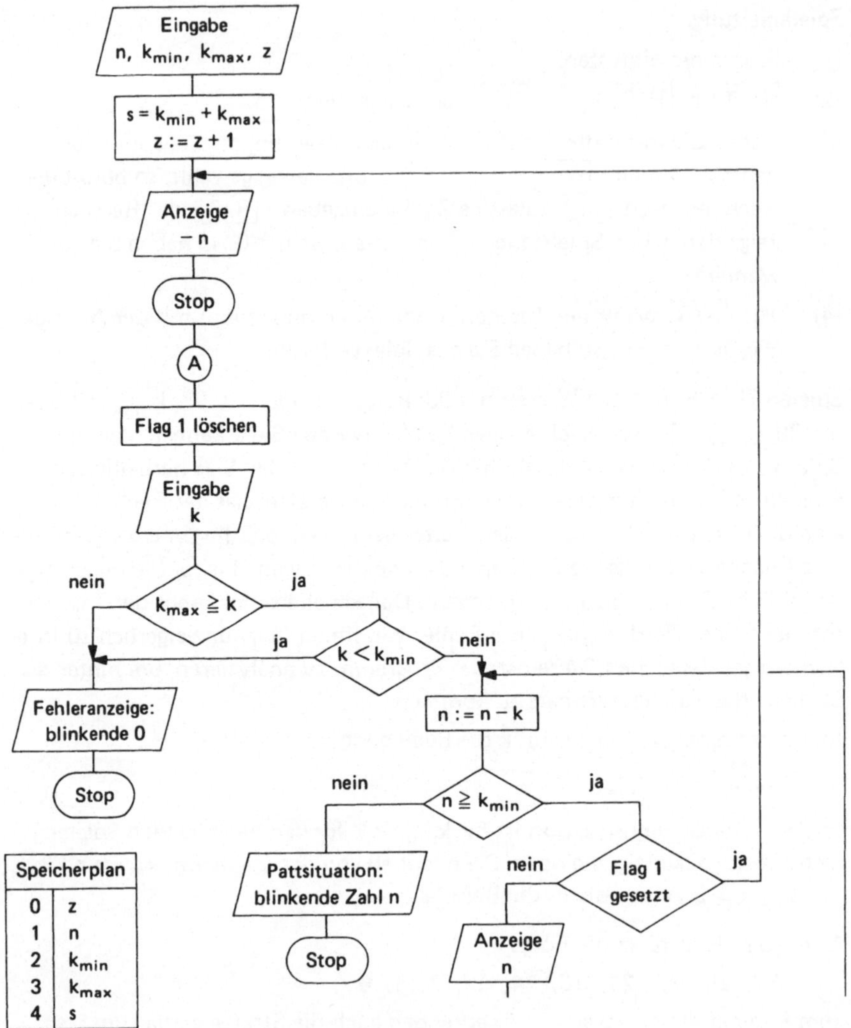
Eingabe
n, k_min, k_max, z
s = k_min + k_max
z := z + 1
Anzeige
− n
Stop
A
Flag 1 löschen
Eingabe
k
nein
ja
k_max ≧ k
ja
k < k_min
nein
Fehleranzeige:
blinkende 0
Stop
n := n − k
nein
ja
n ≧ k_min
Pattsituation:
blinkende Zahl n
Stop
nein
Flag 1
gesetzt
ja
Anzeige
n
Speicherplan
0 z
1 n
2 k_min
3 k_max
4 s

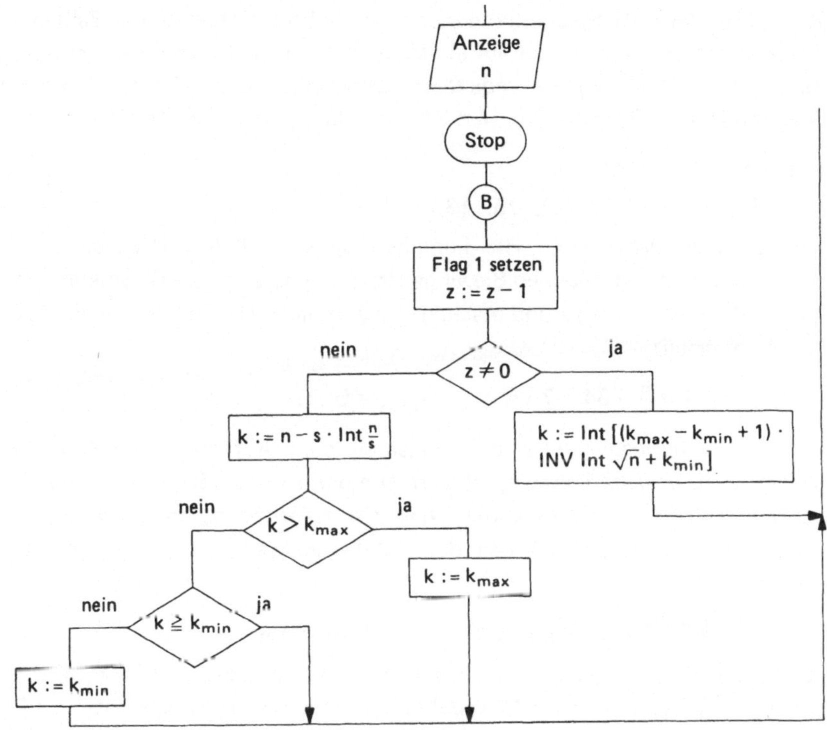

Flußdiagramm 6.1: Streichhölzer wegnehmen

2. $n = 35$. Der erste Spieler kann hier durch Subtraktion einer der Zahlen 2, 3, 4 oder 5 von 35 nicht wieder auf ein Vielfaches von $s = 7$ kommen. Er würde 33, 32, 31 oder 30 erhalten. Jede dieser Zahlen führt dann aber für den zweiten Spieler mit $28 = 33 - 5 = 32 - 4 = 31 - 3 = 30 - 2$ auf eine Siegposition.

3. $n = 34$. Die Folge

$$34, \ 29, \ 27, \ 22, \ 20, \ 15, \ 13, \ 8, \ 6, \ 1$$

führt zu einer *Pattsituation*. Hier kann kein Spieler auf ein Vielfaches von 7 kommen, d.h. es wird keinen Sieger geben (vorausgesetzt, beide Spieler kennen die vollständige Strategie und machen keine Fehler). Die Bedingung aus 1. ist hier nicht erfüllt:

$$n - s \cdot \text{Int} \, \tfrac{n}{s} = 34 - 7 \cdot 4 = 6 > k_{max} = 5 \ .$$

Die obigen Überlegungen berücksichtigen wir beim Aufbau unseres Programms für das Spiel *Streichhölzer wegnehmen.* Um den Reiz des Spiels für denjenigen, der die Strategie nicht vollständig beherrscht, zu erhöhen, lassen wir den Taschenrechner die ersten Male k durch Zufall auswählen. Wir benutzen dazu die Vorschrift

$$k := \text{Int} \, [(k_{max} - k_{min} + 1) \cdot \text{INV Int} \, \sqrt{n} + k_{min}] \ .$$

Wie oft der Rechner dieses machen soll, teilen wir ihm durch die Zahl z mit. Soll er von vornherein *ohne Nachsicht* gegen uns spielen, so geben wir $z = 0$ ein. Weiterhin soll der Taschenrechner ein eventuelles Mogeln von uns (Eingabe eines nicht-zulässigen k-Wertes, d.h. $k > k_{max}$ oder $k < k_{min}$) durch eine blinkende Null anzeigen.

Den gesamten Spielablauf stellen wir im Flußdiagramm 6.1 zusammen und schreiben für den TI-58/59 das Programm 6.1b. (Mit kleinen Abänderungen und Herausnahme der Eingabe aus dem Programm läßt sich 6.1b leicht für den SR-56 umschreiben. Beim TI-57 reicht allerdings die Kapazität des Programm-speichers für dieses Problem nicht aus.)

PSS	Taste						
00	*LBL	31	3	63	22	95	RCL
01	E	32	*x ≥ t	64	R/S	96	2
02	STO	33	0	65	*LBL	97	x ◢ t
03	1	34	39	66	B	98	*x ≥ t
04	R/S	35	1	67	*St flg	99	0
05	STO	36	+/−	68	1	100	46
06	2	37	ln x	69	RCL	101	x ◢ t
07	STO	38	R/S	70	1	102	GTO
08	4	39	RCL	71	*Dsz	103	0
09	R/S	40	2	72	0	104	46
10	STO	41	x ◢ t	73	1	105	√x
11	3	42	INV	74	05	106	INV
12	SUM	43	*x ≥ t	75	÷	107	*Int
13	4	44	0	76	RCL	108	X
14	R/S	45	35	77	4	109	(
15	+	46	INV	78	=	110	RCL
16	1	47	SUM	79	*Int	111	3
17	=	48	1	80	X	112	−
18	STO	49	RCL	81	RCL	113	RCL
19	0	50	2	82	4	114	2
20	RCL	51	x ◢ t	83	−	115	+
21	1	52	RCL	84	RCL	116	1
22	+/−	53	1	85	1	117	)
23	R/S	54	*x ≥ t	86	=	118	+
24	*LBL	55	0	87	+/−	119	RCL
25	A	56	60	88	x ◢ t	120	2
26	INV	57	x²	89	RCL	121	=
27	*St flg	58	+/−	90	3	122	*Int
28	1	59	√x	91	INV	123	GTO
29	x ◢ t	60	if flg	92	*x ≥ t	124	0
30	RCL	61	1	93	0	125	46
		62	0	94	46	126	

Programm 6.1b: Streichhölzer wegnehmen (TI-58/59)

Spielanleitung (*Streichhölzer wegnehmen*, TI-58/59):

(1)   Programm 6.1b eintasten.

(2)   n $\boxed{E}$ k_{min} $\boxed{R/S}$ k_{max} $\boxed{R/S}$ z $\boxed{R/S}$; angezeigt wird $-$ n.

(3)   Der Spieler gibt k ein: $\boxed{A}$; bei unzulässigem k (k $>$ k_{max} oder k $<$ k_{min}) erscheint eine blinkende Null; nach $\boxed{CE}$ zulässige Zahl k eingeben: $\boxed{A}$; der Rechner zeigt den neuen Spielstand n : = n $-$ k an; ist n = 0, so hat der Spieler gewonnen.

(4)   Mit $\boxed{B}$ wird der Spielzug des Taschenrechners ausgeführt; in der Anzeige erscheint $-$ n; ist n = $-$ 0, so hat der Spieler verloren.

(5)   Eine Pattsituation (n $<$ k_{min}) wird durch Blinken der Zahl n angezeigt.

Varianten des Spiels:

1. Gespielt wird wie im Spiel *Streichhölzer wegnehmen*. Verloren hat jedoch derjenige, der die letzten Streichhölzer nehmen muß. $-$ Es kann auch vereinbart werden, daß im letzten Zug, falls n $<$ k_{min} ist, diese Streichhölzer genommen werden müssen. Dadurch wird eine Pattsituation ausgeschlossen.

2. Zwei Spieler A und B addieren, ausgehend von einer Zahl n_0, abwechselnd eine Zahl k (mit $k_{min} \leqq k \leqq k_{max}$) zur bisherigen Summe. Gewonnen hat der Spieler, der zuerst n erreicht oder überschreitet.

3. Gespielt wird wie in 2., jedoch wird derjenige Sieger, der genau n erreicht. (In diesem Spiel kann es $-$ im Gegensatz zu 2. $-$ eine Pattsituation geben.)

6.2 Das Nim-Spiel

Dieses Zweipersonenspiel stammt vermutlich aus China und wurde um die Jahrhundertwende von dem amerikanischen Mathematiker *Charles L. Bouton* genau analysiert. Von ihm stammt auch der Name *Nim* (altenglisch: wegnehmen) für das Spiel. Es wird nach folgender Regel gespielt:

> Aus Steinen, Streichhölzern, Spielmarken o.ä. werden drei Haufen gebildet. Zwei Spieler A und B nehmen abwechselnd von einem Haufen eine beliebige Anzahl von Steinen. Bei jedem Zug muß mindestens ein Stein genommen werden. Ein Spieler darf aber auch alle Steine eines Haufens einkassieren. Wer den letzten Stein nehmen kann, hat das Nim-Spiel gewonnen.

Bezeichnen wir mit n_1, n_2 und n_3 die jeweilige Anzahl der Steine in den drei Haufen, so wird die Spielsituation durch das Zahlentripel (n_1, n_2, n_3) vollständig beschrieben. Dabei ist die Reihenfolge der Zahlen unwesentlich, d.h. (4, 9, 5) beschreibt dieselbe Spielsituation wie z.B. (9, 4, 5) oder (5, 4, 9) usw.

Die mathematische Theorie von *Bouton* zeigt, daß man die Tripel in zwei
Klassen einteilen kann: *gewöhnliche* und *sieghafte* Tripel. Gelingt es einem
Spieler, mit seinem Zug auf ein sieghaftes Tripel zu kommen, so kann ihm der
Sieg nicht mehr genommen werden, sofern er weiterhin strategisch richtig
spielt. Er wird dann auf jeden Fall das Siegtripel (0, 0, 0) erreichen. Es gilt
nämlich der folgende

> **Satz:** Ein gewöhnliches Tripel kann im nächsten Zug in mindestens ein
> sieghaftes und im allgemeinen in mehrere gewöhnliche Tripel umge-
> wandelt werden. Ein sieghaftes Tripel dagegen kann niemals wieder in
> ein sieghaftes, sondern nur in ein gewöhnliches Tripel überführt werden.

Wenn nun ein sieghaftes Tripel tatsächlich zum Siegtripel (0, 0, 0) führt (was
weiter unten gezeigt wird), dann kann ein Spieler stets dann gewinnen, wenn
er bei seinem Zug ein gewöhnliches Tripel vorfindet. Wie aber sieht man einem
Tripel (n_1, n_2, n_3) an, ob es ein gewöhnliches oder ein sieghaftes ist? Nach der
Theorie von Bouton werden dazu die n_i ($i \in \mathbb{N}_3$) ins Dualsystem übertragen
und anschließend summiert, und zwar so als ob sie Dezimalzahlen wären. Sind
die Ziffern dieser Summenzahl alle gerade (0 oder 2), so liegt ein sieghaftes
Tripel vor, andernfalls (1 oder 3) ein gewöhnliches. Wir erläutern dieses durch
die Beispiele (Dualzahlen sind im folgenden zur Unterscheidung von Dezimal
zahlen fett gedruckt):

1. $n_1 = 9 = \ 1 \cdot 2^3 + 0 \cdot 2^2 + 0 \cdot 2^1 + 1 \cdot 2^0 \ \Rightarrow n_{1d} = \mathbf{1001};$
     $n_2 = 4 = \qquad\quad 1 \cdot 2^2 + 0 \cdot 2^1 + 0 \cdot 2^0 \ \Rightarrow n_{2d} = \ \ \mathbf{100};$
     $n_3 = 13 = 1 \cdot 2^3 + 1 \cdot 2^2 + 0 \cdot 2^1 + 1 \cdot 2^0 \ \Rightarrow n_{3d} = \mathbf{1101};$
     $s = n_{1d} + n_{2d} + n_{3d} = 1001 + 100 + 1101 = 2202;$

     Alle Ziffern in s sind gerade, (9, 4, 13) ist ein sieghaftes Tripel.

2. $n_1 = 15 = 1 \cdot 2^3 + 1 \cdot 2^2 + 1 \cdot 2^1 + 1 \cdot 2^0 \ \Rightarrow n_{1d} = \mathbf{1111};$
     $n_2 = \ \ 5 = \qquad\quad 1 \cdot 2^2 + 0 \cdot 2^1 + 1 \cdot 2^0 \ \Rightarrow n_{2d} = \ \ \mathbf{101};$
     $n_3 = 12 = 1 \cdot 2^3 + 1 \cdot 2^2 + 0 \cdot 2^1 + 0 \cdot 2^0 \ \Rightarrow n_{3d} = \mathbf{1100};$
     $s = 1111 + 101 + 1100 = 2312;$

     In s gibt es ungerade Ziffern, (15, 5, 12) ist ein gewöhnliches Tripel.

Wir erkennen hieraus sofort, daß ein sieghaftes Tripel niemals wieder in ein
sieghaftes überführt werden kann. Nach den Regeln des Nim-Spiels müßte an
mindestens einer Position einer Zahl n_{id} statt 0 eine 1 oder statt 1 eine 0 geschrieben werden. Dann wird aber s nicht mehr aus nur geradzahligen Ziffern
bestehen. Auch der 1. Teil des obigen Satzes ist leicht zu erkennen. Wir müssen
nur in einer geeigneten Zahl des Tripels die Ziffern so abändern, daß bei der
Summenbildung in s nur gerade Ziffern vorkommen. Wir können z.B. die
1. Zahl $n_{1d} = \mathbf{1111}$ ersetzen durch $n_{1d} := \mathbf{1001} = 9$ (d.h. wir nehmen vom

1. Haufen $15 - 9 = 6$ Steine fort). Wir können auch die 2. Zahl wählen und setzen $n_{2d} := \mathbf{011} = 3$ oder schließlich die 3. Zahl $n_{3d} := \mathbf{1010} = 10$. Im späteren Algorithmus für den Programmablauf gehen wir so vor, daß wir in s alle geraden Ziffern durch 0 und alle ungeraden durch 1 ersetzen. Diese Zahl

$$\overline{s} = \underset{\displaystyle 0110}{\cancel{2312}} = 110 \quad \text{addieren wir z.B. zu } n_{1d}:$$

$$a_d = \overline{s} + n_{1d} = 110 + 1111 = 1221 .$$

Mit dieser Zahl a_d verfahren wir wie oben mit s:

$$\overline{a}_d = \underset{\displaystyle 1001}{\cancel{1221}} = \mathbf{1001} = 9 .$$

Oder mit der 2. Zahl:

$$a_d = \overline{s} + n_{2d} = 110 + 101 = 211 \Rightarrow \overline{a}_d = \mathbf{011} = 3 .$$

Allerdings dürfen wir im allgemeinen nicht irgendeine der Zahlen n_{1d}, n_{2d} oder n_{3d} nehmen. Dieses zeigt das folgende Beispiel:

$$n_1 = 11 \Rightarrow n_{1d} = \mathbf{1011};$$
$$n_2 = 7 \Rightarrow n_{2d} = \mathbf{111};$$
$$n_3 = 9 \Rightarrow n_{3d} = \mathbf{1001}.$$

Hier wird $s = 1011 + 111 + 1001 = 2123$, d.h. $(11, 7, 9)$ ist ein gewöhnliches Tripel. Zur Umwandlung in ein sieghaftes Tripel steht nur $n_{2d} = \mathbf{111}$ zur Verfügung. Mit $\overline{s} = 101$ wird $a_d = \overline{s} + n_{2d} = 212$ und $\overline{a}_d = \mathbf{10} = 2$, d.h. vom 2. Haufen werden fünf Steine fortgenommen. Für $n_{1d} = \mathbf{1011}$ hätten wir mit dieser Methode erhalten:

$$a_d = \overline{s} + n_{1d} = 1112 \quad \text{und} \quad \overline{a}_d = \mathbf{1110} = 14 > 11 \text{ (!)}.$$

Oder für den 3. Haufen:

$$a_d = \overline{s} + n_{3d} = 1102 \quad \text{und} \quad \overline{a}_d = \mathbf{1100} = 12 > 9 \text{ (!)}.$$

Welche der drei Zahlen n_{id} zur Umwandlung eines gewöhnlichen in ein sieghaftes Tripel zu wählen ist, kann auf verschiedene Art ermittelt werden. Wir schreiben

$$\overline{s} = 1,\text{xxx}.. \cdot 10^j \quad \text{mit} \quad j = \text{Int} \log \overline{s}$$

und bilden

$$y = 0,1 \cdot \text{Int} \frac{n_{id}}{10^j} = \text{xx,x} \quad \text{für} \quad i := 1, 2, 3 .$$

Jetzt brauchen wir nur noch zu überprüfen, ob die eine Ziffer hinter dem Komma eine 1 (n_{id} darf gewählt werden) oder eine 0 (n_{id} kommt nicht in Frage) ist. Für unser obiges Beispiel wird mit

$$j = \text{Int} \log 101 = 2 \quad \text{und} \quad 10^j = 100:$$

$$0{,}1 \cdot \text{Int} \frac{1011}{100} = 0{,}1 \cdot 10 = 1 \qquad (n_{1d} \text{ nein});$$

$$0{,}1 \cdot \text{Int} \frac{111}{100} = 0{,}1 \cdot 1 \ = 0{,}1 \qquad (n_{2d} \text{ ja});$$

$$0{,}1 \cdot \text{Int} \frac{1001}{100} = 0{,}1 \cdot 10 = 1 \qquad (n_{3d} \text{ nein}).$$

Der gesamte Programmablauf des Spiels, in dem der Taschenrechner den Spieler B ersetzt, ist im Flußdiagramm 6.2 dargestellt. Mit $z \in \mathbb{N}_0$ geben wir einen Schwierigkeitsgrad für das Spiel an. Soll der Rechner sofort die Kenntnis der vollständigen Strategie anwenden, so ist $z = 0$ einzugeben. Bei $z = 1, 2, 3, \ldots$ wählt der Taschenrechner durch Zufall ein neues gültiges Tripel aus. Dann gibt er Ihnen auch im 2., 3. usw. Zug noch eine Gewinnchance. Der Anfänger im Nim-Spiel sollte ohnehin zunächst keinen zu kleinen z-Wert eingeben. Wenn der Rechner erst einmal ein sieghaftes Tripel erwischt hat, dann haben Sie wegen des obigen Satzes und der Unfehlbarkeit Ihres Gegenspielers keinerlei Chance mehr, das Spiel zu gewinnen.

Die Umrechnung einer Dezimalzahl a in eine Dualzahl a_d wird im Unterprogramm $\boxed{A'}$ durchgeführt. Das Verfahren sieht z.B. für a = 13 so aus:

$$
\begin{array}{llll}
13 : 2 = 6 & \text{Rest } 1 & \Rightarrow & a_d := 1 \\
6 : 2 = 3 & \text{Rest } 0 & \Rightarrow & a_d := 01 \\
3 : 2 = 1 & \text{Rest } 1 & \Rightarrow & a_d := 101 \\
1 : 2 = 0 & \text{Rest } 1 & \Rightarrow & a_d := \mathbf{1101}
\end{array}
$$

Entsprechend wird mit f = 2 durch das Unterprogramm $\boxed{B'}$ die Rückrechnung der Dualzahl a_d in die Dezimalzahl a vorgenommen. (Der Leser führe diese Rechnung für $a_d = \mathbf{1101}$ einmal schrittweise durch.) Mit f = 10 wird durch $\boxed{B'}$ aus s die Zahl $\bar{s}$ (s. oben) berechnet.

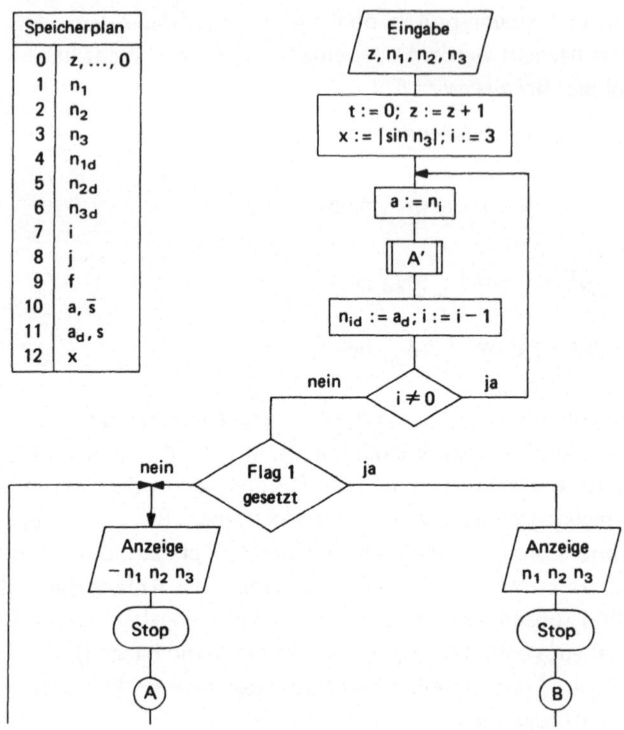

Speicherplan
0 | z, …, 0
1 | n₁
2 | n₂
3 | n₃
4 | n₁d
5 | n₂d
6 | n₃d
7 | i
8 | j
9 | f
10 | a, s̄
11 | aₐ, s
12 | x
Eingabe
z, n₁, n₂, n₃
t := 0; z := z + 1
x := | sin n₃ | ; i := 3
a := nᵢ
A'
nᵢd := aₐ ; i := i − 1
i ≠ 0
nein
ja
Flag 1 gesetzt
nein
ja
Anzeige
− n₁ n₂ n₃
Stop
A
Anzeige
n₁ n₂ n₃
Stop
B

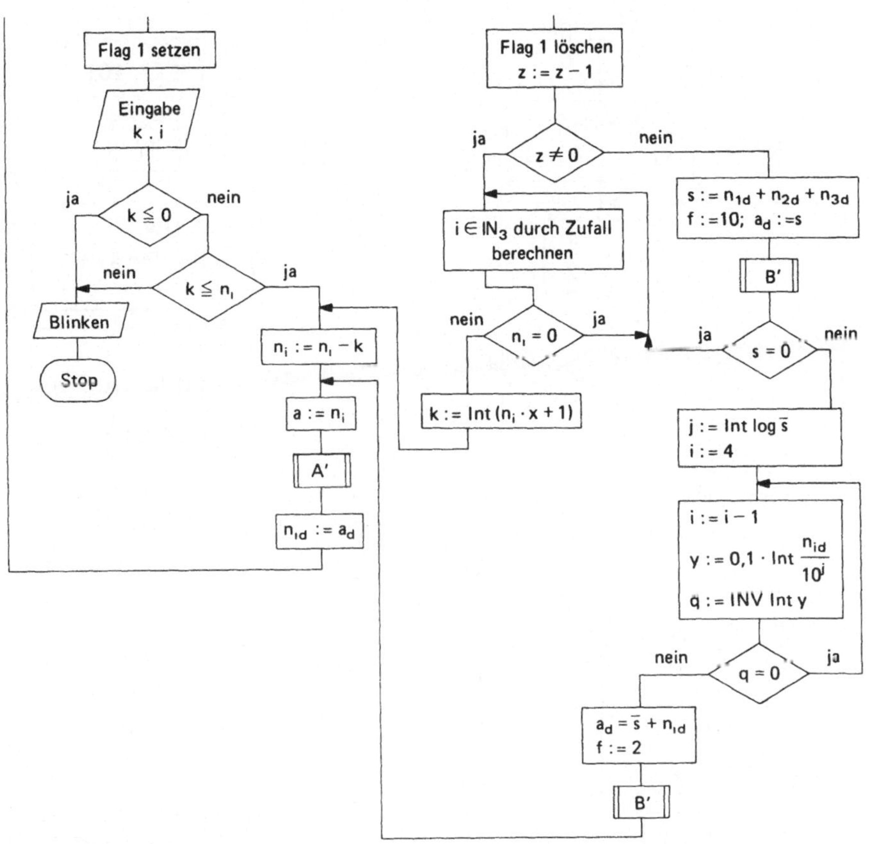

Flußdiagramm 6.1a: Nim-Spiel

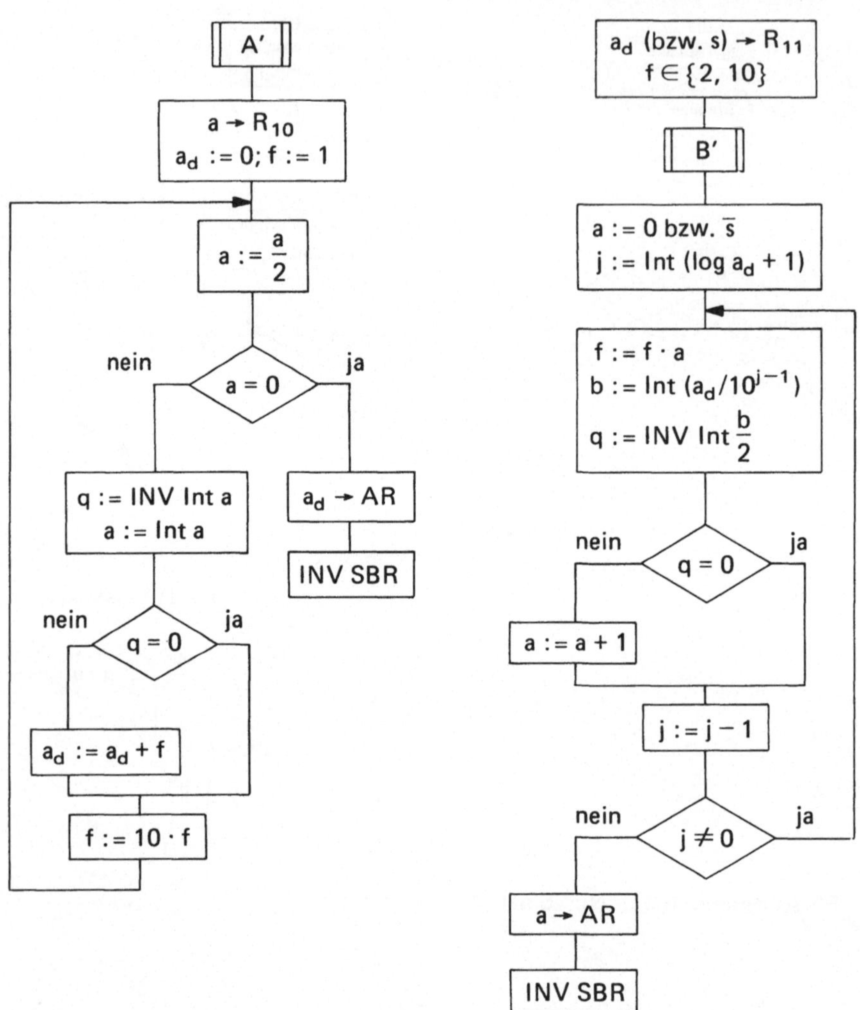

Flußdiagramm 6.2b: Unterprogramme im Nim-Spiel

PSS	Code	Taste	PSS	Code	Taste	PSS	Code	Taste	PSS	Code	Taste
000	76	LBL	060	10	10	121	07	07	182	77	GE
001	16	A'	061	43	RCL	122	16	A'	183	01	01
002	42	STO	062	11	11	123	72	ST*	184	87	87
003	10	10	063	55	÷	124	08	08	185	23	LNX
004	00	0	064	01	1	125	01	1	186	91	R/S
005	42	STO	065	00	0	126	22	INV	187	72	ST*
006	11	11	066	45	Y×	127	44	SUM	188	07	07
007	01	1	067	53	(	128	08	08	189	48	EXC
008	42	STO	068	43	RCL	129	97	DSZ	190	07	07
009	09	09	069	08	08	130	07	07	191	85	+
010	02	2	070	75	-	131	01	01	192	03	3
011	22	INV	071	01	1	132	20	20	193	95	=
012	49	PRD	072	54	)	133	43	RCL	194	48	EXC
013	10	10	073	95	=	134	01	01	195	07	07
014	43	RCL	074	59	INT	135	65	×	196	16	A'
015	10	10	075	55	-	136	01	1	197	72	ST*
016	67	EQ	076	02	2	137	00	0	198	07	07
017	00	00	077	95	=	138	00	0	199	61	GTO
018	38	38	078	22	INV	139	85	+	200	01	01
019	59	INT	079	59	INT	140	43	RCL	201	33	33
020	48	EXC	080	67	EQ	141	02	02	202	76	LBL
021	10	10	081	00	00	142	95	=	203	12	B
022	22	INV	082	06	26	143	65	×	204	22	INV
023	59	INT	083	01	1	144	01	1	205	86	STF
024	67	EQ	084	44	SUM	145	00	0	206	01	01
025	00	00	085	10	10	146	00	0	207	97	DSZ
026	31	31	086	97	DSZ	147	85	+	208	00	00
027	43	RCL	087	08	08	148	43	RCL	209	02	02
028	09	09	088	00	00	149	03	03	210	76	76
029	44	SUM	089	57	57	150	95	=	211	43	RCL
030	11	11	090	43	RCL	151	87	IFF	212	04	04
031	01	1	091	10	10	152	01	01	213	85	+
032	00	0	092	92	RTN	153	01	01	214	43	RCL
033	49	PRD	093	76	LBL	154	56	56	215	05	05
034	09	09	094	15	E	155	94	+/-	216	85	+
035	61	GTO	095	29	CP	156	99	PRT	217	43	RCL
036	00	00	096	85	+	157	98	ADV	218	06	06
037	10	10	097	01	1	158	91	R/S	219	95	=
038	43	RCL	098	95	=	159	76	LBL	220	42	STO
039	11	11	099	42	STO	160	11	A	221	11	11
040	92	RTN	100	00	00	161	86	STF	222	01	1
041	76	LBL	101	91	R/S	162	01	01	223	00	0
042	17	B'	102	42	STO	163	42	STO	224	17	B'
043	42	STO	103	01	01	164	07	07	225	42	STO
044	09	09	104	91	R/S	165	22	INV	226	11	11
045	00	0	105	42	STO	166	59	INT	227	67	EQ
046	42	STO	106	02	02	167	65	×	228	02	02
047	10	10	107	91	R/S	168	01	1	229	76	76
048	43	RCL	108	42	STO	169	00	0	230	01	1
049	11	11	109	03	03	170	95	=	231	00	0
050	28	LOG	110	38	SIN	171	48	EXC	232	45	Y×
051	85	+	111	50	I×I	172	07	07	233	43	RCL
052	01	1	112	42	STO	173	59	INT	234	11	11
053	95	=	113	12	12	174	67	EQ	235	28	LOG
054	59	INT	114	03	3	175	01	01	236	59	INT
055	42	STO	115	42	STO	176	85	85	237	95	=
056	08	08	116	07	07	177	75	-	238	42	STO
057	43	RCL	117	06	6	178	73	RC*	239	08	08
058	09	09	118	42	STO	179	07	07	240	07	7
059	49	PRD	119	08	08	180	95	=	241	42	STO
			120	73	RC*	181	94	+/-	242	07	07

Fortsetzung Seite 154

PSS Code/Taste

PSS	Code	Taste	PSS	Code	Taste	PSS	Code	Taste	PSS	Code	Taste
243	01	1	260	67	EQ	277	12	12	294	07	07
244	22	INV	261	02	02	278	65	×	295	73	RC*
245	44	SUM	262	43	43	279	09	9	296	07	07
246	07	07	263	73	RC*	280	09	9	297	67	EQ
247	73	RC*	264	07	07	281	07	7	298	02	02
248	07	07	265	44	SUM	282	95	=	299	11	11
249	55	÷	266	11	11	283	22	INV	300	65	×
250	43	RCL	267	03	3	284	59	INT	301	43	RCL
251	08	08	268	22	INV	285	42	STO	302	12	12
252	95	=	269	44	SUM	286	12	12	303	85	+
253	59	INT	270	07	07	287	65	×	304	01	1
254	65	×	271	02	2	288	03	3	305	95	=
255	93	.	272	17	B'	289	85	+	306	61	GTO
256	01	1	273	61	GTO	290	01	1	307	01	01
257	95	=	274	01	01	291	95	=	308	73	73
258	22	INV	275	87	87	292	59	INT	309	00	0
259	59	INT	276	43	RCL	293	42	STO	310	00	0

Programm 6.2: Nim-Spiel (TI-58/59)

Spielanleitung (Nim-Spiel, TI-58/59):

(1)   Programm 6.2 einlesen oder eintasten (beim TI-58 mit 2 [*Op] 1 7 Speicherbereichseinteilung 319.19 wählen).

(2)   Es bedeuten:
      z = Schwierigkeitsgrad (mit $z \in \mathbb{N}_0$); $z = 0$ sehr schwer,
      $z := 1, 2, 3, \ldots$ immer leichter;
      n_i = Anzahl der Steine im i-ten Haufen mit $n_i < 100$ für $i \in \mathbb{N}_3$
      und $n_3 \neq 0$.

(3)   [RST] z [E] n_1 [R/S] n_2 [R/S] n_3 [R/S];
      nach maximal etwa 30 Sekunden wird angezeigt: $- x\,x\,x\,x\,x\,x = - n_1 n_2 n_3$
      (bei Anschluß eines Druckers wird dieser Wert ausgedruckt).

(4)   Spielerzug (immer nach einer negativen Anzeige): Werden k Steine vom i-ten Haufen fortgenommen, so wird k . i eingetastet, danach [A]; die Eingabe einer unzulässigen Zahl k ($k \leq 0$ oder $k > n_i$) wird durch Blinken angezeigt: [CE], zulässigen Wert k . i eintasten, [A]; Anzeige des neuen Spielstandes durch $x\,x\,x\,x\,x\,x = n_1 n_2 n_3$; erscheint eine 0, so hat der Spieler gewonnen.

(5)   Taschenrechnerzug (immer nach einer positiven Anzeige):
      [B]; $- x\,x\,x\,x\,x\,x$; erscheint $- 0$, so hat der Spieler verloren;
      sonst nach (4).

Varianten des Spiels:

1. Statt der drei Haufen kann mit einer größeren Anzahl von Haufen nach der obigen Spielregel gespielt werden.

2. Gespielt wird mit nur zwei Haufen. Die Spieler dürfen abwechselnd beliebig viele Steine von einem Haufen oder aber gleich viele Steine von zwei Haufen nehmen. (Diese Variante wurde 1906 von dem Holländer *W. A. Wythoff* eingeführt.)

3. Gespielt wird mit zwei Haufen. Die Spieler nehmen abwechselnd von einem Haufen mindestens k_{min} und höchstens k_{max} Steine fort. (Dieses Spiel ist eine Verallgemeinerung des Spiels Streichhölzer wegnehmen aus 6.1. Es kann selbstverständlich auch auf beliebig viele Haufen übertragen und mit 2. kombiniert werden. Einen Sieger braucht es in diesem Spiel nicht zu geben.)

4. Die größte Verallgemeinerung des Nim-Spiels und dessen mathematische Theorie stammt von dem Amerikaner *E. H. Moore* (Annals of Mathematics, 1909—1910). Gespielt wird mit n Haufen. Die Spieler dürfen von höchstens m Haufen (m < n) eine beliebige Anzahl von Steinen fortnehmen. Während des Spiels bleibt m unverändert.

In allen Spielen kann derjenige zum Sieger (oder auch zum Verlierer) erklärt werden, der den letzten Stein nehmen kann (bzw. muß).

6.3 Das Acht-Damen-Problem

Als Beispiel eines Anordnungsspiels für Solospieler betrachten wir das klassische Acht-Damen-Problem. Diese Aufgabe wurde 1850 in der Schachrubrik der „Illustrirten Zeitung" von *F. Nauck* gestellt: Auf einem normalen Schachbrett sollen acht Damen so aufgestellt werden, daß keine eine andere bedroht. Mit diesem Anordnungsproblem hat sich auch der große Göttinger Mathematiker *Carl Friedrich Gauß* (1777—1855) beschäftigt und einem Freund 72 Lösungen mitgeteilt. Insgesamt besitzt die Aufgabe 92 Lösungen, die auch bereits 1850 von *F. Nauck* angegeben wurden. (Eine ausführliche Darstellung des Problems findet der Leser in dem Buch von *W. Ahrens* [1, Band I].)

Wir wollen alle Lösungen des obigen Problems vom programmierbaren Taschenrechner aufsuchen lassen. Die gestellte Aufgabe formulieren wir etwas allgemeiner:

> Auf einem n × n-Schachbrett sind n Damen so aufzustellen,
> daß keine Dame eine andere bedrohen kann ($n \in \mathbb{N}_8$).

Es ist sehr leicht einzusehen, daß für n = 2 und n = 3 keine Lösung des Problems existiert. Am Beispiel des 4 × 4-Schachbretts zeigen wir, wie wir allgemein vor-

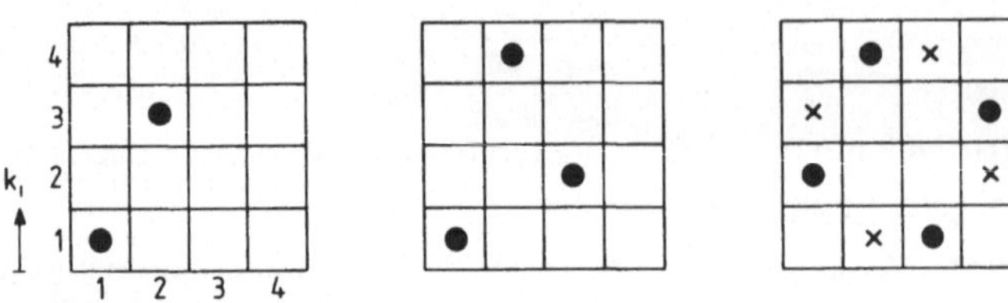

Bild 6.3a: Das Vier-Damen-Problem

gehen werden, um alle Lösungen systematisch zu finden. Die Felder des Schachbretts numerieren wir wie in einem rechtwinkligen Koordinatensystem
(Bild 6.3a). So bedeutet z.B. (3, 2) das Feld in der 3. Spalte (senkrechte Reihe)
und 2. Zeile (waagerechte Reihe). Allgemein geben wir die Position einer Dame
durch (i, k_i) oder (j, k_j) an. Um alle Lösungen aufzusuchen, gehen wir folgendermaßen vor. Zunächst ist es selbstverständlich, daß jede Spalte bzw. jede
Zeile jeweils nur eine Dame aufnehmen kann. Wir beginnen unsere Suche mit
der 1. Dame in der 1. Spalte auf dem Feld (1, 1). Die 2. Dame soll eine Position
$(2, k_2)$ in der 2. Spalte erhalten. (2, 1) und (2, 2) kommen hierfür nicht in
Frage, da diese Felder von der 1. Dame bedroht werden. Erst $k_2 = 3$ liefert
ein nicht bedrohtes (zulässiges) Feld. Die Positionen der beiden Damen sind
im linken Brett (Bild 6.3a) durch Kreise dargestellt. Entsprechend verfahren
wir mit der 3. Dame, die auf ein zulässiges Feld $(3, k_3)$ der 3. Spalte kommen
soll. Lassen wir k_3 alle Werte von 1 bis 4 durchlaufen, so finden wir in der
3. Spalte kein unbedrohtes Feld, d.h. die Positionen der vorhergehenden
Damen können nicht zu einer Lösung unserer Aufgabe führen. Wir gehen
daher zurück in die 2. Spalte, setzen $k_2 := k_2 + 1 = 4$ und finden in (2, 4)
wieder ein zulässiges Feld. Die 3. Dame stellen wir dann in das Feld (3, 2)
und gehen in die 4. (letzte) Spalte. Für $(4, k_4)$ finden wir kein $k_4 \in \mathbb{N}_4$, ohne
daß die Dame auf $(4, k_4)$ nicht von den vorhergehenden drei Damen geschla-
gen werden kann. Auch die Positionen der bisherigen drei Damen (mittleres
Brett, Bild 6.3a) führen nicht zu einer Lösung. Wir gehen wieder zurück in die
3. Spalte, setzen $k_3 := k_3 + 1$ und probieren, ob wir ein unbedrohtes Feld
$(3, k_3)$ finden. Dieses ist nicht der Fall, also weiter zurück in die 2. Spalte.
Hier kann die Dame nicht weiter nach oben geschoben werden (sonst wird
$k_2 = 5 > 4$). Wir landen somit wieder in der 1. Spalte und setzen mit
$k_1 := k_1 + 1 = 2$ die 1. Dame auf das Feld (1, 2) (rechtes Brett, Bild 6.3a).
Mit der 2. Dame beginnen wir erneut mit $k_2 := 1$ in (2, 1) und finden über
$k_2 := k_2 + 1$ schließlich das nicht bedrohte Feld (2, 4). So fortfahrend finden
wir für die 3. Dame die Position (3, 1) und für die 4. Dame (4, 3). Damit
haben wir eine Lösung des Vier-Damen-Problems erhalten. Wir stellen sie
numerisch in der Form

$$2\ 4\ 1\ 3 = k_1\, k_2\, k_3\, k_4$$

dar, wobei die Ziffern (von links) die Zeilen angeben, in denen die 1., 2., 3. und 4. Dame stehen. Aus dieser Lösung können wir sofort durch Spiegeln an der waagerechten Symmetrieachse des Schachbretts die weitere Lösung

$$3\ 1\ 4\ 2$$

finden (im Bild 6.3a durch Kreuze gekennzeichnet). Rechnerisch erhalten wir diese Lösung aus der ersten auch durch

$$5\ 5\ 5\ 5 - 2\ 4\ 1\ 3 = 3\ 1\ 4\ 2 \ .$$

Die Zahl $z = 5555$ ergibt sich allgemein aus den $n = 4$ Ziffern $n + 1 = 5$. Weitere Lösungen unseres Problems werden wir nur durch Verschieben der Dame in der letzten Spalte (d.h. die ersten $n - 1 = 3$ Damen bleiben in ihren Positionen unverändert) nicht finden, da in jeder Zeile nur eine Dame postiert werden kann. Wir gehen daher unmittelbar zurück in die vorletzte Spalte: $k_3 := k_3 + 1$ usw. Hier existieren keine weiteren zulässigen Felder. Ebenso in der 2. Spalte, in der bereits $k_2 = 4$ ist. In der 1. Spalte brauchen wir nur bis $k_1 = 2$ zu gehen, da wir oben bereits die Symmetriebedingung ausgenutzt haben und daher keine neuen Lösungen mit $k_1 > 2$ finden werden. Somit sind also

$$2\ 4\ 1\ 3 \quad \text{und} \quad 3\ 1\ 4\ 2$$

die einzigen Lösungen für das Vier-Damen-Problem.

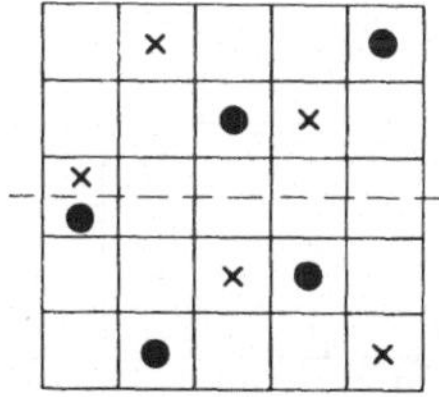
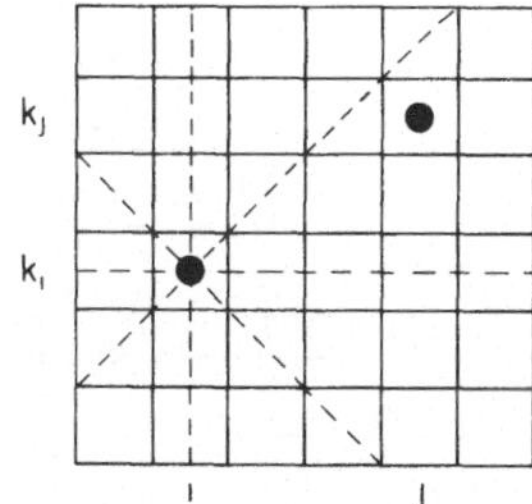

Bild 6.3b: Damen-Problem

Wir haben das systematische Vorgehen zur Bestimmung der Lösungen des Damen-Problems deshalb so ausführlich beschrieben, weil wir den Taschenrechner genau nach dieser Methode auf die Suche nach allen Lösungen schicken werden. Auf die Ausnutzung der Symmetriebedingung könnten wir verzichten. Das Programm wäre dann wesentlich kürzer geworden, aber die Rechenzeit etwa doppelt so lang. Wir haben uns daher für die kürzere Rechenzeit und ein längeres Programm entschieden. Für ein ungerades n, z.B. beim 5×5-Brett (Bild 6.3b, links), nutzen wir die Symmetrie bis $k_1 = \text{Int}\,\frac{n}{2}$ aus, während wir

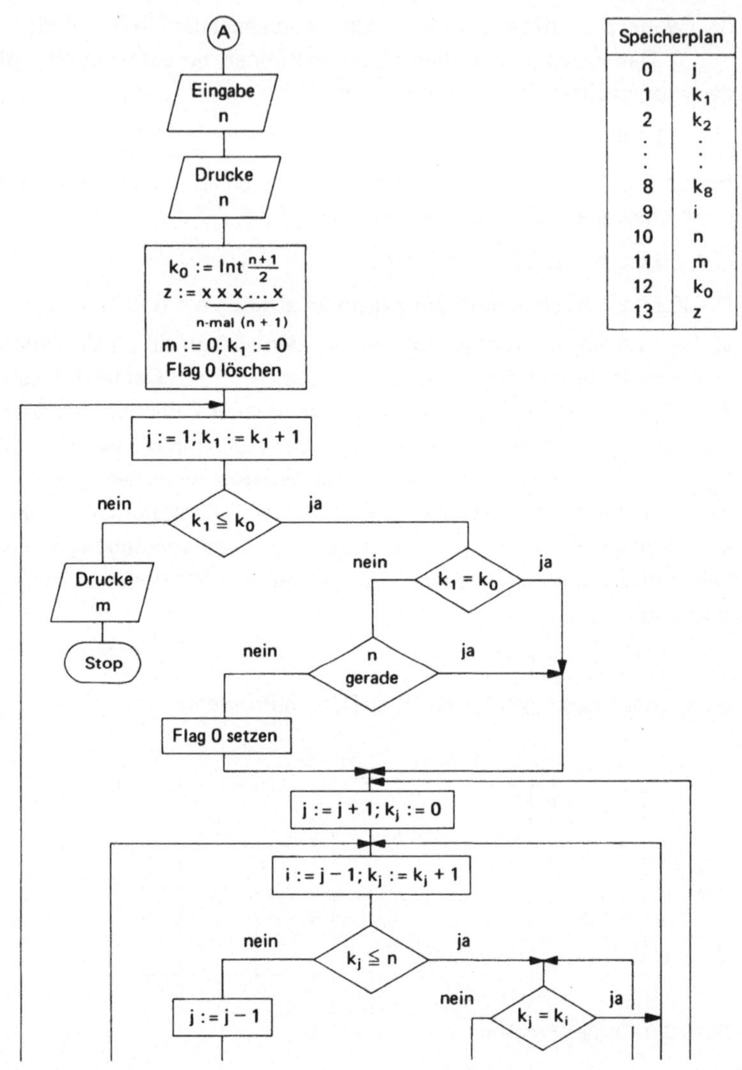

Speicherplan	
0	j
1	k_1
2	k_2
⋮	⋮
8	k_8
9	i
10	n
11	m
12	k_0
13	z

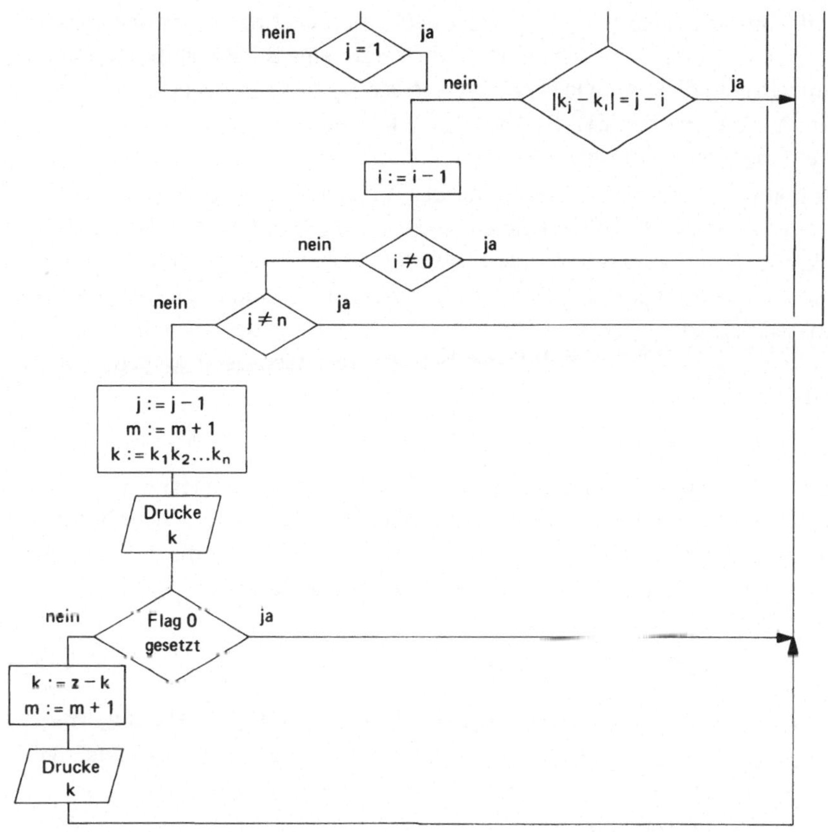

Flußdiagramm 6.3: Das n-Damen-Problem

für die mittlere Zeile ($k_1 = \text{Int}\,\frac{n+1}{2}$) alle Positionen ohne Spiegelung angeben, um sie nicht doppelt zu zählen. (Natürlich wäre eine Berücksichtigung der Symmetrie in diesem Falle über eine Abfrage $k_2 < \text{Int}\,\frac{n}{2}$ möglich.) Im Programm haben wir den Fall $k_1 = \text{Int}\,\frac{n+1}{2} = k_0$ und n ungerade durch Setzen eines Flags berücksichtigt.

Die mathematische Formulierung für das Aufsuchen eines zulässigen Feldes beim n-Damen-Problem entnehmen wir dem Bild 6.3b (rechts). Die Position (j, k_j) der j-ten Dame soll mit der Position (i, k_i) der i-ten Dame auf Nichtbedrohung überprüft werden. Das Feld (j, k_j) darf nicht von einer Waagerechten, Senkrechten oder einer der Diagonalen durch (i, k_i) getroffen werden. Die Position (j, k_j) ist demnach zulässig, falls die folgenden Bedingungen erfüllt sind:

$$j \leqq n; \quad k_j \leqq n; \quad k_j \neq k_i \quad \text{und} \quad |k_j - k_i| \neq j - i \quad \text{für} \quad i \in \mathbb{N}_{j-1}.$$

Nach den vorstehenden Bemerkungen können wir das Flußdiagramm 6.3 zeichnen. Mit m bezeichnen wir die Anzahl der Lösungen für das n-Damen-Problem. Das Programm 6.3 schreiben wir für den TI-58/59 mit dem Drucker und lassen n, alle Lösungen und m ausdrucken. Gestartet wird das Programm mit

$$n \in \mathbb{N}_8 \;\boxed{A}\,.$$

Im Beispiel 6.3 finden Sie alle Lösungen für n = 2, 3, 4, 5, 6, 7 und 8. Die Rechenzeit für das Acht-Damen-Problem beträgt etwa 7,5 Stunden. Man bedenke aber, daß hierfür insgesamt

$$4 \cdot 8^7 = 8\,388\,608$$

Kombinationen möglich sind. Von diesen werden natürlich nicht alle durchgespielt, da das Verfahren in vielen Fällen vorher abbricht (s. das obige einleitende Beispiel für n = 4).

Der Leser möge selbst die Probleme mit n Türmen oder n Läufern (hier sind $2n - 2$ Läufer maximal möglich) auf einem n $\times$ n-Brett von einem programmierbaren Taschenrechner untersuchen lassen. Beschränken Sie sich aber auf die Ermittlung der Anzahl der Lösungen. Bei n = 8 gibt es für das Turmproblem bereits 40 320 und für das n-Läuferproblem 22 522 960 Lösungen (beim $(2n - 2)$-Läuferproblem sind es nur 256).

PSS	Code/Taste		PSS	Code/Taste		PSS	Code/Taste		PSS	Code/Taste	
000	76	LBL	047	95	=	095	01	01	143	95	=
001	11	A	048	77	GE	096	12	12	144	22	INV
002	47	CMS	049	00	00	097	01	1	145	67	EQ
003	29	CP	050	56	56	098	22	INV	146	00	00
004	22	INV	051	43	RCL	099	44	SUM	147	72	72
005	86	STF	052	11	11	100	00	00	148	01	1
006	00	00	053	99	PRT	101	43	RCL	149	22	INV
007	42	STO	054	98	HUV	102	00	00	150	44	SUM
008	10	10	055	91	R/S	103	75	-	151	00	00
009	99	PRT	056	22	INV	104	01	1	152	44	SUM
010	42	STO	057	67	EQ	105	95	=	153	11	11
011	09	09	058	00	00	106	67	EQ	154	00	0
012	85	+	059	72	72	107	00	00	155	85	+
013	01	1	060	43	RCL	108	37	37	156	73	RC*
014	95	=	061	10	10	109	61	GTO	157	09	09
015	42	STO	062	55	-	110	00	00	158	65	X
016	12	12	063	02	2	111	78	78	159	01	1
017	01	1	064	95	=	112	73	RC*	160	00	0
018	00	0	065	22	INV	113	00	00	161	45	YX
019	49	PRD	066	59	INT	114	75	-	162	53	(
020	13	13	067	67	EQ	115	73	RC*	163	43	RCL
021	43	RCL	068	00	00	116	09	09	164	10	10
022	12	12	069	72	72	117	95	=	165	75	-
023	44	SUM	070	86	STF	118	67	EQ	166	43	RCL
024	13	13	071	00	00	119	00	00	167	09	09
025	97	DSZ	072	01	1	120	78	78	168	54	)
026	09	09	073	44	SUM	121	50	IXI	169	95	=
027	00	00	074	00	00	122	75	-	170	97	DSZ
028	17	17	075	00	0	123	13	RCL	171	09	09
029	43	RCL	076	72	ST*	124	00	00	172	01	01
030	12	12	077	00	00	125	85	+	173	55	55
031	55	-	078	43	RCL	126	43	RCL	174	99	PRT
032	02	2	079	00	00	127	09	09	175	87	IFF
033	95	=	080	75	-	128	95	=	176	00	00
034	59	INT	081	01	1	129	67	EQ	177	00	00
035	42	STO	082	95	=	130	00	00	178	78	78
036	12	12	083	42	STO	131	78	78	179	75	-
037	01	1	084	09	09	132	97	DSZ	180	43	RCL
038	42	STO	085	01	1	133	09	09	181	13	13
039	00	00	086	74	SM*	134	01	01	182	95	=
040	44	SUM	087	00	00	135	12	12	183	94	+/-
041	01	01	088	43	RCL	136	43	RCL	184	99	PRT
042	43	RCL	089	10	10	137	10	10	185	01	1
043	12	12	090	75	-	138	42	STO	186	44	SUM
044	75	-	091	73	RC*	139	09	09	187	11	11
045	43	RCL	092	00	00	140	75	-	188	61	GTO
046	01	01	093	95	=	141	43	RCL	189	00	00
			094	77	GE	142	00	00	190	78	78

Programm 6.3: Das n-Damen-Problem

```
       3.             7.              8.          36815724.
       0.       1357246.       15863724.         63184275.
                 7531642.       84136275.         36824175.
                 1473625.       16837425.         63175824.
       4.       7415263.       83162574.         37285146.
    2413.       1526374.       17468253.         62714853.
    3142.       7362514.       82531746.         37286415.
       2.       1642753.       17582463.         62713584.
                 7246135.       82417536.         38471625.
       5.       2417536.       24683175.         61528374.
   13524.       6471352.       75316824.         41582736.
   53142.       2461357.       25713864.         58417263.
   14253.       6427531.       74286135.         41586372.
   52413.       2514736.       25741863.         58413627.
   24135.       6374152.       74258136.         42586137.
   42531.       2531746.       26174835.         57413862.
   25314.       6357142.       73825164.         42736815.
   41352.       2574136.       26831475.         57263184.
   31425.       6314752.       73168524.         42736851.
   35241.       2637415.       27368514.         57263148.
      10.       6251473.       72631485.         42751863.
                2753164.       27581463.         57248136.
       6.       6135724.       72418536.         42857136.
  246135.       3162574.       28613574.         57142863.
  531642.       5726314.       71386425.         42861357.
  362514.       3164275.       31758246.         57138642.
  415263.       5724613.       68241753.         46152837.
       4.       3572461.       35281746.         53847162.
                5316427.       64719253.         46827135.
                3625147.       35286471.         53172864.
                5263741.       64713528.         46831752.
                3724615.       35714286.         53168247.
                5164273.       64285713.         47185263.
                3741526.       35841726.         52814736.
                5147362.       64158273.         47382516.
                4136275.       36258174.         52617483.
                4152637.       63741825.         47526138.
                4275316.       36271485.         52473861.
                4613572.       63728514.         47531682.
                4736251.       36275184.         52468317.
                4752613.       63724815.         48136275.
                     40.       36418572.         51863724.
                                63581427.         48157263.
                                36428571.         51842736.
                                63571428.         48531726.
                                36814752.         51468273.
                                63195247.               92.
```

Beispiel 6.3: n-Damen-Problem

7 Der Taschenrechner als „Simulant"

Es ist selbstverständlich keineswegs so, daß unser Taschenrechner in diesem
Abschnitt absolut keine Lust mehr zum Rechnen verspürt und deshalb vielleicht irgendeine Krankheit vortäuscht, um endlich einmal geschont zu werden.
Ganz im Gegenteil, gerade in den folgenden Aufgaben wird er zeigen, welche
Ausdauer er besitzt, wenn er Probleme aus der Wahrscheinlichkeitsrechnung
simulieren soll. Da die Methoden dieses Abschnitts auf der sinnvollen Benutzung von Zufallszahlen beruhen, nennt der Mathematiker sie auch *Monte-
Carlo-Methoden*. Nun dürfen Sie natürlich nicht erwarten, unter diesem Namen
auf den nächsten Seiten einen Geheimtip zu finden, mit dem Sie bei Ihrem
nächsten Besuch die Spielbank in Monte-Carlo sprengen können. Einen solchen
Tip gibt es nicht. (Wenn es ihn gäbe und ich ihn hätte, würde ich ihn hier nicht
mitteilen, sondern selbst umgehend nach Monte-Carlo fahren.) Sehen Sie sich
also in den nächsten Beispielen an, was sich hinter dem Simulationsverfahren
mit diesem geheimnisvollen Namen verbirgt.

7.1 Noch einmal: Craps

Im Abschnitt 1.4 haben wir gesehen, wie wir mit dem programmierbaren
Taschenrechner das Würfelspiel Craps spielen konnten. Zum Schluß stellten
wir dort die Frage nach der Gewinnchance für den shooter. Wir wollen diese
Wahrscheinlichkeit, als shooter ein Spiel zu gewinnen, mit dem Taschenrechner
ermitteln. Wir lassen dazu hinreichend viele Spiele durchführen und fragen
jedesmal nur danach, ob der shooter gewonnen hat. Genauer: Wir lassen den
Rechner n-mal Craps spielen, ohne daß er uns jedesmal die Einzelheiten des
Spielablaufs mitteilt. Lediglich nach Beendigung des n-ten Spiels zeigt er uns
an, wie oft der shooter gewonnen hat. Ist dieses k-mal der Fall, so beträgt die
Gewinnwahrscheinlichkeit für den shooter $\frac{k}{n}$. Wir wollen weiterhin die *mittlere Spiellänge* bestimmen. Ein Spiel kann bereits nach dem ersten Würfeln
entschieden sein. Es kann aber auch ein zweites, drittes, viertes usw. Würfeln
erforderlich werden, bis der Sieger ermittelt worden ist. Wir zählen, wie oft
bei n Spielen gewürfelt wurde. Ist dieses m-mal der Fall, so bezeichnen wir $\frac{m}{n}$
als die mittlere Spiellänge.

Im Flußdiagramm 7.1 beschreiben wir das Verfahren für die in 1.4 angeführte
Craps-Variante. Daraus entwickeln wir das Programm 7.1a für den TI-57. Das
Zählen der Anzahl der Würfe und die Ermittlung der Augenzahl
$w \in \mathbb{N}_{0,6} = \{0, 1, 2, 3, 4, 5, 6\}$ beim Würfeln wird im Unterprogramm, das
durch $\boxed{\text{SBR}}$ 0 aufgerufen wird, durchgeführt. Die Anweisung $n := n - 1$
und die daran anschließende Abfrage $n \neq 0$ programmieren wir selbstverständlich mit dem bequemen Befehl $\boxed{*\text{Dsz}}$.

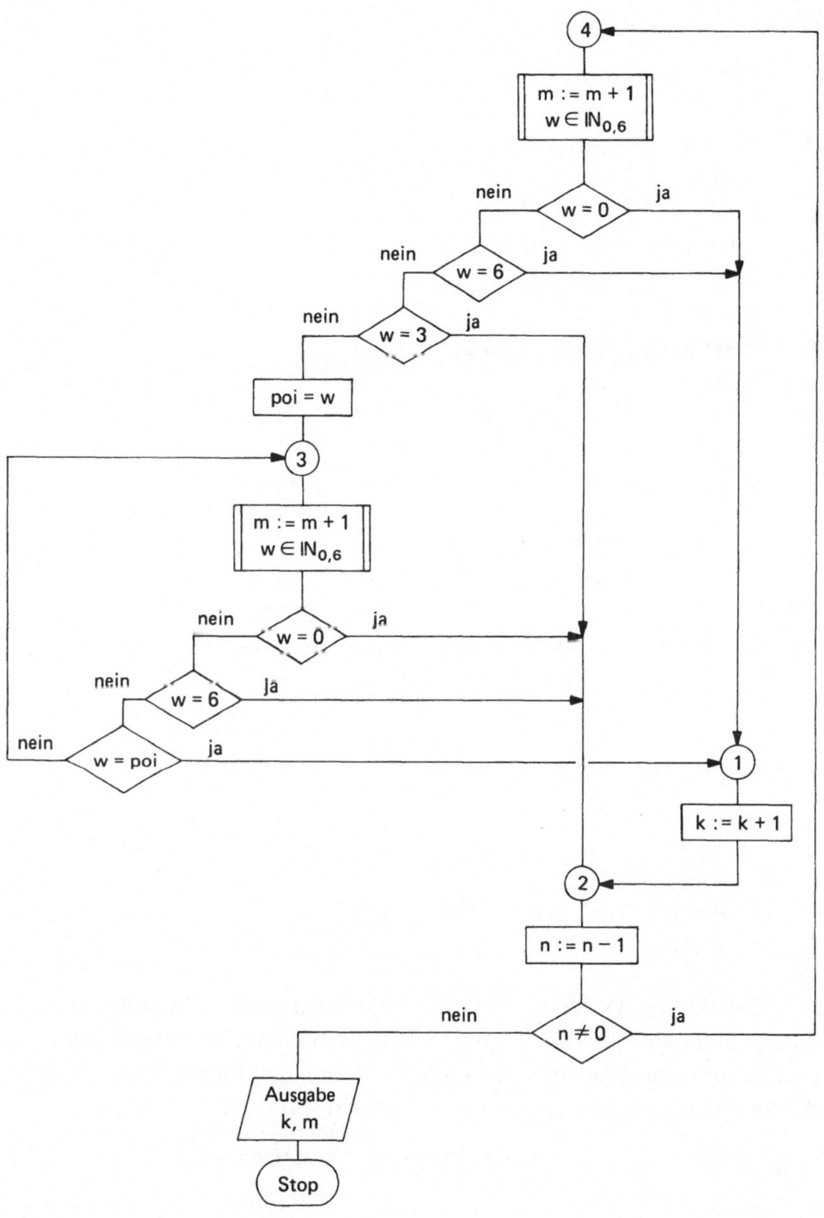

Flußdiagramm 7.1: Gewinnwahrscheinlichkeit und mittlere Spiellänge für Craps-Variante

PSS	Taste
00	*LBL 0
01	1
02	SUM 4
03	RCL 2
04	X
05	RCL 1
06	=
07	INV *Int
08	STO 2
09	X
10	7
11	=
12	*Int
13	x ◣ t
14	INV SBR
15	*LBL 4

16	SBR 0
17	0
18	*x = t
19	GTO 1
20	6
21	*x = t
22	GTO 1
23	3
24	*x = t
25	GTO 2
26	x ◣ t
27	STO 5
28	*LBL 3
29	SBR 0
30	0
31	*x = t
32	GTO 2

33	6
34	*x = t
35	GTO 2
36	RCL 5
37	*x = t
38	GTO 1
39	GTO 3
40	*LBL 1
41	1
42	SUM 3
43	*LBL 2
44	*Dsz
45	GTO 4
46	RCL 3
47	R/S
48	RCL 4
49	R/S

Speicherplan	
0	n
1	997
2	x
3	k
4	m
5	poi
6	–
7	w

Programm 7.1a: Gewinnwahrscheinlichkeit und mittlere Spiellänge
bei Craps-Variante (TI-57)

Nach dem Eintasten des Programms folgt:

Eingabe: INV *C.t n STO 0 997 STO 1
$x \in$]0; 1[STO 2 GTO 4 R/S

Ausgabe: k R/S m

Mit viel Geduld (die benötigt man bei oder sicherlich auch in Monte-Carlo)
lassen wir jetzt den TI-57 das Crapsspiel n-mal simulieren. Die Ergebnisse
dieser sehr umfangreichen und zeitintensiven Rechnung finden Sie im Beispiel 7.1a. Für die 10 Simulationen mit jeweils n = 1000 erhalten wir

$$\frac{k}{n} = 0{,}4779 \quad \text{für die Gewinnwahrscheinlichkeit des shooters}$$

und

$$\frac{m}{n} = 2{,}3782 \quad \text{für die mittlere Spiellänge.}$$

Entsprechend wird für n = 10000:

$$\frac{k}{n} = 0{,}47725 \quad \text{und} \quad \frac{m}{n} = 2{,}33619 \; .$$

	n = 1000		n = 10 000	
z	k	m	k	m
10	450	2424	4771	23434
11	497	2435	4764	23359
12	489	2387	4830	23055
13	487	2362	4795	23286
14	482	2392	4820	23561
15	462	2354	4690	23261
17	465	2339	4740	23334
18	478	2335	4818	23521
19	481	2353	4800	23329
20	488	2401	4697	23479
	4779	23782	47725	233619

Beispiel 7.1a: Gewinnwahrscheinlichkeit und mittlere
Spiellänge bei Craps-Variante (TI-57)
mit $x = \text{INV Int} \sqrt{z}$

Die Gewinnchancen des shooters sind hiernach nicht günstig. Bei 100 DM
Einsatz werden im Mittel nur etwa 95 DM zurückgewonnen. Sie müssen also
mit ungefähr 5 % Verlust rechnen, wenn Sie beim Craps dauernd als shooter
spielen.

Die Gewinnwahrscheinlichkeit (Gw) und die mittlere Spiellänge (mS) lassen
sich hier natürlich theoretisch schneller und genauer berechnen. Bild 7.1a
zeigt den *Wahrscheinlichkeitsgraph* für das obige Crapsspiel. Wir geben hier

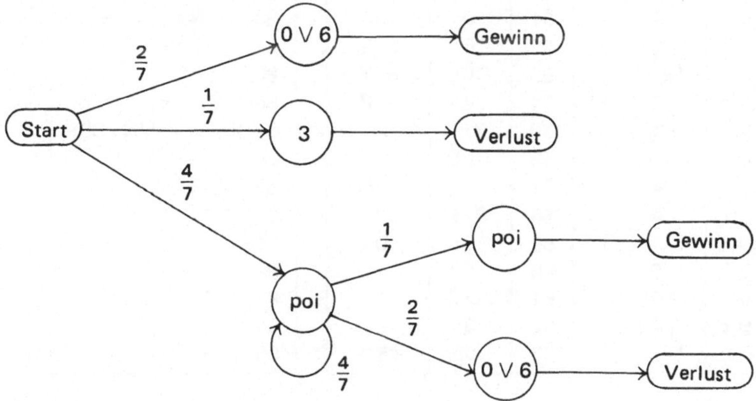

Bild 7.1a: Wahrscheinlichkeitsgraph für Craps-Variante

nur den Rechnungsgang, den sicherlich manche Leser an Hand des Graphen nachvollziehen können, und das Ergebnis an.

$$Gw = \frac{2}{7} + \frac{4}{7} \cdot \frac{\frac{1}{7}}{\frac{1}{7} + \frac{2}{7}} = \frac{2}{7} + \frac{4}{7} \cdot \frac{1}{3} = \frac{10}{21} = 0{,}47619 \; ;$$

$$mS = \frac{3}{7} + \frac{4}{7} \cdot \frac{\frac{3}{7} \cdot 2 + \frac{4}{7} \cdot 1}{\frac{3}{7}} = \frac{3}{7} + \frac{4}{7} \cdot \frac{10}{3} = \frac{7}{3} = 2{,}33333 \; .$$

PSS	SR-56	TI-58/59	PSS	SR-56	TI-58/59	PSS	SR-56	TI-58/59
00	*CM$_s$	*CM$_s$	32	4	B	64	7	7
01	STO	STO	33	*subr	GTO	65	4	INVSBR
02	0	0	34	6	0	66	+	*LBL
03	R/S	R/S	35	0	26	67	*subr	D
04	STO	STO	36	*x = t	*LBL	68	7	(
05	1	1	37	5	B	69	4	(
06	*subr	A	38	0	1	70	=	RCL
07	6	*x = t	39	RCL	SUM	71	x ⧖ t	1
08	0	B	40	4	2	72	7	X
09	*x = t	1	41	*x = t	*LBL	73	*rtn	9
10	4	1	42	4	C	74	(	9
11	7	*x = t	43	7	*Dsz	75	(	7
12	1	B	44	GTO	0	76	RCL	)
13	1	2	45	3	0	77	1	INV
14	*x = t	*x = t	46	3	26	78	X	*Int
15	4	C	47	1	RCL	79	9	STO
16	7	3	48	SUM	2	80	9	1
17	2	*x = t	49	2	R/S	81	7	X
18	*x = t	C	50	*dsz	RCL	82	)	6
19	5	1	51	0	3	83	INV	+
20	0	2	52	6	R/S	84	*Int	1
21	3	*x = t	53	RCL	RST	85	STO	)
22	*x = t	C	54	2	*LBL	86	1	*Int
23	5	x ⧖ t	55	R/S	A	87	X	INVSBR
24	0	STO	56	RCL	1	88	6	
25	1	4	57	3	SUM	89	+	
26	2	A	58	R/S	3	90	1	
27	*x = t	*x = t	59	RST	D	91	)	
28	5	C	60	1	+	92	*Int	
29	0	RCL	61	SUM	D	93	*rtn	
30	x ⧖ t	4	62	3	=	94		
31	STO	*x = t	63	*subr	x ⧖ t	95		

Programm 7.1b: Gewinnwahrscheinlichkeit und mittlere Spiellänge bei Craps

Beim Craps in der ursprünglichen Fassung (s. 1.4) besitzt der shooter selbstverständlich eine andere Gewinnchance als beim obigen Craps. Auch die mittlere Spiellänge wird eine andere sein als oben. Mit den Taschenrechnern SR-56 und TI-58/59 und dem Programm 7.1b ermitteln wir diese Werte. Die Ergebnisse finden Sie im Beispiel 7.1b zusammengestellt. Der Rechner SR-56 rechnet übrigens bei den INV Int $\sqrt{z}$ intern mit derselben Genauigkeit wie der TI-58/59, während sie sich sonst ja um eine Stelle unterscheiden. Irgendwie zaubert der SR-56 bei INV Int $\sqrt{z}$ doch noch eine 13. Stelle hervor. Es ist z.B. intern

$$\text{INV Int } \sqrt{10} = .162\ 277\ 660\ 168 \neq \sqrt{10} - 3 = .162\ 277\ 660\ 16 \ .$$

Angezeigt wird in beiden Fällen .162 277 660 2. Wir haben daher auch für $\sqrt{10} - 3$ usw. die Simulation durchgeführt und etwas andere Ergebnisse als für INV Int $\sqrt{10}$ usw. erhalten:

$$\frac{k}{n} = 0{,}4936 \quad \text{und} \quad \frac{m}{n} = 3{,}3296 \quad \text{bzw.}$$

$$\frac{k}{n} = 0{,}4955 \quad \text{und} \quad \frac{m}{n} = 3{,}3653 \ .$$

SR-56 und TI-58/59			SR-56		
x	k	m	x	k	m
INV Int $\sqrt{10}$	522	3263	$\sqrt{10} - 3$	491	3345
INV Int $\sqrt{11}$	493	3344	$\sqrt{11} - 3$	485	3451
INV Int $\sqrt{12}$	464	3327	$\sqrt{12} - 3$	479	3339
INV Int $\sqrt{13}$	479	3203	$\sqrt{13} - 3$	514	3227
INV Int $\sqrt{14}$	501	3397	$\sqrt{14} - 3$	478	3300
INV Int $\sqrt{15}$	507	3345	$\sqrt{15} - 3$	498	3277
INV Int $\sqrt{17}$	506	3314	$\sqrt{17} - 4$	480	3371
INV Int $\sqrt{18}$	456	3405	$\sqrt{18} - 4$	500	3492
INV Int $\sqrt{19}$	508	3396	$\sqrt{19} - 4$	508	3396
INV Int $\sqrt{20}$	500	3302	$\sqrt{20} - 4$	522	3455
	4936	33296		4955	33653

Beispiel 7.1b: Gewinnwahrscheinlichkeit und mittlere Spiellänge bei Craps (SR-56 und TI-58/59) für n = 1000

Die theoretische Gewinnwahrscheinlichkeit (Gw) und mittlere Spiellänge (mS)
lesen wir wieder aus dem Wahrscheinlichkeitsgraphen (Bild 7.1b) ab:

$$Gw = \frac{8}{36} + \frac{6}{36} \cdot \frac{\frac{3}{36}}{\frac{3}{36} + \frac{6}{36}} + \frac{8}{36} \cdot \frac{\frac{4}{36}}{\frac{4}{36} + \frac{6}{36}} + \frac{10}{36} \cdot \frac{\frac{5}{36}}{\frac{5}{36} + \frac{6}{36}} = \frac{244}{495} = 0{,}4\overline{92} \; ;$$

$$mS = \frac{12}{36} + \frac{6}{36} \cdot \frac{\frac{9}{36} \cdot 2 + \frac{27}{36}}{\frac{9}{36}} + \frac{8}{36} \cdot \frac{\frac{10}{36} \cdot 2 + \frac{26}{36}}{\frac{10}{36}} + \frac{10}{36} \cdot \frac{\frac{11}{36} \cdot 2 + \frac{25}{36}}{\frac{11}{36}} = \frac{557}{165} = 3{,}3\overline{75} \; .$$

Die Abweichung zwischen $0{,}4\overline{92}$ $(3{,}3\overline{75})$ und den obigen durch den Taschenrechner ermittelten Werten beträgt 0,14 % (1,37 %) bzw. 0,52 % (0,31 %).
Mit diesen Näherungswerten läßt sich doch immerhin schon einiges anfangen.
In der Praxis wird man die Berechnung einer Wahrscheinlichkeit nur dann mit
einem programmierbaren Rechner durchführen, wenn ihre theoretische Bestimmung nicht gelingt oder auf sehr schwierige mathematische Probleme führt.

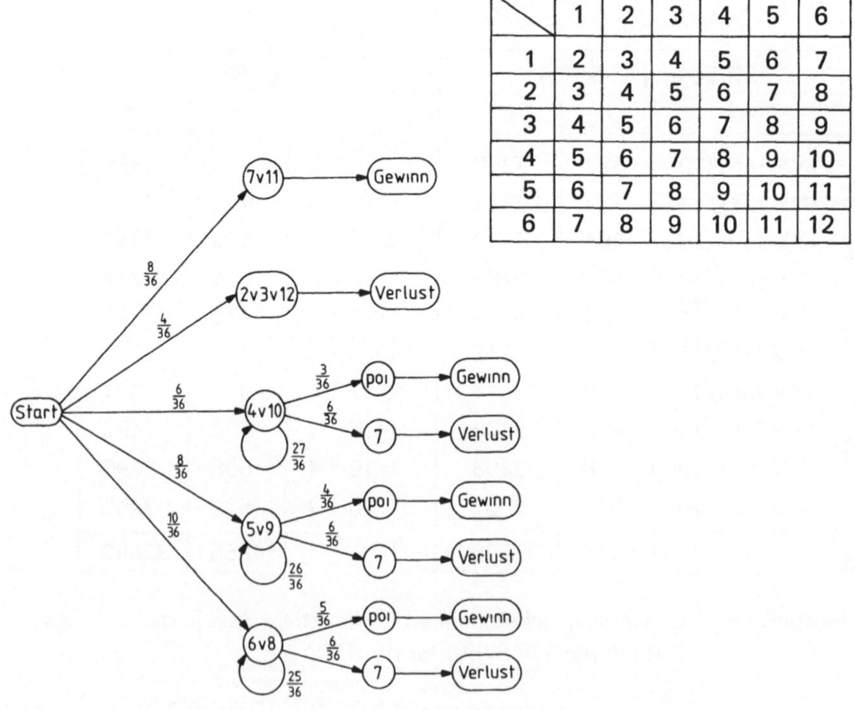

Bild 7.1b: Wahrscheinlichkeitsgraph für Craps und Tafel der Augensumme
für zwei Würfel

7.2 Die Zahl π

Wohl jeder Leser wird die Zahl $\pi = 3{,}1415926\ldots$ früher in seiner Schulzeit bei der Berechnung des Inhalts oder Umfangs eines Kreises kennengelernt haben. Bekanntlich gilt für einen Kreis

$$A = \pi\,r^2 \quad \text{und} \quad U = 2\,\pi\,r\,.$$

Es gibt viele mathematische Methoden, mit denen man π bei genügender Geduld auf beliebig viele Stellen nach dem Komma berechnen kann. Ludolph van Ceulen aus Leiden hat im 16. Jahrhundert π auf 35 und Zacharias Dasse aus Hamburg im 19. Jahrhundert auf 200 Dezimalstellen ermittelt. Der Engländer William Shanks hat es gar auf 707 Nachkommastellen gebracht (die allerdings ab der 528. Stelle falsch sind, wie man 1945 feststellte). Mit dem Einsatz von Computern oder programmierbaren Taschenrechnern ist dieses heute oftmals nur eine Sache von einigen Sekunden (von der Zeit für das Programmieren einmal abgesehen), während früher eine derartige Berechnung fast eine wissenschaftliche Tat war.

Wir wollen in diesem Abschnitt keine *exakten* Verfahren zur Bestimmung von π angeben, sondern diese Zahl durch *Zufallsexperimente* ermitteln, die wir mit dem programmierbaren Taschenrechner durch Benutzung von Zufallszahlen simulieren. Letzten Endes bestimmen wir π also durch Würfeln. Wie ist das möglich?

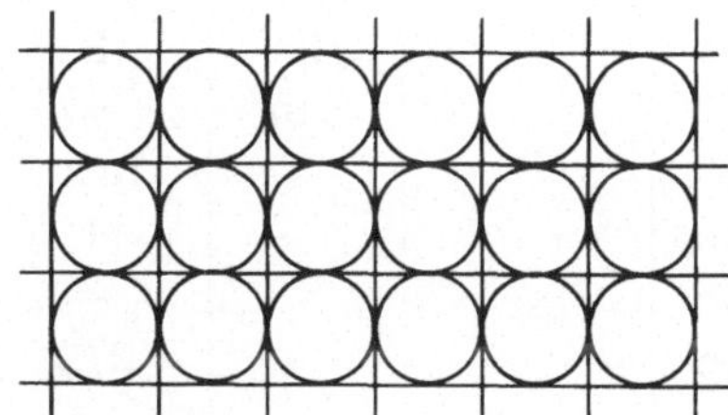
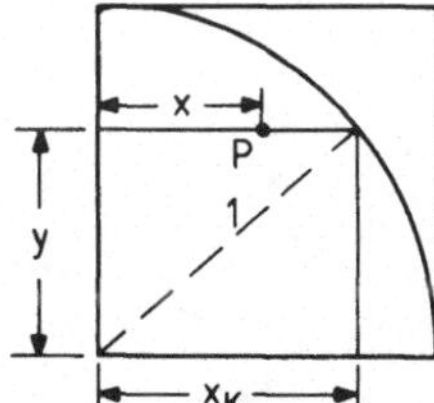

Bild 7.2a

Bei unserer ersten Methode denken wir uns eine Ebene nach Bild 7.2a mit Kreisen vom Radius $r = 1$ überdeckt. Auf diese Ebene lassen wir wahllos viele kleine Kugeln fallen. Von diesen n Kugeln treffen k Kugeln eine Kreisfläche, während $n - k$ in die Restfläche zwischen den Kreisen fallen. Dann ist zu erwarten:

$$\frac{k}{n} \approx \frac{A_\circ}{A_\square} = \frac{\pi}{4}\,, \quad \text{also} \quad \pi \approx \frac{4\,k}{n}\,.$$

PSS	TI-57	SR-56	TI-58/59	PSS	TI-57	SR-56	TI-58/59
00	STO 0	*CM$_s$	*LBL	29	R/S	0	x ◣ t
01	STO 1	STO	C	30	RST	8	C
02	R/S	0	RCL	31	*LBL 0	4	x²
03	STO 2	STO	2	32	RCL 2	×	−
04	0	1	×	33	×	RCL	1
05	STO 3	R/S	9	34	9	3	=
06	*LBL 1	STO	9 .	35	9	÷	+/−
07	SBR 0	2	7	36	7	RCL	√x
08	x ◣ t	*subr	=	37	=	1	INV
09	SBR 0	4	INV	38	INV *Int	=	*x ≧ t
10	x²	1	*Int	39	STO 2	R/S	D
11	−	x ◣ t	STO	40	INV SBR	RST	1
12	1	*subr	2	41		RCL	SUM
13	=	4	INV SBR	42		2	3
14	+/−	1	*LBL	43		×	*LBL
15	√x	x²	A	44		9	D
16	INV *x ≧ t	−	*CM$_s$	45		9	*Dsz
17	GTO 2	1	STO	46		7	0
18	1	=	0	47		=	E
19	SUM 3	+/−	STO	48		INV	4
20	*LBL 2	*√x	1	49		*Int	×
21	*Dsz	INV	R/S	50		STO	RCL
22	GTO 1	*x ≧ t	*LBL	51		2	3
23	4	2	B	52		*rtn	÷
24	×	8	STO	53			RCL
25	RCL 3	1	2	54			1
26	÷	SUM	*LBL	55			=
27	RCL 1	3	E	56			R/S
28	=	*dsz	C	57			

Programm 7.2a: Bestimmung von π durch ‚Würfeln'

Das Fallenlassen der Kugeln simulieren wir in folgender Weise. Zunächst
können wir uns aus Symmetriegründen auf eine Viertelkreisfläche beschränken, die durch ein Quadrat der Seitenlänge 1 umschrieben wird (Bild 7.2a).
Mit unserem Würfelprogramm bestimmen wir die Koordinaten x und y
(mit $0 < \binom{x}{y} < 1$) eines Punktes P aus dem Quadrat. Gilt nun $x \leq x_K = \sqrt{1-y^2}$,
so liegt der Punkt im Kreis und wir setzen $k := k + 1$. Für $x > x_K$ wird k

nicht erhöht. Das Programm zur Bestimmung von π durch Simulation ist leicht geschrieben und in 7.2a angegeben. Für die Eingabe gilt

TI-57 / SR-56: (INV *C.t) n R/S x ∈]0; 1[R/S

TI-58/59: n A x ∈]0; 1[B

Beispiel 7.2a zeigt einige Ergebnisse der Rechnung für $n = 1000$ und verschiedene Ausgangswerte $x = \dfrac{1}{\sqrt{z}}$. Numerisch befriedigend sind die Werte der letzten Zeile (gemittelt aus den Spaltenwerten) aus immerhin insgesamt 5000 Würfen keineswegs. Aber so ist es nun einmal beim Würfeln!

z	TI-57	SR-56	TI-58/59
18	3,028	3,132	3,148
19	3,056	3,092	3,152
20	3,184	3,224	3,224
21	3,16	3,172	3,172
22	3,076	3,132	3,164
	3,1008	3,1504	3,172

$n = 10\,000;\ x = \dfrac{1}{\sqrt{18}}$		
TI-57	SR-56	TI-58/59
3,1376	3,1276	3,1308

Beispiel 7.2a: Bestimmung von π durch ‚Würfeln'

Die zweite Methode, mit der wir π durch Simulation eines Zufallsexperiments bestimmen wollen, wurde 1777 durch *Graf de Buffon* angegeben. Während oben durch die Kreisfläche die Zahl π zu erwarten war, ist hier das Ergebnis doch sehr überraschend und verblüffend. Wir überdecken diesmal die Ebene mit parallelen Geraden im Abstand d. Dann lassen wir sehr oft eine dünne Nadel der Länge $l \leqq d$ auf diese Ebene fallen. Es läßt sich zeigen, daß die Wahrscheinlichkeit für ein Schneiden der geworfenen Nadel mit einer der Geraden $\dfrac{2l}{\pi d}$ beträgt. Hier tritt also auch π auf, obgleich man es bei diesen ‚geraden' Verhältnissen zunächst sicherlich nicht erwartet hatte. Schneidet bei n Versuchen die Nadel k-mal eine Gerade, so wird

$$\frac{k}{n} \approx \frac{2l}{\pi d}, \quad \text{d.h.} \quad \pi \approx \frac{2l\,n}{d\,k} \quad \text{oder} \quad \pi \approx \frac{2\,n}{k} \quad \text{für} \quad l = d\,.$$

Der italienische Mathematiker *Lazzerini* soll das Experiment 3408-mal durchgeführt und dabei 2169 Treffer gezählt haben. Das lieferte für π den Näherungswert $\dfrac{2 \cdot 3408}{2169} = 3{,}14246$.

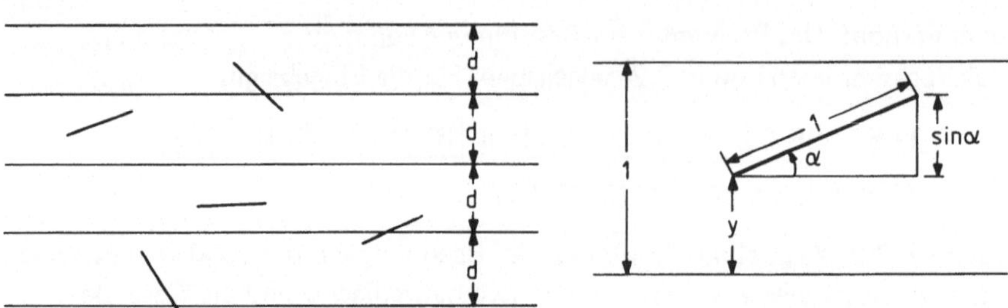

Bild 7.2b: Buffonsches Nadelproblem

Wir wollen den Nadelwurf ebenfalls mit dem programmierbaren Taschenrechner und Zufallszahlen simulieren. Für l = d = 1 können wir die Position
einer Nadel (Bild 7.2b) durch y und α mit $0 \leqq y < 1$ und $0 \leqq \alpha < 360°$ beschreiben. Die Nadel schneidet keine der beiden benachbarten Geraden,
falls gilt

$$0 < y + \sin\alpha < 1 \quad \text{oder} \quad |y + \sin\alpha - \tfrac{1}{2}| < \tfrac{1}{2}\,.$$

Ist diese Bedingung erfüllt, so werfen wir die nächste Nadel, andernfalls
setzen wir k := k + 1.

Die Programme 7.2b (Eingabe wie bei den vorigen Programmen) liefern für
n = 1000 und den Ausgangswert (seed) $x = \sin\varphi$ $(\varphi \in \{18°, 19°, 20°, 21°, 22°\})$
die Ergebnisse im Beispiel 7.2b. Zum Vergleich mit Lazzerinis Experiment
haben wir weiterhin für n = 3408 und $x = \sin 23°$ den Nadelwurf simuliert.

x	TI-57	SR-56	TI-58/59
$\sin 18°$	3,13972	3,10078	3,07220
$\sin 19°$	3,01205	3,21027	3,29489
$\sin 20°$	3,08642	2,98063	3,14465
$\sin 21°$	3,20513	3,25203	3,10078
$\sin 22°$	3,18979	3,11526	3,09119
Mittelwert	3,12662	3,13179	3,14074

$n = 3408;\ x = \sin 23°$		
TI-57	SR-56	TI-58/59
3,14247	3,14391	3,12231

Beispiel 7.2b: Buffonsches Nadelproblem

PSS	TI-57	SR-56	TI-58/59	PSS	TI-57	SR-56	TI-58/59
00	STO 0	*CM$_s$	*LBL	34	*|x|	sin	(
01	STO 1	STO	C	35	INV *x $\geq$ t	+	C
02	R/S	0	(	36	GTO 1	RCL	X
03	STO 2	STO	RCL	37	1	2	3
04	·	1	2	38	SUM 3	−	6
05	5	R/S	X	39	*LBL 1	·	0
06	x ◤ t	STO	9	40	*Dsz	5	)
07	*LBL 0	2	9	41	GTO 0	=	*sin
08	RCL 2	·	7	42	2	*|x|	−
09	X	5	)	43	X	INV	·
10	9	x ◤ t	INV	44	RCL 1	*x $\geq$ t	5
11	9	RCL	*Int	45	÷	5	=
12	7	2	STO	46	RCL 3	0	*|x|
13	=	X	2	47	=	1	INV
14	INV *Int	9	INV SBR	48	R/S	SUM	*x $\geq$ t
15	STO 2	9	*LBL	49	RST	3	D
16	X	7	A	50		*dsz	1
17	9	−	*CM$_s$	51		1	SUM
18	9	INV	STO	52		1	3
19	7	*Int	0	53		2	*LBL
20	=	STO	STO	54		X	D
21	INV *Int	2	1	55		RCL	*Dsz
22	X	X	R/S	56		1	0
23	3	9	*LBL	57		÷	E
24	6	9	B	58		RCL	2
25	0	7	STO	59		3	X
26	=	=	2	60		=	RCL
27	*sin	INV	·	61		R/S	1
28	+	*Int	5	62		RST	÷
29	RCL 2	X	x ◤ t	63			RCL
30	−	3	*LBL	64			3
31	·	6	E	65			=
32	5	0	C	66			R/S
33	=	=	+	67			

Programm 7.2b: Buffonsches Nadelproblem

7.3 Die Zahl e

Neben π besitzt die Zahl e = 2,718281828459 ... in der Mathematik und den
Ingenieurwissenschaften eine große Bedeutung. Während π am Kreis anschau-
lich erklärt werden kann, ist dieses bei e etwas schwieriger. Eine der ‚praxis-
nahen' Erklärungen ist die folgende. Herr Pfennig aus Utopialand stellt bei
der Bilanzrechnung Ende des Jahres fest, daß er einen Betrag von 1 UM erwirt-
schaftet hat. Diesen Betrag will er möglichst günstig anlegen und verhandelt
deshalb mit einer Bank, die sich dieses lukrative Geschäft nicht entgehen lassen
möchte. Sie bietet ihm daher 100 % Zinsen, die am Ende des Jahres gezahlt
werden. Herr Pf. geht daraufhin zu einer zweiten Bank, die selbstverständlich
das Angebot der ersten Bank überbietet: 100 % jährlich, aber halbjährliche
Verzinsung. Das Kapital beträgt dann Ende des Jahres

$$K_2 = (1 + \tfrac{1}{2}) + (1 + \tfrac{1}{2}) \cdot \tfrac{1}{2} = (1 + \tfrac{1}{2})^2 = 2,25 \text{ UM} .$$

Dieses Spiel wird weiter getrieben. Die dritte Bank bietet bei 100 % jährlich
eine dritteljährliche Verzinsung:

$$K_3 = (1 + \tfrac{1}{3})^3 = \frac{4^3}{3^3} = \frac{64}{27} = 2,37 \text{ UM} ,$$

die vierte Bank eine vierteljährliche Verzinsung:

$$K_4 = (1 + \tfrac{1}{4})^4 = \frac{5^4}{4^4} = \frac{625}{256} = 2,44 \text{ UM} .$$

Herr Pf. läßt aber nicht locker und wandert weiter zu anderen Banken, die
sich jetzt überbieten. Fest bleibt immer der jährliche Zinssatz 100 %, geändert
wird lediglich der Zeitpunkt für den Zuschlag der Zinsen, die dann in der
nachfolgenden Zeit mitverzinst werden. Allgemein beträgt bei n-maliger Verzinsung pro Jahr das Kapital am Ende des Jahres

$$K_n = (1 + \tfrac{1}{n})^n .$$

Was geschieht jetzt, wenn eine Bank ganz mutig ‚momentane' Verzinsung
bietet, d.h. in jedem Augenblick werden die Zinsen zum Kapital hinzuge-
schlagen und im nächsten Augenblick mitverzinst. Mathematisch: Was geschieht mit $K_n = (1 + \tfrac{1}{n})^n$ für $n \to \infty$? Wird die Bank an diesem Angebot
Konkurs gehen, oder kann sie ganz beruhigt das Ende des Jahres abwarten?
Wir schreiben zunächst ein kurzes Programm 7.3a (für den TI-57) zur Berechnung der K_n, in dem wir nur die Grundrechenarten benutzen wollen (die
Tasten $\boxed{\ln x}$ und $\boxed{y^x}$ sind auf einem programmierbaren Taschenrechner
in Utopialand unbekannt). Wir berechnen K_n für ein gegebenes n rekursiv:

$$K_{n,0} = 1; \quad K_{n,1} = K_{n,0} \cdot (1 + \tfrac{1}{n}); \quad K_{n,2} = K_{n,1} \cdot (1 + \tfrac{1}{n}); \dots$$

$$\dots K_n = K_{n,n} = K_{n,n-1} \cdot (1 + \tfrac{1}{n}) .$$

Was aus der Tabelle 7.3a erkennbar ist, läßt sich auch streng mathematisch beweisen[1]. Die Folge K_n konvergiert gegen einen Grenzwert:

$$e = \lim_{n \to \infty} (1 + \tfrac{1}{n})^n = 2{,}718 \ldots ,$$

oder mathematisch etwas weniger exakt:

$e = 1$ plus ‚sehr wenig' hoch ‚sehr viel'.

PSS	Taste
00	STO 0
01	1/x
02	+
03	1
04	=
05	STO 1
06	1
07	*LBL 0
08	X
09	RCL 1
10	-
11	*Dsz
12	GTO 0
13	R/S
14	RST

n	K_n
1	2
2	2,25
3	2,3703704
4	2,4414063
6	2,5216264
12	2,6130353
24	2,6637313
100	2,7048138
365	2,7145674
1 000	2,7169238
10 000	2,7181451
100 000	2,7182682

Programm 7.3a: Berechnung von $(1 + \tfrac{1}{n})^n$

Wenden wir uns einem anderen Problem aus dem praktischen Leben zu. Bei einer Konferenz hängen zehn Hüte auf numerierten Garderobenhaken. Kurz vor Schluß der Besprechung läßt die Garderobenfrau sich für einen kurzen Augenblick von ihrem 13-jährigen Sohn vertreten. Der nutzt die Gelegenheit, nimmt alle Hüte von der Garderobe, hängt sie wahllos wieder an die Haken von eins bis zehn und verschwindet sofort, als er seine Mutter zurückkommen sieht. Damit haben wir das mathematische Problem. Wie groß ist die Wahrscheinlichkeit, daß keiner der zehn Teilnehmer seinen eigenen Hut erhält? Man kann zeigen, daß diese Wahrscheinlichkeit ungefähr $\tfrac{1}{e}$ beträgt, und dieses umso genauer, je mehr Hüte auf dem Haken hängen. (Weil die Zahl e oft auf so *natürliche* Weise bei Problemen auftritt, werden die Logarithmen mit der Basis e bekanntlich die natürlichen Logarithmen genannt.) Die Wahrscheinlich-

---

[1] Man benötigt hierzu die Monotonie $K_{n+1} > K_n$ (was nach dem obigen Beispiel selbstverständlich ist) und die Beschränktheit, z.B. $K_n \leqq 3$ (was aus dem Beispiel nicht streng gefolgert werden kann, die Bank hätte auch Pleite machen können).

keit, daß mindestens ein Konferenzteilnehmer seinen eigenen Hut erhält, beträgt dann etwa $1 - \frac{1}{e} = 0{,}632121$. In der Tabelle 7.3b (links vom Doppelstrich) sind einige Werte der tatsächlichen Wahrscheinlichkeit angegeben. Hierin bedeuten m die Anzahl der Hüte, n = m! die Anzahl der gesamten möglichen Vertauschungen, k die Anzahl der Vertauschungen, in denen mindestens einer seinen eigenen Hut erhält, und $p = \frac{k}{n}$ die Wahrscheinlichkeit hierfür. Wir sehen, daß man schon bei sechs Hüten (p = 0,631944) dem Wert $1 - \frac{1}{e} = 0{,}632121$ sehr nahe kommt.

m	n	k	p	n	k	p
1	1	1	1	1	1	1
2	2	1	0,5	4	3	0,75
3	6	4	0,666667	27	19	0,703704
4	24	15	0,625	256	175	0,683594
5	120	76	0,633333	3 125	2 101	0,672320
6	720	455	0,631944	46 656	31 031	0,665102
7	5 040	3 186	0,632143	823 543	543 607	0,660083
8	40 320	25 487	0,632118	16 777 216	11 012 415	0,656391
9	362 880	229 384	0,632121	387 420 489	253 202 761	0,653561
10	3 628 800	2 293 839	0,632121	10 000 000 000	6513 215 599	0,651322

Tabelle 7.3b: Die vertauschten Hüte

In einem Urnenmodell können wir uns die Vertauschung der Hüte folgendermaßen vorstellen. In einer Trommel befinden sich m Kugeln (die Hüte) mit den Nummern 1, 2, ..., m. Die Konferenzteilnehmer treten jetzt in der Reihenfolge ihrer Garderobennummern 1, 2, ..., m an die Urne und greifen wahllos eine Kugel heraus. Stimmt die Nummer der Kugel mit der der Garderobenmarke überein, so fand der Hut seinen Besitzer, andernfalls landet er auf einem fremden Kopf. Wir wollen annehmen, daß im

    Fall I   die gezogene Kugel nicht wieder in die Urne gelegt wird,
    Fall II die gezogene Kugel in die Urne zurückgelegt wird.

Im Fall I erhalten wir eine exakte Simulation des Hüteproblems, im Fall II dagegen nur eine angenäherte. Aber auch hier strebt die Wahrscheinlichkeit, daß mindestens einer seinen eigenen Hut erhält, gegen $1 - \frac{1}{e}$. Allerdings geschieht dieses sehr viel langsamer als im Fall I, wie die Werte der Tabelle 7.3b (rechts) zeigen. Während im Fall I bereits bei n = 9 auf sechs Nachkommastellen Übereinstimmung mit $1 - \frac{1}{e}$ besteht, ist im Fall II noch eine große Abweichung von diesem Wert vorhanden. Selbst bei n = 100 (0,633968) oder n = 1000 (0,632305) zeigen sich noch große Differenzen zu 0,632121. Der Grund, weshalb wir den Fall II hier aufführen, liegt in seiner einfacheren Programmierung. Auch auf den Rechnern TI-57 und SR-56 können wir diese durchführen.

Wir beginnen daher mit dem Fall II. Das Flußdiagramm 7.3b gibt den Ablauf übersichtlich wieder. Die Numerierung haben wir zweckmäßig von 0 bis $m - 1$ vorgenommen. Es bedeuten

> m: Anzahl der Kugeln (Hüte),
> $w \in \mathbb{N}_{0,m-1} = \{0, 1, 2, \ldots, m - 1\}$,
>
> n: Anzahl der Simulationen,
>
> k: Anzahl der Fälle, in denen mindestens eine Nummer der Kugel mit der jeweiligen Würfelzahl übereinstimmt,
>
> i, j: Laufindizes mit $1 \leqq i \leqq n$ und $0 \leqq j \leqq m - 1$.

Die Anweisung $i := i + 1$ und die Abfrage $i \neq n$ programmieren wir mit $\boxed{\text{*dsz}}$.

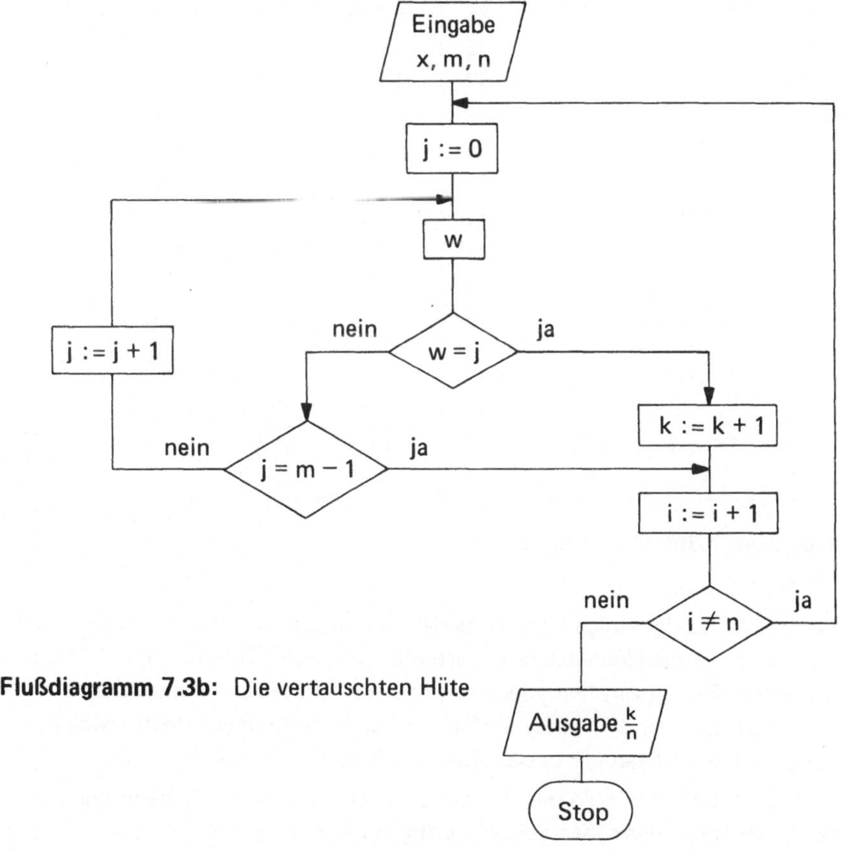

Flußdiagramm 7.3b: Die vertauschten Hüte

Eingabe: ($\boxed{\text{INV}}$ $\boxed{\text{*C.t}}$) $x \in\ ]0; 1[$ $\boxed{\text{R/S}}$ m $\boxed{\text{R/S}}$ n $\boxed{\text{R/S}}$.

Angezeigt wird nach Beendigung der gesamten Rechnung $p = \frac{k}{n}$.

PSS	TI-57	SR-56	PSS	TI-57	SR-56	PSS	SR-56
00	STO 2	*CM$_s$	25	GTO 2	X	50	1
01	R/S	STO	26	–	RCL	51	4
02	STO 3	2	27	RCL 3	3	52	1
03	R/S	R/S	28	=	=	53	SUM
04	STO 0	STO	29	+/–	*Int	54	5
05	STO 1	3	30	x ◢ t	x ◢ t	55	*dsz
06	*LBL 0	R/S	31	1	RCL	56	1
07	0	STO	32	*x = t	4	57	1
08	STO 4	0	33	GTO 3	*x = t	58	RCL
09	*LBL 1	STO	34	1	5	59	5
10	RCL 2	1	35	SUM 4	2	60	÷
11	X	0	36	GTO 1	–	61	RCL
12	9	STO	37	*LBL 2	RCL	62	1
13	9	4	38	1	3	63	=
14	7	RCL	39	SUM 5	=	64	R/S
15	=	2	40	*LBL 3	+/–	65	RST
16	INV *Int	X	41	*Dsz	x ◢ t		
17	STO 2	9	42	GTO 0	1		
18	X	9	43	RCL 5	*x = t		
19	RCL 3	7	44	÷	5		
20	=	=	45	RCL 1	5		
21	*Int	INV	46	=	1		
22	x ◢ t	*Int	47	R/S	SUM		
23	RCL 4	STO	48	RST	4		
24	*x = t	2	49		GTO		

Speicherplan	
0	n
1	n
2	x
3	m
4	j
5	k

Programm 7.3b: Die vertauschten Hüte

Beispiel 7.3b zeigt einige Ergebnisse der Simulation. Die Mittelwerte kommen
doch schon in die Nähe des zu erwartenden Wertes 0,6531 für m = 10. Natürlich ist die Rechenzeit hier wieder sehr beachtlich. Die programmierbaren
Taschenrechner sind für diese umfangreichen Berechnungen doch etwas zu
langsam, hier müßten wir besser einen Großrechner bemühen.

Beim exakten Simulieren des Hütevertauschens in unserem Urnenmodell I
gehen wir folgendermaßen vor. Wir bringen zunächst $j = m, m - 1, ..., 3, 2, 1$
in die Speicher $R_{7+m}, R_{7+(m-1)}, ..., R_{10}, R_9, R_8$. Dann würfeln wir $z \in \mathbb{N}_m$
und nehmen als Nummer der gezogenen Kugel die Zahl w, die sich im Speicher
R_{7+z} befindet. Diese Zahl $w = (R_{7+z})$ darf beim nächsten Würfeln nicht
wieder genommen werden, denn die Kugel wird in unserem Urnenmodell I

$x = 1/\sqrt{z}$	$n = 100$		$n = 1000$	
z	TI-57	SR-56	TI-57	SR-56
3	0,63	0,71	0,661	0,634
5	0,66	0,7	0,655	0,66
7	0,6	0,63	0,656	0,675
11	0,69	0,65	0,667	0,644
13	0,65	0,63	0,658	0,66
Mittelwert	0,646	0,664	0,6594	0,6546

Beispiel 7.3b: Die vertauschten Hüte (m = 10)

j	6	5	4	3	2	1	6	5	4	3
R_8	1	1	1	5	5	5	1	1	1	1
R_9	2	2	2	2	3	–	2	2	2	4
R_{10}	3	3	3	3	–	–	3	3	3	3
R_{11}	4	6	5	–	–	–	4	4	4	–
R_{12}	5	5	–	–	–	–	5	6	–	–
R_{13}	6	–	–	–	–	–	6	–	–	–
z	4	4	1	2	2	1	5	5	2	3
7 + z	11	11	8	9	9	8	12	12	9	10
w	4	6	1	2	3	5	5	6	2	3
k	0	0	0	0	0	0	0	0	0	1

Tabelle 7.3c: Mögliche Speicherinhalte beim Hütevertauschen

nicht in die Trommel zurückgelegt (ein Hut soll auch nicht auf zwei Haken
hängen). Wir löschen daher w im Speicher R_{7+z} und ersetzen w durch (R_{7+m}),
beim ersten Würfeln also durch m. Die Würfelzahl w (den wahllos herausge-
griffenen Hut, wobei wir uns die Hüte der Reihe nach auf die Haken m,
$m - 1, \ldots, 2, 1$ gehängt denken) vergleichen wir mit m und setzen $k := k + 1$
falls w = m. Andernfalls würfeln wir ein zweites Mal, diesmal aber mit
$z \in \mathbb{N}_{m-1}$. Als Nummer der aus der Urne gezogenen Kugel nehmen wir
wieder $w = (R_{7+z})$, vergleichen w mit $m - 1$, bringen ($R_{7+(m-1)}$) in den
Speicher R_{7+z} usw. (Ganz entsprechend sind wir früher beim exakten Simulieren der Lottozahlen vorgegangen.) Die Tabelle 7.3c zeigt, wie für m = 6
der Austausch in den Speichern R_8 bis R_{13} bei den gewürfelten z-Werten
aussehen kann. Der gesamte Programmablauf ist im Flußdiagramm 7.3c dargestellt. Die bedingten Anweisungen $j \neq 0$ und $i \neq 0$ wurden selbstverständ-

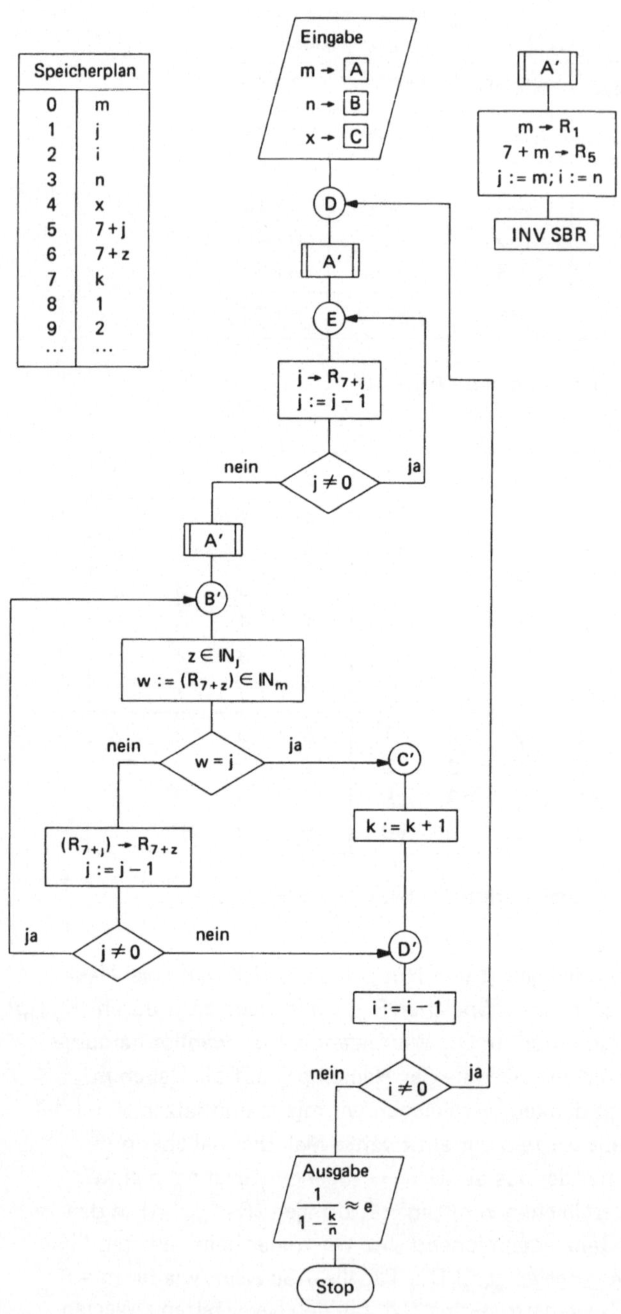

Flußdiagramm 7.3c: Hütevertauschen (TI-58/59)

x	$m = 9;\ n = 100$	$m = 7;\ n = 1000$
$1/\sqrt{3}$	3,030303	2,680965
$1/\sqrt{5}$	2,5	2,638522
$1/\sqrt{7}$	2,702703	2,840909
	2,744335	2,720132

Beispiel 7.3c: Bestimmung von e durch Hütevertauschen (TI-58/59)

```
PSS  Code/Taste    027  04   04      055  65   ×       083  44   SUM
000  76   LBL      028  76   LBL     056  09   9       084  05   05
001  11   A        029  14   D       057  09   9       085  97   DSZ
002  47   CMS      030  16   A'      058  07   7       086  01   01
003  42   STO      031  76   LBL     059  95   =       087  17   B'
004  00   00       032  15   E       060  22   INV     088  61   GTO
005  76   LBL      033  43   RCL     061  59   INT     089  19   D'
006  16   A'       034  01   01      062  42   STO     090  76   LBL
007  43   RCL      035  72   ST*     063  04   04      091  18   C'
008  00   00       036  05   05      064  65   ×       092  01   1
009  42   STO      037  01   1       065  43   RCL     093  44   SUM
010  01   01       038  22   INV     066  01   01      094  07   07
011  85   +        039  44   SUM     067  85   +       095  76   LBL
012  07   7        040  05   05      068  01   1       096  19   D'
013  95   =        041  97   DSZ     069  95   -       097  97   DSZ
014  42   STO      042  01   01      070  59   INT     098  02   02
015  05   05       043  15   E       071  44   SUM     099  14   D
016  92   RTN      044  16   A'      072  06   06      100  01   1
017  76   LBL      045  76   LBL     073  73   RC*     101  75   -
018  12   B        046  17   B'      074  06   06      102  43   RCL
019  42   STO      047  07   7       075  67   EQ      103  07   07
020  02   02       048  42   STO     076  18   C'      104  55   ÷
021  42   STO      049  06   06      077  73   RC*     105  43   RCL
022  03   03       050  43   RCL     078  05   05      106  03   03
023  91   R/S      051  01   01      079  72   ST*     107  95   =
024  76   LBL      052  32   X:T     080  06   06      108  35   1/X
025  13   C        053  43   RCL     081  01   1       109  91   R/S
026  42   STO      054  04   04      082  22   INV     110  00   0
```

Programm 7.3c: Bestimmung von e durch Hütevertauschen (TI-58/59)

lich wieder mit `*Dsz` programmiert. Mit dem Programm 7.3c haben wir die Ergebnisse im Beispiel 7.3c erhalten. Auch hier gilt: Zur genauen numerischen Bestimmung der Zahl e eignet sich diese Simulationsmethode wenig. Die Berechnung von e mit einer unendlichen Reihe führt wesentlich schneller, einfacher und genauer zum Ziel.

7.4 Irrweg eines Betrunkenen

Der Weg eines Betrunkenen, der jegliche Kontrolle über sich verloren hat und ein paar Schritte in die eine Richtung geht, um dann in eine wahllos geänderte

Richtung zu gehen, ist nicht exakt vorherzusagen. Wohl aber ist es möglich, statistische Aussagen über den Ort nach einer gewissen Zeit des Torkelns für sehr viele Betrunkene zu machen. (In der Physik tritt dieser vollkommen unregelmäßige, nur dem Zufall unterworfene Bewegungsvorgang ebenfalls auf. Dort sind die Moleküle die Betrunkenen. Die Bahn eines einzelnen kleinen Teilchens kann nicht angegeben werden, wohl aber kann bei der Brownschen Molekularbewegung eine Aussage über das Gesamtverhalten der sehr vielen Moleküle gemacht werden.)

Wir wollen annehmen, daß der Betrunkene jeweils 1 m zurücklegt und dann eine nur vom Zufall abhängige andere Richtung einschlagen wird. Eine dieser möglichen Zickzackbewegungen ist in Bild 7.4a angegeben. Wir fragen uns: Wenn von N Betrunkenen jeder n Schritte von jeweils 1 m Länge ausführt und nach jedem Schritt willkürlich die Richtung ändert, wird sich dann eine mittlere Entfernung $r_n = |P_0 P_n|$ ergeben, die für große N sich nur noch wenig ändert? Und weiter: Wieviel Betrunkene (ihre Anzahl bezeichnen wir mit k) werden nach n Schritten wieder in die Nähe des Ausgangspunktes P_0, z.B. mit einem Abstand kleiner als 1 m, zurückkommen? Wir wollen versuchen, diese Fragen experimentell durch Simulation auf dem programmierbaren Taschenrechner zu klären.

Aus Bild 7.4a (rechts) ergeben sich für den m-ten Schritt die zur Berechnung erforderlichen Zusammenhänge

$$x_m = x_{m-1} + \Delta x_m = x_{m-1} + \cos \varphi_m$$
$$y_m = y_{m-1} + \Delta y_m = y_{m-1} + \sin \varphi_m \ ,$$

wobei φ_m ein Zufallswinkel zwischen 0 und 2π (im Bogenmaß) ist.

Mit unserer Zufallszahl $z \in \,]0; 1[$ (hier mit z statt bisher x bezeichnet, um eine Verwechslung mit der Koordinate x zu vermeiden) berechnen wir $\varphi_m = z \cdot 2\pi$. Haben wir aus den obigen Gleichungen für n Schritte rekursiv x_n und y_n bestimmt, so beträgt die Entfernung vom Ausgangspunkt P_0

$$r_n = \sqrt{x_n^2 + y_n^2} \ .$$

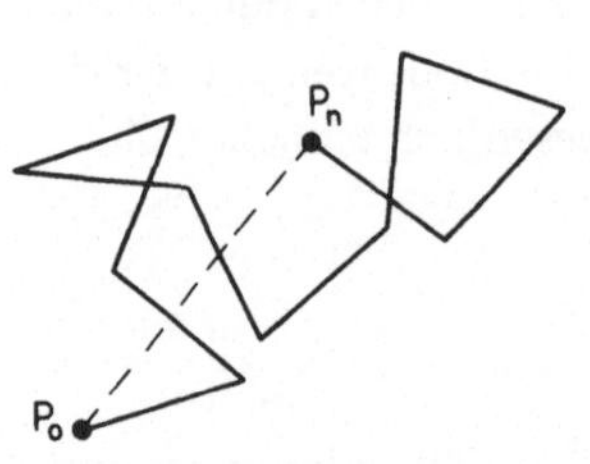
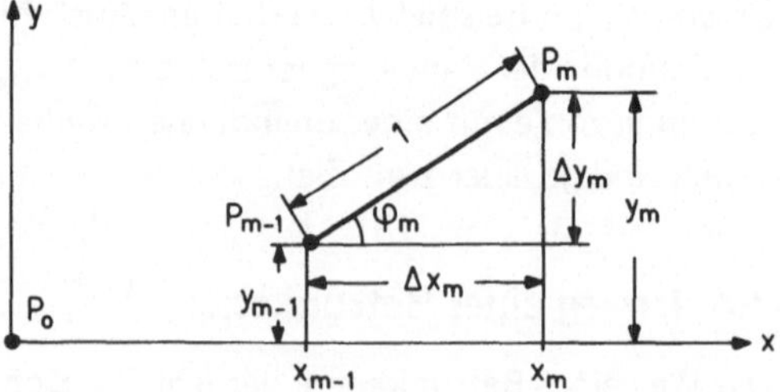

Bild 7.4a: Irrweg eines Betrunkenen

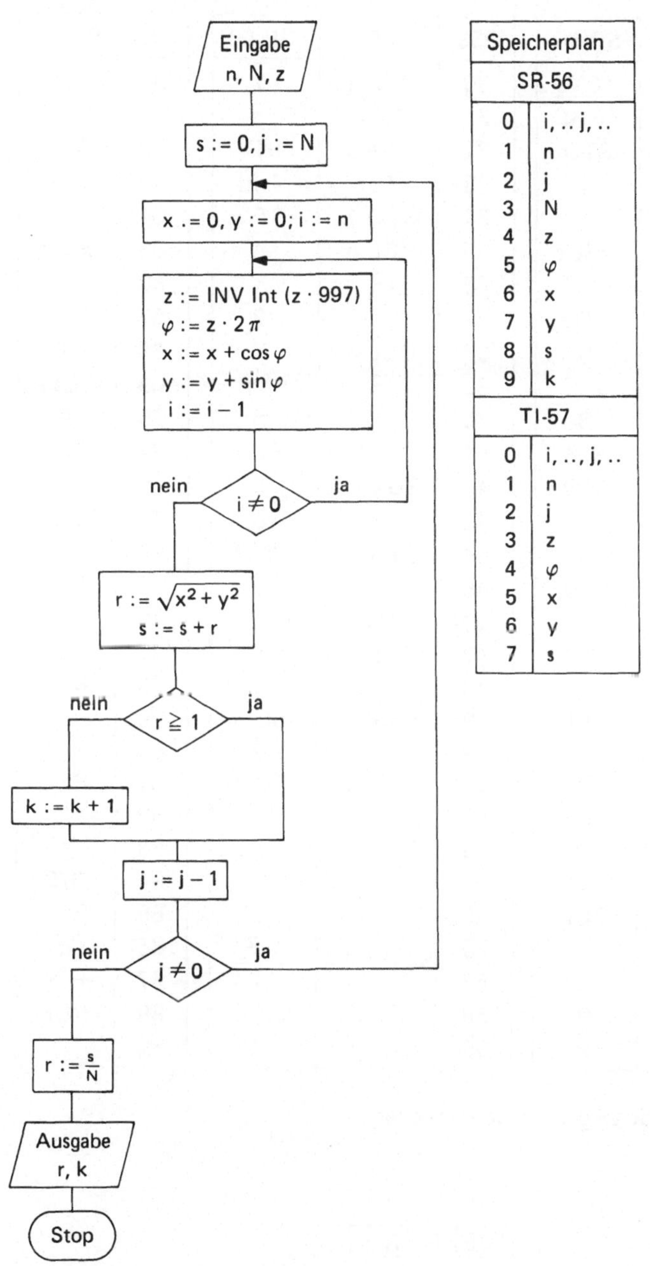

Flußdiagramm 7.4: Irrweg eines Betrunkenen

PSS	TI-57	SR-56	PSS	TI-57	SR-56	PSS	SR-56
00	*Rad	*CM$_s$	30	RCL 4	7	60	x^2
01	STO 1	*RAD	31	*sin	=	61	=
02	R/S	STO	32	SUM 6	INV	62	*$\sqrt{x}$
03	STO 0	1	33	*Dsz	*Int	63	SUM
04	R/S	1	34	GTO 1	STO	64	8
05	STO 3	x ◄ t	35	RCL 5	4	65	x ≧ t
06	*LBL 0	R/S	36	x^2	X	66	7
07	0	STO	37	+	2	67	1
08	STO 5	0	38	RCL 6	X	68	1
09	STO 6	STO	39	x^2	*π	69	SUM
10	RCL 1	3	40	=	=	70	9
11	*Exc 0	R/S	41	$\sqrt{x}$	STO	71	RCL
12	STO 2	STO	42	SUM 7	5	72	2
13	*LBL 1	4	43	RCL 2	cos	73	STO
14	RCL 3	0	44	STO 0	SUM	74	0
15	X	STO	45	*Dsz	6	75	*dsz
16	9	6	46	GTO 0	RCL	76	1
17	9	STO	47	RCL 7	5	77	4
18	7	7	48	R/S	sin	78	RCL
19	=	RCL	49	RST	SUM	79	8
20	INV *Int	1	50		7	80	÷
21	STO 3	*EXC	51		*dsz	81	RCL
22	X	0	52		2	82	3
23	2	STO	53		5	83	=
24	X	2	54		RCL	84	R/S
25	*π	RCL	55		6	85	RCL
26	=	4	56		x^2	86	9
27	STO 4	X	57		+	87	R/S
28	*cos	9	58		RCL	88	RST
29	SUM 5	9	59		7	89	

Programm 7.4a: Irrweg eines Betrunkenen

Eingabe: (INV *C.t) n R/S N R/S
z ∈]0; 1[R/S

n	N	z = INV Int ln 4		z = INV Int ln 5	
		r	k	r	k
10	10	3,3068	1	2,8735	1
	25	3,3051	1	2,6147	2
	50	2,8493	4	2,8003	6
	75	2,8589	5	2,9004	7
	100	2,8377	5	2,7127	13
25	10	5,0917	0	3,8373	0
	25	3,8633	1	4,8879	0
	50	4,0873	2	4,3514	1
	75	4,2728	5	4,5276	1
	100	4,4253	5	4,5046	1
50	10	6,0003	1	8,4810	0
	25	6,4176	1	6,3191	0
	50	6,9028	1	6,1302	1
	75	6,7958	1	6,8189	1
	100	6,5209	1	6,6087	1
75	50	7,9316	1	8,4994	0
	100	7,9135	3	7,7369	0
100	100	9,0531	0	9,1064	0

Beispiel 7.4a: Irrweg eines Betrunkenen

Die Programme schreiben wir nur für die kleinen Rechner SR-56 und TI-57
(für den TI-58/59 geben wir weiter unten eine etwas andere Version). Den
Programmablauf stellen wir im Flußdiagramm 7.4 dar. Die Abfragen $i \neq 0$
und $j \neq 0$ führen wir mit der Anweisung $\boxed{*dsz}$ aus. Da wir hierfür nur einen
Speicher R_0 zur Verfügung haben, müssen wir n und N, N − 1, N − 2 usw.
abwechselnd nach R_0 bringen (PSS 19 bis 24 beim SR-56 und 10 bis 12 beim
TI-57). Beim TI-57 reichen allerdings für alle in der Rechnung benötigten
Größen die Datenspeicher nicht aus. Hier beschränken wir uns auf die Berechnung von $s = \Sigma\, r_n$ und dividieren diesen Wert manuell durch N. Die Ergebnisse im Beispiel 7.4a wurden mit dem SR-56 ermittelt. Wir erkennen aus
dem umfangreichen Zahlenmaterial für n = 10, 25 und 50 (es hat viel Zeit ge-
kostet, diese Werte zu ermitteln!), daß der Abstand r nach n Schritten für
große N nur noch eine Funktion von n sein wird: $r = r(n)$ oder $f: n \mapsto r$.
Nehmen wir für N = 100 die Mittelwerte der berechneten Abstände r, so erhalten wir die beiden linken Spalten der Tabelle im Bild 7.4b. Übertragen

wir die Wertepaare (n; r) als Punkte in ein Koordinatensystem und legen durch diesen Punkthaufen eine Kurve, so erinnert diese an eine Parabel mit der Funktionsgleichung $r = c \cdot \sqrt{n}$. Die Werte $\dfrac{r}{\sqrt{n}}$ (3. Spalte der Tabelle) sind für alle n ungefähr gleich und besitzen den Mittelwert $c = 0{,}9021$. Der funktionale Zusammenhang zwischen n und r kann damit durch

$$r = 0{,}9021 \cdot \sqrt{n}$$

beschrieben werden. (Ein Ausgleich nach der Methode der kleinsten Fehlerquadrate liefert $c = 0{,}9080$.) Hiermit wurden die Werte der 4. Spalte der obigen Tabelle berechnet. Testen wir das Ergebnis noch einmal durch eine Marathonrechnung (über Nacht oder tagsüber, wenn wir anderweitig arbeiten müssen) mit $n = 150$, $N = 200$ und $z = \mathrm{INV\ Int\ ln}\,6$. Unser Taschenrechner liefert uns $r = 11{,}2918$ gegenüber $r = 11{,}0485$ nach obiger Formel. Die Abweichung der beiden Werte beträgt etwa 2,2 %.

n	r	$r/\sqrt{n}$	$c \cdot \sqrt{n}$
10	2,7752	0,8776	2,8527
25	4,4649	0,8930	4,5105
50	6,5648	0,9284	6,3788
75	7,8252	0,9036	7,8125
100	9,0797	0,9080	9,0210

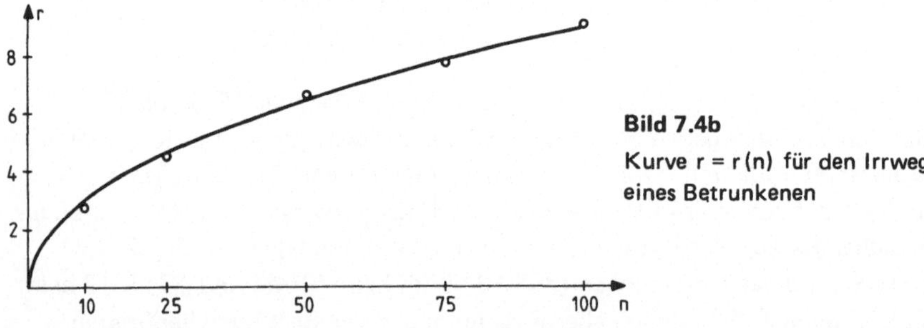

Bild 7.4b

Kurve $r = r(n)$ für den Irrweg eines Betrunkenen

Eine andere Version einer Betrunkenen-Irrwegaufgabe sieht folgendermaßen aus. In Qudorf wird das diesjährige traditionelle Bierfest vom 27. bis zum 31. Mai gefeiert. Die weitbekannte Attraktion des Dorfes ist seine kreisförmige Bierwiese (Durchmesser 60 m, Bild 7.4c), in derem Zentrum der Eingang zur unterirdischen Bierhalle liegt und an derem Umfang die Taxen auf mögliche Bierhelden warten. Über die Betrunkenen, die aus dem Unterirdischen an die frische Nachtluft kommen, ist folgendes bekannt: Sie gehen 3 m geradeaus, verweilen einen Augenblick und gehen dann wieder 3 m in eine willkürliche

Richtung, die sich von der alten Richtung um $-\frac{\pi}{2}$ bis $\frac{\pi}{2}$ unterscheiden kann
(Bild 7.4c, rechts). 3 m Weg und anschließendes Verharren dauern insgesamt
12 Sekunden. Erreicht ein Irrgänger in 8 Minuten die Peripherie der Bierwiese,
so wird er vom Taxi heimwärts gefahren und kann seinen Rausch im Bett aus-
schlafen. Kommt er jedoch innerhalb dieser Zeit wieder in die Nähe des Ein-
gangs zur Bierhalle ($r < r_0$), so geht es erneut abwärts und er trinkt weiter.
Wer weder ein Taxi noch die Bierhalle erreicht, fällt nach 8 min um und wird
an der frischen Luft auf der Bierwiese wieder nüchtern. Aus der Beschreibung
des Dorffestes ergibt sich die (mathematisch und vor allen Dingen praktisch)
überaus wichtige Frage: Wie groß ist die Wahrscheinlichkeit,

a) wieder in der Bierhalle zu landen,

b) draußen zu übernachten und

c) ein Taxi zu erreichen?

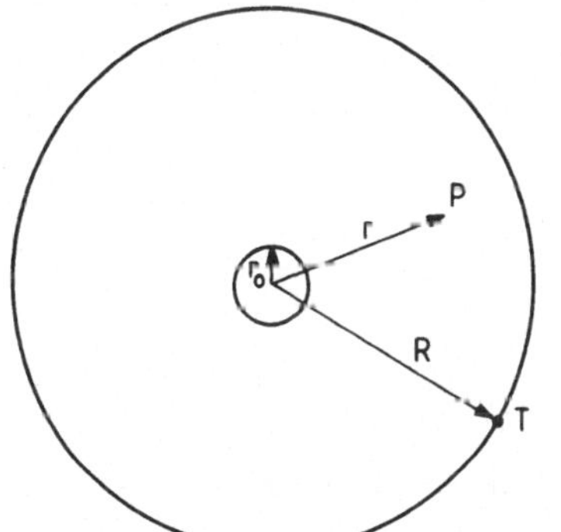
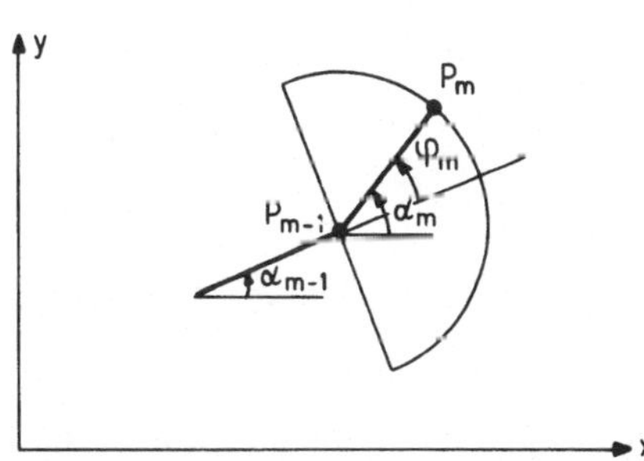

Bild 7.4c: Irrwegaufgabe

Nennen wir die Positionsänderung nach jeweils 12 s einen Schritt, so legt der
Betrunkene in 8 min $n = \frac{8 \cdot 60}{12} = 40$ Schritte zurück. Von N Betrunkenen
landen nach 40 Schritten k_1 im Bierhaus, übernachten k_2 auf der Wiese und
fahren k_3 im Taxi nach Hause. Wir wollen die Rechnung für $r_0 = 3$ m und
$R = 30$ m durchführen. Wir normieren zunächst durch Einführung von Einheits-
längen: Schrittlänge = 1; $r_{oe} = 1$; $R_e = 10$. Der Algorithmus lautet:

$$z \in \,]0; 1[\,\to R_3;$$
$$\varphi := (z - 0{,}5) \cdot \pi, \quad \text{d.h.} \quad \varphi \in \,]-\tfrac{\pi}{2}; \tfrac{\pi}{2}[\;;$$
$$\alpha := \alpha + \varphi \to R_4;$$

$x := x + \cos \alpha \to R_5;$ $\qquad\qquad r < r_{oe} \Rightarrow k_1 := k_1 + 1 \to R_7;$

$y := y + \sin \alpha \to R_6;$ $\qquad\qquad r_{oe} \leqq r < R_e \Rightarrow k_2 := k_2 + 1 \to R_8;$

$r := \sqrt{x^2 + y^2} \to T;$ $\qquad\qquad r \geqq R_e \Rightarrow k_3 := k_3 + 1 \to R_9.$

Auf ein Flußdiagramm verzichten wir, es sieht ähnlich wie in 7.4 aus.

PSS	Code/Taste		PSS	Code/Taste		PSS	Code/Taste		PSS	Code/Taste	
000	76	LBL	030	01	01	061	04	04	092	97	DSZ
001	11	A	031	42	STO	062	38	SIN	093	00	00
002	47	CMS	032	00	00	063	44	SUM	094	15	E
003	70	RAD	033	76	LBL	064	06	06	095	01	1
004	42	STO	034	15	E	065	43	RCL	096	44	SUM
005	01	01	035	43	RCL	066	05	05	097	08	08
006	99	PRT	036	03	03	067	33	X^2	098	61	GTO
007	91	R/S	037	65	$\times$	068	85	+	099	17	B'
008	76	LBL	038	09	9	069	43	RCL	100	76	LBL
009	12	B	039	09	9	070	06	06	101	18	C'
010	42	STO	040	07	7	071	33	X^2	102	01	1
011	02	02	041	95	=	072	95	=	103	44	SUM
012	99	PRT	042	22	INV	073	34	ΓX	104	09	09
013	91	R/S	043	59	INT	074	32	X:T	105	76	LBL
014	76	LBL	044	42	STO	075	01	1	106	17	B'
015	13	C	045	03	03	076	32	X:T	107	97	DSZ
016	42	STO	046	75	-	077	77	GE	108	02	02
017	03	03	047	93	.	078	16	A'	109	14	D
018	99	PRT	048	05	5	079	01	1	110	43	RCL
019	98	ADV	049	95	=	080	44	SUM	111	07	07
020	76	LBL	050	65	$\times$	081	07	07	112	99	PRT
021	14	D	051	89	π	082	61	GTO	113	43	RCL
022	00	0	052	95	=	083	17	B'	114	08	08
023	42	STO	053	44	SUM	084	76	LBL	115	99	PRT
024	04	04	054	04	04	085	16	A'	116	43	RCL
025	42	STO	055	43	RCL	086	32	X:T	117	09	09
026	05	05	056	04	04	087	01	1	118	99	PRT
027	42	STO	057	39	COS	088	00	0	119	98	ADV
028	06	06	058	44	SUM	089	32	X:T	120	98	ADV
029	43	RCL	059	05	05	090	77	GE	121	91	R/S
			060	43	RCL	091	18	C'	122	00	0

Programm 7.4b: Irrwegaufgabe (TI-58/59)

Das Programm 7.4b schreiben wir für den TI-58/59 mit Drucker.

Eingabe: n $\boxed{A}$ N $\boxed{B}$ z $\boxed{C}$

Ausgabe (untereinander): n; N; z; k_1; k_2; k_3 .

Beispiel 7.4b (mit $z = 1/\sqrt{27}$ bis $1/\sqrt{31}$) gibt an, was mit jeweils 100 Zechlustigen in einer Mainacht auf dem Bierfest geschieht. Mitteln wir die k-Werte, so erhalten wir das (für manche beruhigende) Ergebnis, daß etwa 68 % das Taxi erreichen, 21 % ihren Durst weiterhin in der Bierhalle löschen und nur 11 % im Freien zu übernachten brauchen.

Beispiel 7.4b: Irrwegaufgabe

7.5 Sockenproblem

In der Wohnung des Junggesellen Bunt herrscht eine heillose Unordnung.
Zudem ist bereits seit Monaten die Beleuchtung im Schlafzimmer ausgefallen,
so daß Herr Bunt sich im schwachen Licht, das vom Flur ins Schlafzimmer
fällt, ankleiden muß. Er greift jeden Morgen wahllos in den Sockenkorb und
fischt sich nacheinander zwei Strümpfe heraus, die er im Dunkeln sofort an-
zieht. Nun hat unser Junggeselle eine Vorliebe für rote und blaue Socken und
verbannt sofort alle andersfarbenen Socken aus seiner Wohnung. Seit Monaten
besitzt er 14 rote und 5 blaue Socken (von den blauen ist ihm im letzten
Urlaub eine Socke abhanden gekommen, was er aber noch gar nicht bemerkt
hat), die jeden Morgen griffbereit im Korb liegen. Wie groß ist die Wahrscheinlichkeit, daß er morgens mit verschiedenfarbenen Socken das Haus verläßt?
(Es ist natürlich erstaunlich, daß Herr B. trotz seiner Unordentlichkeit am
nächsten Tag stets wieder 14 rote und 5 blaue Socken vorfindet. Aber die
Einhaltung dieser Regelmäßigkeit müssen wir ihm zumuten, sonst hätten wir
kein mathematisches Problem daraus machen können.)

Wir bezeichnen mit n_r die Anzahl der roten und mit n_b die der blauen Socken.
Beim ersten Griff in den Sockenkorb hat Herr B. $n = n_r + n_b$ Möglichkeiten,
eine Socke herauszugreifen. Beim zweiten Griff befinden sich nur entweder
$\bar{n}_r = n_r - 1$ rote und n_b blaue oder n_r rote und $n_b = n_b - 1$ blaue Strümpfe
im Korb, insgesamt $\bar{n} = n - 1$. Ob beim ersten Mal eine rote oder eine blaue
Socke erwischt wurde, bestimmen wir durch Würfeln. Mit $w \in \mathbb{N}_n$ treffen
wir die Zuordnung

$$1 \leqq w \leqq n_r \Rightarrow \text{rote Socke}, \quad \bar{n}_r = n_r - 1, \; n := n - 1 = \bar{n};$$
$$n_r < w \leqq n \Rightarrow \text{blaue Socke}, \quad \bar{n}_r = n_r, \; n := n - 1 = \bar{n}.$$

Bei der Wahl der zweiten Socke würfeln wir mit $w \in \mathbb{N}_{\bar{n}}$ und setzen entsprechend:

$$1 \leqq w \leqq \bar{n}_r \Rightarrow \text{rote Socke}, \quad \bar{n}_r < w \leqq \bar{n} \Rightarrow \text{blaue Socke}.$$

Den weiteren Ablauf mit der Festlegung, ob zweimal hintereinander gleichfarbene Socken gewählt wurden oder nicht, zeigt das Flußdiagramm 7.5.
Bei N-maligem Herausgreifen von zwei Socken wurden k-mal gleichfarbene
erwischt. Für die Programme 7.5 gilt für die Eingabe (mit $x \in\ ]0; 1[$):

    TI-57: $\boxed{\text{INV}}$ $\boxed{\text{*C.t}}$ N $\boxed{\text{STO}}$ 0 $\boxed{\text{STO}}$ 1 n_r $\boxed{\text{STO}}$ 2

                  n $\boxed{\text{STO}}$ 3   x $\boxed{\text{STO}}$ 4 $\boxed{\text{R/S}}$

    SR-56:   N $\boxed{\text{R/S}}$ n_r $\boxed{\text{R/S}}$ n_b $\boxed{\text{R/S}}$ x $\boxed{\text{R/S}}$

    TI-58/59:   N $\boxed{\text{A}}$ n_r $\boxed{\text{B}}$ n_b $\boxed{\text{C}}$ x $\boxed{\text{D}}$

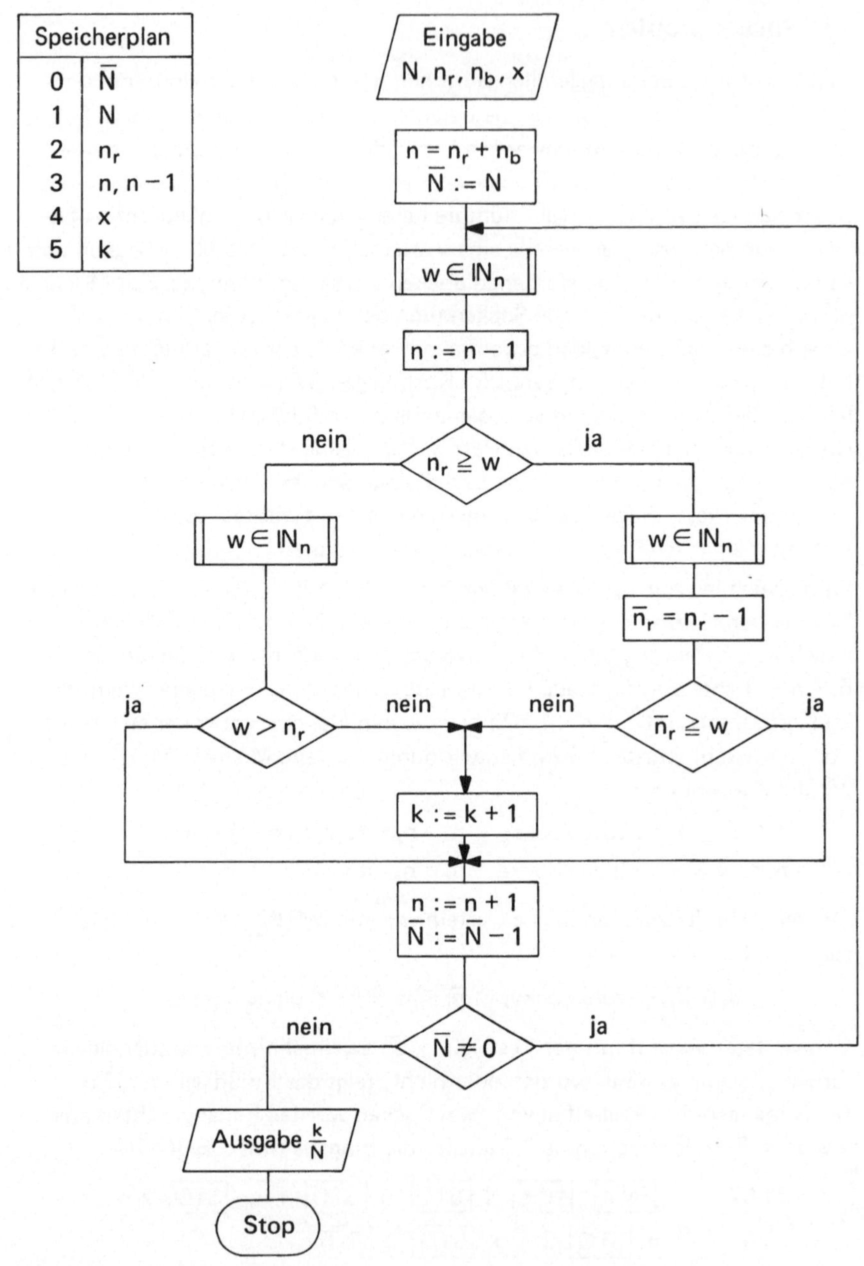

Flußdiagramm 7.5: Sockenproblem

PSS	TI-57	SR-56	TI-58/59
00	SBR 0	*CMs	*LBL
01	1	STO	E
02	INV SUM 3	0	RCL
03	RCL 2	STO	4
04	*x ≥ t	1	×
05	GTO 1	R/S	9
06	SBR 0	STO	9
07	RCL 2	2	7
08	INV x ≥ t	STO	=
09	GTO 2	3	INV
10	*LBL 3	R/S	*Int
11	1	SUM	STO
12	SUM 5	3	4
13	*LBL 2	R/S	×
14	1	STO	RCL
15	SUM 3	4	3
16	*Dsz	*subr	+
17	RST	6	1
18	RCL 5	8	=
19	÷	1	*Int
20	RCL 1	INV	x ⇄ t
21	=	SUM	INV SBR
22	R/S	3	*LBL
23	RST	RCL	A
24	*LBL 1	2	*CMs
25	SBR 0	*x ≥ t	STO
26	RCL 2	5	0
27	−	4	STO
28	1	*subr	1
29	=	6	R/S
30	*x ≥ t	8	*LBL
31	GTO 2	RCL	B
32	GTO 3	2	STO
33	*LBL 0	INV	2
34	RCL 4	*x ≥ t	STO
35	×	4	3
36	9	0	R/S
37	9	1	*LBL
38	7	SUM	C
39	=	5	SUM
40	INV Int	1	3
41	STO 4	SUM	R/S
42	×	3	*LBL
43	RCL 3	*dsz	D
44	+	1	STO
45	1	6	4
46	=	RCL	*LBL
47	*Int	5	A'
48	x ⇄ t	÷	SBR
49	INV SBR	RCL	E

PSS	SR-56	TI-58/59
50	1	1
51	=	INV
52	R/S	SUM
53	RST	3
54	*subr	RCL
55	6	2
56	8	*x ≥ t
57	RCL	B'
58	2	SBR
59	−	E
60	1	RCL
61	=	2
62	*x ≥ t	INV
63	4	*x ≥ t
64	0	C'
65	GTO	*LBL
66	3	D'
67	7	1
68	RCL	SUM
69	4	5
70	×	*LBL
71	9	C'
72	9	1
73	7	SUM
74	=	3
75	INV	*Dsz
76	*Int	0
77	STO	A'
78	4	RCL
79	×	5
80	RCL	÷
81	3	RCL
82	+	1
83	1	=
84	=	R/S
85	*Int	*LBL
86	x ⇄ t	B'
87	*rtn	SBR
88		E
89		RCL
90		2
91		−
92		1
93		=
94		*x ≥ t
95		C'
96		GTO
97		D'

Programm 7.5: Sockenproblem

Im Beispiel 7.5 haben wir einige Ergebnisse, die mit dem SR-56 oder
TI-58/59 ermittelt wurden, für $n_r = 14$, $n_b = 5$ und verschiedene N und x
zusammengestellt. Der Mittelwert für alle N = 1000 beträgt 0,4118.
Der Wahrscheinlichkeitsgraph (Bild 7.5) liefert

$$p = \frac{14}{19} \cdot \frac{5}{18} + \frac{5}{19} \cdot \frac{14}{18} = \frac{70}{171} = 0{,}4094 \quad \text{(Abweichung etwa 0,6 \%).}$$

N	z = 3	z = 5	z = 7	z = 9	z = 11	z = 13
10	0,5	0,3	0,5	0,7	0,1	0,4
50	0,44	0,44	0,5	0,58	0,28	0,52
100	0,37	0,42	0,45	0,55	0,32	0,36
500	0,424	0,4	0,424	0,444	0,37	0,386
1000	0,424	0,427	0,397	0,444	0,392	0,387

Beispiel 7.5: Sockenproblem $(x = \text{INV Int } \sqrt[4]{z})$

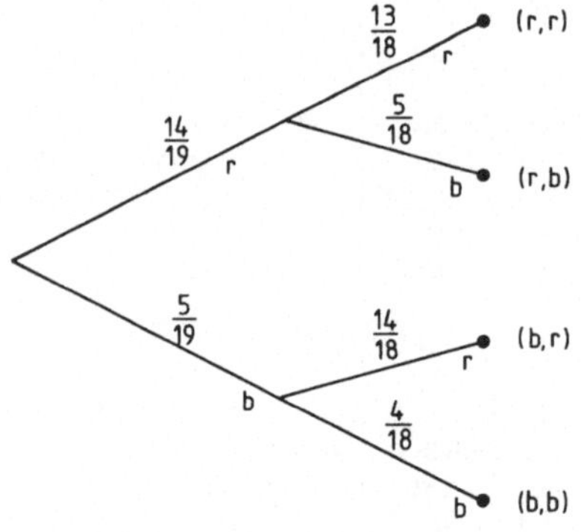

Bild 7.5
Wahrscheinlichkeitsgraph
für das Sockenproblem

7.6 Rosinenproblem

Bei dieser Aufgabe handelt es sich um ein Beispiel aus dem täglichen Leben,
das für Bäcker und Rosinenbrötchenesser gleichermaßen von großer Wichtig-
keit ist. Ein Bäcker will n Brötchen backen. Er schüttet in den für diese Anzahl genau abgewogenen Teig n Rosinen, knetet den Teig ordentlich durch
und formt daraus Brötchen, die er als Rosinenbrötchen verkauft. Wieviel
Käufer werden beim Verzehr enttäuscht sein, weil sie keine Rosine in ihrem
Brötchen fanden? Wieviel Esser werden sich über mehr als vier Rosinen freuen?

Bei der Simulation dieser Aufgabe stellen wir uns n von 0 bis $n - 1$ numerierte Kästen (die Brötchen) vor, in die wir nach einer Zufallsentscheidung eine nach der anderen Rosine legen. Wir würfeln dazu mit $w \in IN_{0, n-1}$ und legen eine Rosine in den Kasten mit der Nummer w. Nachdem wir auf diese Art alle Rosinen verteilt haben, zählen wir, in wieviel Kästen 0, 1, 2 usw. Rosinen liegen. Das Programm hierfür wäre nicht schwer zu schreiben, wenn genügend viele Datenspeicher zur Verfügung ständen. Wir wollen aber z.B. n = 50, 80 oder noch größer wählen können. Dann reicht sehr schnell die Kapazität des TI-58 oder auch des TI-59 nicht mehr aus (die SR-56 und TI-57 müssen bei diesem Problem von vornherein zusehen).

Zunächst die etwas genauere Beschreibung der Aufgabe. Es sollen also n Brötchen mit insgesamt n Rosinen gebacken werden. In wieviel Brötchen werden 0, 1, 2, 3, 4 oder mindestens 5 Rosinen enthalten sein? Wir setzen

k_j := Anzahl der Brötchen mit j Rosinen für $j \in IN_{0,4}$ und

k_5 := Anzahl der Brötchen mit 5 und mehr Rosinen.

Die Brötchen numerieren wir von 0, 1, 2, ... bis $n - 1$ durch. Da wir im allgemeinen nicht n Datenspeicher zur Verfügung haben, bekommt jedes Brötchen einen zweistelligen Platz in einem Speicher. Zum Beispiel werden wir die 5 zweiziffrigen Positionen eines Speichers den ersten 5 Brötchen so zuordnen:

$$\underbrace{x \quad x}_{4.} \quad \underbrace{x \quad x}_{3.} \quad \underbrace{x \quad x}_{2.} \quad \underbrace{x \quad x}_{1.} \quad \underbrace{x \quad x}_{0.} \qquad \text{Brötchen (Position)}$$

Auf diese Art benötigen wir nur $\frac{1}{5}$ des sonstigen Speicherbedarfs. Wir setzen dabei allerdings voraus, daß niemals mehr als 99 Rosinen in ein Brötchen gelangen. Aber diese Voraussetzung ist bei gleicher Anzahl von Brötchen und Rosinen nicht unrealistisch und wird nur mit sehr geringer Wahrscheinlichkeit nicht erfüllt sein.

Haben wir nun eine Brötchennummer $w \in IN_{0, n-1}$ durch Würfeln bestimmt, so müssen wir den entsprechenden Speicher (wir denken uns sie zunächst mit l = 0, 1, 2 ... numeriert) finden, um dort an der richtigen Position (m = 0, 1, 2, 3, 4) eine 1 zu addieren (eine Rosine abzulegen). Beträgt z.B. w = 38, so haben wir die 3. Position (von rechts) im Speicher l = 7 zu wählen; oder für w = 95 die 0. Position im Speicher l = 19. Haben wir allgemein für w im l-ten Speicher die m-te Position zu nehmen, so lautet die Zuordnung:

$$l = \text{Int } \frac{w}{5} \quad \text{mit} \quad 0 \leq l \leq \text{Int } \frac{n-1}{5} \quad \text{und}$$

$$m = w - 5 \cdot \text{Int } \frac{w}{5} = w - 5 \cdot l \quad \text{mit} \quad m \in IN_{0,4} .$$

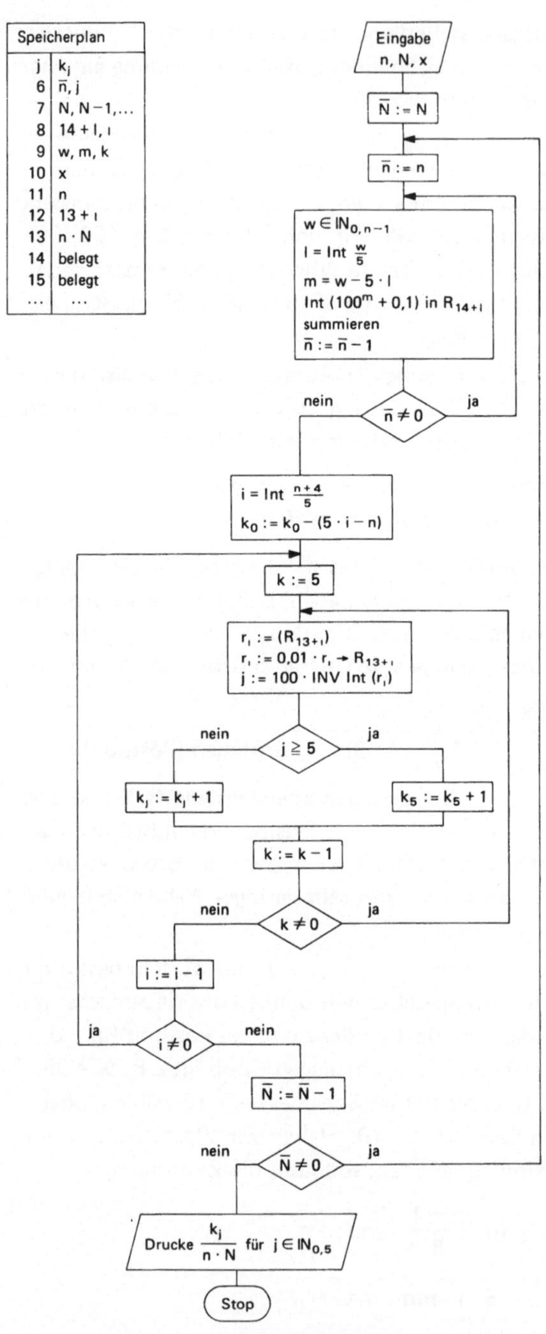

Flußdiagramm 7.6: Rosinenproblem

In den Speicher mit der Nummer I summieren wir 100^m und bringen damit
die 1 an die richtige Position. Bei der Benutzung der Taste $\boxed{y^x}$ zeigt sich
hierbei allerdings eine kleine Unannehmlichkeit. 100^m wird für $m = 3$ und
$m = 4$ nicht vollkommen exakt berechnet. Zwar zeigt der Rechner für 100^3
den Wert 1 000 000 an. Drücken wir aber einmal auf $\boxed{*\text{Int}}$ und ein ander-
mal auf $\boxed{\text{INV}}$ $\boxed{*\text{Int}}$, so erhalten wir

$$\text{Int }(100^3) = 999\,999 \quad \text{und} \quad \text{INV Int }(100^3) = 0{,}999\,995\,9\,,$$

d.h. gerechnet wurde intern

$$100^3 = 999\,999{,}999\,995\,9 \quad \text{und entsprechend}$$
$$100^4 = 99\,999\,999{,}999\,79\,.$$

In der zehnstelligen Anzeige ergibt dieses natürlich exakt 1 000 000 bzw.
100 000 000. Diese kleine interne Ungenauigkeit hätte an späterer Stelle
unsere Berechnung verfälscht. Wir beheben sie, indem wir 0,1 zu 100^m addieren und hiervon den ganzzahligen Anteil bilden. (Dieselbe Wirkung erhalten
wir mit $\boxed{\text{EE}}$ $\boxed{\text{INV}}$ $\boxed{\text{EE}}$.) Jetzt erhalten wir z.B. für Int $(100^3 + 0{,}1)$
exakt 1 000 000 und können diesen Wert in den entsprechenden Spcicher
summieren. In unserem Programm beginnen diese Speicher ab der Adresse 14,
d.h. wir summieren Int $(100^m + 0{,}1)$ in einen der Speicher $R_{14 + I}$. Dieses
Summieren der I an der richtigen Position im richtigen Speicher (das Hinein-
legen einer Rosine in das ausgewählte Brötchen) ist im Flußdiagramm 7.6
mit der Verneinung der Abfrage $\bar{n} \neq 0$ und im Programm 7.6 mit der
PSS 080 abgeschlossen. Wir kontrollieren diesen Teil des Programms, indem
wir in die PSS 81 einen Stop-Befehl setzen, und führen eine Verteilung der
Rosinen durch: $n = 25$ $\boxed{A}$ $x = \sin 25°$ $\boxed{C}$

Tabelle 7.6 zeigt die aufgelisteten Inhalte der Speicher R_{14} bis R_{18}. Wir
können hieraus erkennen, wohin die Rosinen gelangt sind. Zum Beispiel hat
das 20. Brötchen drei Rosinen erhalten (0. Position in R_{18}) oder das 0. und
11. Brötchen eine Rosine. Wir zählen für dieses Beispiel die Brötchen, die
0, 1, 2, 3, 4, mehr als 4 Rosinen erhalten haben (Tabelle 7.6, rechts).

```
              25.
  .4236182617

  1010000001.        14
   200000002.        15
  1110000100.        16
  1000010303.        17
  1110010303.        18
           0.        19
```

j	k_j	$k_j/25$
0	9	0,36
1	9	0,36
2	5	0,2
3	2	0,08
4	0	0
≥ 5	0	0

Tabelle 7.6: Rosinenproblem

Ist n keine durch 5 teilbare Zahl, so sind die letzten (linken) Positionen im letzten Speicher Nullen, die nicht mitgezählt werden dürfen. Ist z.B. n = 8, so steht im Speicher R_{15} in der 4. und 3. Position stets eine 0 (angezeigt durch Leerstellen). Zählen wir diese zunächst mit, so müssen wir hinterher 2 von k_0 subtrahieren. Für ein beliebiges n lautet diese Vorschrift

$$k_0 := k_0 - \left(5 \cdot \text{Int } \frac{n+4}{5} - n\right).$$

Das Zählen der Anzahl der Rosinen in den einzelnen Brötchen wird im Flußdiagramm 7.6 von $\bar{n} \neq 0$ bis $i \neq 0$ durchgeführt. Wir fangen beim höchsten Speicher mit der Adresse $13 + \text{Int } \frac{n+4}{5}$ an, z.B. bei R_{18} für n = 25. Vom Speicherinhalt

$$r_i := (R_{18}) = (R_{13+i}) = 102010203$$

zweigen wir die letzten beiden Stellen ab, indem wir das Komma um zwei Stellen nach links verschieben:

$$r_i := 0{,}01 \cdot r_i = 1020102{,}03 .$$

Den ganzzahligen Anteil bringen wir wieder nach R_{13+i}, und den Dezimalteil multiplizieren wir mit 100. Dann erhalten wir mit

$$j := 100 \cdot \text{INV Int } (r_i) = 3$$

die Anzahl der Rosinen in diesem Brötchen. Ist $j \geq 5$, so setzen wir $k_5 := k_5 + 1$, sonst $k_j := k_j + 1$. Mit dem neuen Speicherinhalt $r_i = (R_{13+i}) = 1020102$ verfahren wir ganz entsprechend und erhalten diesmal j = 2. Insgesamt durchlaufen wir diesen Prozeß 5-mal (Laufindex k im Flußdiagramm). Danach erniedrigen wir die Speicheradresse um 1 (i := i − 1) und untersuchen den Inhalt des neuen Speichers wie oben. Das wird solange durchgeführt, bis alle Brötchen-Speicher abgearbeitet sind (i = 0). Werden nur einmal Rosinenbrötchen gebacken, dann können wir uns die Wahrscheinlichkeit $\frac{k_j}{n}$ für ‚ein Brötchen enthält j Rosinen' ausdrucken lassen. Wir backen aber insgesamt N-mal n Brötchen und lassen zum Schluß $k_j/(n \cdot N)$ auf vier Nachkommastellen ausdrucken.

Im Programm 7.6 wurden alle Abfragen auf $\neq 0$ mit $\boxed{\text{*Dsz}}$ programmiert. Weiterhin haben wir weitgehend die indirekte Adressierung benutzt. Sonst ist noch zu beachten:

$n \leq 80$ für den TI-58; $n \leq 380$ für den TI-59
(mit der Speicherbereichserweiterung 239 . 89).

PSS	Code/Taste		PSS	Code	Taste	PSS	Code	Taste	PSS	Code	Taste
000	76	LBL	046	59	INT	093	05	5	140	44	44
001	11	A	047	42	STO	094	75	-	141	01	1
002	47	CMS	048	09	09	095	43	RCL	142	44	SUM
003	42	STO	049	55	÷	096	11	11	143	05	05
004	11	11	050	05	5	097	95	=	144	97	DSZ
005	42	STO	051	95	=	098	22	INV	145	09	09
006	13	13	052	59	INT	099	44	SUM	146	01	01
007	99	PRT	053	44	SUM	100	00	00	147	13	13
008	91	R/S	054	08	08	101	43	RCL	148	01	1
009	76	LBL	055	65	×	102	08	08	149	22	INV
010	12	B	056	05	5	103	85	+	150	44	SUM
011	42	STO	057	75	-	104	01	1	151	12	12
012	07	07	058	43	RCL	105	03	3	152	97	DSZ
013	99	PRT	059	09	09	106	95	=	153	08	08
014	49	PRD	060	95	=	107	42	STO	154	01	01
015	13	13	061	94	+/-	108	12	12	155	09	09
016	91	R/S	062	42	STO	109	05	5	156	97	DSZ
017	76	LBL	063	09	09	110	42	STO	157	07	07
018	13	C	064	01	1	111	09	09	158	00	00
019	42	STO	065	00	0	112	32	X:T	159	23	23
020	10	10	066	00	0	113	93	.	160	06	6
021	99	PRT	067	45	Y^X	114	00	0	161	32	X:T
022	98	ADV	068	43	RCL	115	01	1	162	00	0
023	43	RCL	069	09	09	116	64	PD*	163	42	STO
024	11	11	070	85	+	117	12	12	164	06	06
025	42	STO	071	93	.	118	73	RC*	165	58	FIX
026	06	06	072	01	1	119	12	12	166	04	04
027	01	1	073	95	=	120	59	INT	167	73	RC*
028	04	4	074	59	INT	121	63	EX*	168	06	06
029	42	STO	075	74	SM*	122	12	12	169	55	÷
030	08	08	076	08	08	123	22	INV	170	43	RCL
031	43	RCL	077	97	DSZ	124	59	INT	171	13	13
032	10	10	078	06	06	125	65	×	172	95	=
033	65	×	079	00	00	126	01	1	173	99	PRT
034	09	9	080	27	27	127	00	0	174	01	1
035	09	9	081	43	RCL	128	00	0	175	44	SUM
036	07	7	082	11	11	129	95	=	176	06	06
037	95	=	083	85	+	130	77	GE	177	43	RCL
038	22	INV	084	04	4	131	01	01	178	06	06
039	59	INT	085	95	=	132	41	41	179	22	INV
040	42	STO	086	55	÷	133	42	STO	180	67	EQ
041	10	10	087	05	5	134	06	06	181	01	01
042	65	×	088	95	=	135	01	1	182	67	67
043	43	RCL	089	59	INT	136	74	SM*	183	22	INV
044	11	11	090	42	STO	137	06	06	184	58	FIX
045	95	=	091	08	08	138	61	GTO	185	98	ADV
			092	65	×	139	01	01	186	91	R/S

Programm 7.6: Rosinenproblem

Eingabe: n $\boxed{A}$ N $\boxed{B}$ x $\in$]0; 1[$\boxed{C}$

Ausgabe: $\dfrac{k_j}{n \cdot N}$ für $j \in \mathbb{N}_{0,5}$

Ohne Benutzung eines Druckers wird $\boxed{\text{R/S}}$ in die PSS 173 gesetzt und die jeweilige Wahrscheinlichkeit in der Anzeige abgelesen.

Wir testen das Programm mit n = 25, N = 1 und x = sin 25°. Nachdem wir Übereinstimmung zwischen den ausgedruckten (oder abgelesenen) Werten und den in der Tabelle 7.6 berechneten Werten festgestellt haben, führen wir für n = 25; 50; 80 und N = 10; 20; 50 mit x = sin N° umfangreiche Berechnungen durch und verzichten damit etwas mehr als einen ganzen Tag auf eine anderweitige Benutzung des Taschenrechners. Die Ergebnisse sind im Beispiel 7.6 zusammengestellt.

j	p_j	$\dfrac{1}{e \cdot j!}$
0	0,3604	0,3679
1	0,3754	0,3679
2	0,1877	0,1839
3	0,0600	0,0613
4	0,0137	0,0153
$\geqq$ 5	0,0028	0,0037
0	0,3642	
1	0,3716	
2	0,1858	
3	0,0607	
4	0,0145	
$\geqq$ 5	0,0032	
0	0,3656	
1	0,3702	
2	0,1851	
3	0,0609	
4	0,0148	
$\geqq$ 5	0,0034	

```
     25.              25.              25.
     10.              20.              50.
.1736481777    .3420201433    .7660444431

   0.3840          0.3620          0.3848
   0.3320          0.3760          0.3432
   0.2040          0.1800          0.1864
   0.0600          0.0660          0.0632
   0.0200          0.0140          0.0184
   0.0000          0.0020          0.0040


     50.              50.              50.
     10.              20.              50.
.1736481777    .3420201433    .7660444431

   0.3720          0.3590          0.3668
   0.3600          0.3820          0.3688
   0.1840          0.1860          0.1888
   0.0660          0.0520          0.0544
   0.0160          0.0170          0.0160
   0.0020          0.0040          0.0052


     80.              80.              80.
     10.              20.              50.
.1736481777    .3420201433    .7660444431

   0.3875          0.3531          0.3660
   0.3263          0.3881          0.3675
   0.2075          0.1819          0.1883
   0.0588          0.0619          0.0618
   0.0175          0.0131          0.0128
   0.0025          0.0019          0.0038
```

Beispiel 7.6: Rosinenproblem

Anmerkung: Bei dieser Aufgabe gelingt es den mit der Wahrscheinlichkeitsrechnung sehr gut vertrauten Lesern natürlich viel sinnvoller und eleganter,
die Wahrscheinlichkeit p_j für ‚ein Brötchen enthält j Rosinen' zu berechnen.
Man erhält die Formel

$$p_j = \binom{n}{j} \frac{(1 - \frac{1}{n})^n}{(n-1)^j} \quad \text{oder} \quad p_j \approx \frac{1}{e \cdot j!} \quad \text{für ‚große n-Werte'.}$$

Die hiernach berechneten p_j sind den durch Simulation ermittelten Werten
im Beispiel 7.6 gegenübergestellt. Wir sehen übrigens auch bei diesem Problem,
daß wieder auf sehr *natürliche* Art die Zahl e hineinspielt. Man kann also e
experimentell durch häufiges Rosinenbrötchenbacken ermitteln. Mathematikern ist diese Methode 1. zu aufwendig und 2. zu ungenau. Sie haben deshalb
bessere Möglichkeiten zur Berechnung von e entwickelt.

7.7 Weitere Probleme für den Leser

1. Sam Loyd, im vorigen Jahrhundert Amerikas großer Erfinder von Rätseln,
Spielen und Knobeleien, beschreibt das folgende Würfelspiel [18]. Die Spieler,
die gegen einen Spielmacher oder eine Bank spielen, setzen in eines der sechs
von 1 bis 6 numerierten Felder beliebige Geldbeträge oder Spielmarken. Gewürfelt wird mit drei Würfeln. Zeigt genau ein Würfel die Nummer des Feldes
an, in das ein Spieler gesetzt hat, so erhält dieser den doppelten Einsatz zurück.
Zeigen zwei Würfel die Feldzahl an, so wird der dreifache Einsatz ausgezahlt.
Bei drei Übereinstimmungen schließlich wird der vierfache Betrag gewonnen.
In allen anderen Fällen streicht die Bank die gesetzten Beträge ein.

Der Spielmacher behauptet, daß Bank und Spieler gleiche Gewinnchancen
besitzen. Er argumentiert so: Unter den insgesamt $6^3 = 216$ Würfelkombina-
tionen gibt es

    1-mal die Möglichkeit, drei Sechsen zu würfeln,

    15-mal die Möglichkeit, zwei Sechsen zu würfeln und

    75-mal die Möglichkeit, nur eine Sechs zu werfen.

Wegen der verschiedenen Auszahlungen beträgt die Gewinnchance für einen
Spieler

$$p = \frac{1}{216} \cdot 3 + \frac{15}{216} \cdot 2 + \frac{75}{216} \cdot 1 = \frac{1}{2}.$$

Überprüfen Sie die Aussage des Spielmachers durch Simulation mit dem Taschenrechner. (Sollte die Bank bei Ihnen auch nach sehr vielen Spielzügen keinen Gewinn machen, so ist Ihr Programm falsch. Die Bank erreicht einen Gewinn von $\frac{17}{216}$ = 7,87 %. Überlegen Sie einmal, ob der Spielmacher ein entsprechendes Spiel mit zwei Würfeln auch anbieten würde.)

2. Es wird behauptet, daß $\frac{6}{\pi^2}$ die Wahrscheinlichkeit dafür ist, daß zwei durch Zufall aus $\mathbb{N}$ ausgewählte Zahlen teilerfremd sind. Überprüfen Sie diese Aussage der Mathematiker durch Simulation mit dem Taschenrechner, oder bestimmen Sie hiermit π. (Nehmen Sie $\mathbb{N}_n$ statt $\mathbb{N}$ mit n = 50; 100; 1000 ... und N = 10; 20; 50, 100 ... Zwei Zahlen a und b sind teilerfremd, wenn ggT (a, b) = 1 ist.)

3. Den natürlichen Logarithmus der Zahl 2 kann man durch Berechnung des Inhalts der schraffierten Fläche bestimmen, die krummlinig durch die Hyperbel $y = \frac{1}{x}$ begrenzt wird. Berechnen Sie den Flächeninhalt, indem Sie kleine Kugeln in das die Fläche umschreibende Quadrat fallen lassen und die Treffer der schraffierten Fläche zählen.

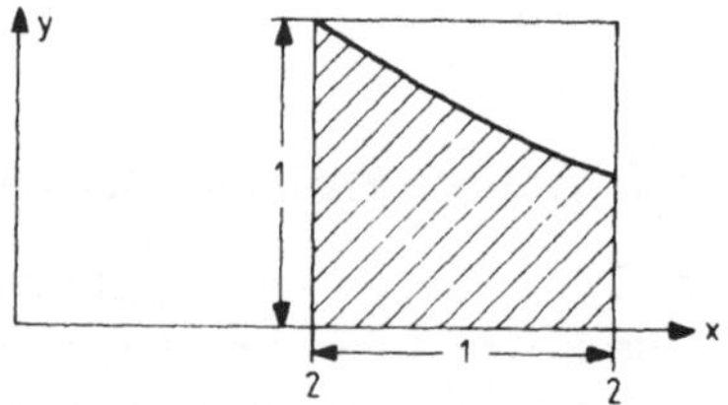

4. Ein Stab der Länge 1 wird durch Zufall in drei Teile zerbrochen. Wie groß ist die Wahrscheinlichkeit dafür, daß sich aus den drei Teilstücken ein Dreieck bilden läßt?

5. Ein Ortsfremder, der in L ein Lokal verläßt, irrt in einer Stadt durch das quadratisch angelegte Straßennetz und sucht eines der vier angegebenen Hotels H. Von einer Kreuzung bis zur nächsten benötigt er eine Minute. Wie groß ist die Wahrscheinlichkeit, daß er in 30 min ein Hotel erreicht, wenn er

a) an jeder Kreuzung willkürlich in eine der vier Richtungen geht;

b) an jeder angekommenen Kreuzung willkürlich geradeaus, nach links oder nach rechts geht (also nicht zurück)?

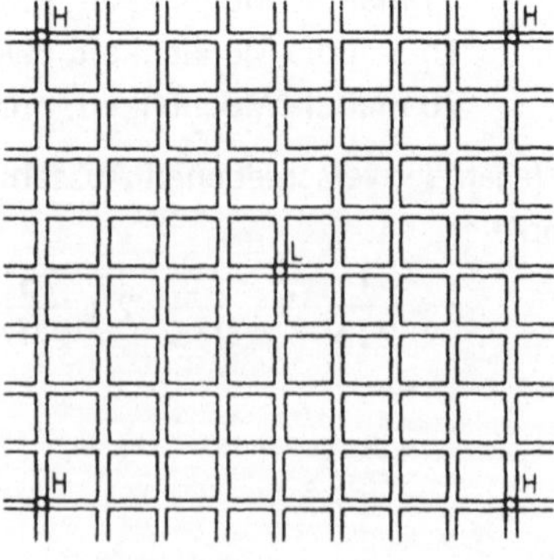

6. Die Sockenverhältnisse unseres Herrn Bunt aus 7.5 haben sich zwischenzeitlich etwas geändert. Er besitzt jetzt 12 gelbe, 10 blaue und 8 rote Socken. Morgens greift er nach wie vor wahllos in den Strumpfkorb und zieht regelmäßig die erste Socke an den linken Fuß. Mit welcher Wahrscheinlichkeit verläßt B. das Haus mit

a) einer gelben Socke am rechten und einer roten oder blauen Socke am linken Fuß?

(Sollte Herr B nach Ihren Simulationsberechnungen im Mittel an etwa 91 Tagen im Jahr das Haus mit den obigen Sockenanordnungen verlassen, dann wird Ihr Programm mit großer Wahrscheinlichkeit richtig sein.)

b) gleichfarbenen Socken?

7. Für TI-58/59-Besitzer: An einer Party nehmen n = 25 Personen teil. Ein Teilnehmer wettet um eine Kiste Sekt, daß mindestens zwei der Anwesenden am selben Tag und im selben Monat Geburtstag haben (das Jahr braucht nicht übereinzustimmen). Wie groß ist Ihre Gewinnchance, wenn Sie diese Wette annehmen? (Ihr Rechner hat richtig simuliert, auch wenn Sie es nicht wahrhaben wollen. Ihre Aussichten, den Sekt zu gewinnen, betragen nur etwa 43 %.)

Literaturverzeichnis

[1]   *Ahrens, W.:* Mathematische Unterhaltungen und Spiele, Band 1 und Band 2. B. G. Teubner, Leipzig und Berlin 1910 und 1918.

[1a] *Aigner, H.:* Spiel und Spaß mit Taschenrechnern. Oldenbourg, München 1980.

[2]   *Athen, H.:* Wahrscheinlichkeitsrechnung und Statistik. Schroedel, Hannover 1973.

[3]   *Ault, L. H.:* Das Mastermind-Handbuch. Maier, Ravensburg 1978.

[4]   *Bosch, K.:* Elementare Einführung in die Wahrscheinlichkeitsrechnung. Vieweg, Braunschweig 1979.

[5]   *Bromm, K. U.:* Programmierbare Taschenrechner in Schule und Ausbildung. Vieweg, Braunschweig 1979.

[6]   *Cantor, M.:* Vorlesungen über Geschichte der Mathematik, Band 1. Teubner, Stuttgart 1965.

[7]   *Courant, R.* und *Robbins, H.:* Was ist Mathematik? Springer, Berlin · Heidelberg · New York 1973.

[8]   *DISPLAY*, Mikro-(Taschen-)Computer-Anwender-Club. Herausgeber: H. Schnepf, Köln 1977 usw.

[9]   *Eigen, M.* und *Winkler, R.:* Das Spiel. Piper, München 1975.

[10] *Engel, A.:* Wahrscheinlichkeitsrechnung und Statistik, Band 1 und 2. Klett, Stuttgart 1973 und 1976.

[11] *Eysenck, H. J.:* Intelligenz-Test. Rowohlt, Hamburg 1972.

[12] *Gardner, M.:* Logik unterm Galgen. Vieweg, Braunschweig 1978.

[13] *Gardner, M.:* Mathematische Knobeleien. Vieweg, Braunschweig 1978.

[14] *Gardner, M.:* Mathematische Rätsel und Probleme. Vieweg, Braunschweig 1979.

[15] *Gardner, M.:* Mathematisches Labyrinth. Vieweg, Braunschweig 1979.

[16] *Gloistehn, H. H.:* Programmieren von Taschenrechnern, Band 1 bis 3. Vieweg, Braunschweig 1978 und 1979.

[17] *Kowalewski, G.:* Alte und neue mathematische Spiele. B. G. Teubner, Leipzig und Berlin 1930.

[18] *Loyd, S.* und *Gardner, M.:* Mathematische Rätsel und Spiele. DuMont, Köln 1978.

[19] *Ludwig, H.-J.:* Programmieren von Taschenrechnern 5. Vieweg, Braunschweig 1979.

[20] *Niven, I.* und *Zuckerman, H. S.:* Einführung in die Zahlrentheorie I und II. B.I.Hochschultaschenbücher, Mannheim 1976.

[21] *PPX* (professional program exchange), anwenderzeitschrift für programmierbare taschenrechner. Herausgeber: GESPRO, Koblenz ab 1979.

[22] *Schlossberg/Brockman:* Spiel und Spaß mit dem Taschenrechner. Mosaik Verlag, München 1976.

[23] *Thießen, P.:* Programmieren von Taschenrechnern, Band 4 und 6. Vieweg, Braunschweig 1980.

[24] *Tietze, H.:* Gelöste und ungelöste mathematische Probleme aus alter und neuer Zeit, Band I und II. Biederstein, München 1979.

[25] *Schärf/Schierer/Aigner/Baron:* Programmieren mit Taschenrechnern TI-58 und TI-59. Oldenbourg, München 1980.

[26] *Scholz, A.* und *Schoeneberg, B.:* Einführung in die Zahlentheorie. de Gruyter, Berlin 1955.

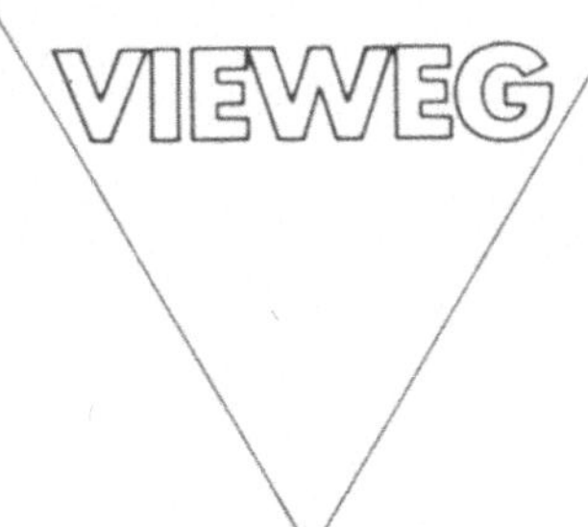

Christoph Bandelow

Einführung in die Cubologie

Mit 22 Cartoons von Alexander Mága.
1981. VIII, 136 S. DIN C 5. Kart.

<u>Inhalt:</u> Über 40 hübsche Würfel-Muster — Die „Mathematik hinter dem Würfel" — Computer — Cubologie — Manöver-Lexikon — Varianten und Verallgemeinerungen — Attraktives Preisausschreiben — 22 Cartoons zum Thema Würfelfieber.

Dies ist ein Buch zu Rubiks Zauberwürfel, dessen Inhalt nicht nur eine einfache Strategie zur Herstellung von 6 einfarbigen Seiten ist. Zwar beginnt das Buch mit einer völlig allgemeinverständlichen Lösungsstrategie, doch ist diese so einfach und übersichtlich gehalten, daß sie nur wenige Seiten in Anspruch nimmt. So bleibt genügend Raum für das Hauptziel des Buches: Den Würfel verstehen lernen!

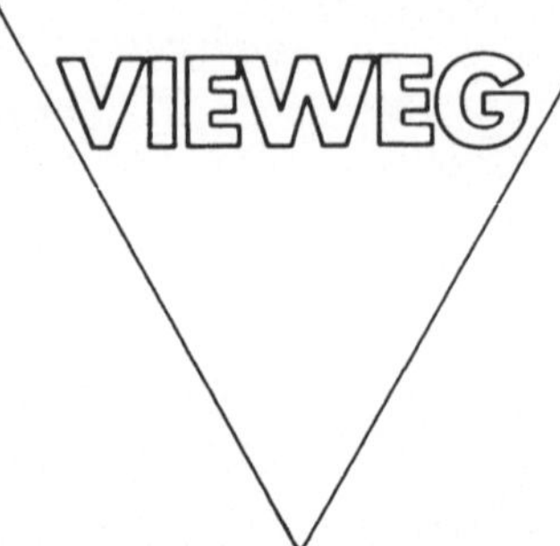

„Gardner' – Mathematicals

Eine wahre Fundgrube für alle Mathematiker und Freizeitknobler. Wer auch in seinen Mußestunden nicht auf geistige Gymnastik verzichten will, sollte unbedingt zu diesen Büchern greifen.

Martin Gardner

Mathemagische Tricks
(Mathematics, Magic and Mystery, dt.) (Aus d. Engl. übers. v. B. Kunisch.) Mit 87 Abb. 1981. X, 166 S. DIN A 5. Kart.

Inhalt: Kartentricks — Zauberei mit alltäglichen Gegenständen — Topologische Narretei — Tricks mit spezieller Ausrüstung — Geometrisches Verschwinden — Reine Zahlenzauberei.

Mathematisches Labyrinth
Neue Probleme für die Knobelgemeinde. (Martin Gardner's Sixth Book of Mathematical Games from „Scientific American", dt.) (Aus dem Engl. übers. von R. Heersink und B. Kunisch.) Mit 180 Abb. 1979. VI, 255 S. DIN C 5. Kart.

Inhalt: 50 mathematische Probleme von „Vier ungewöhnlichen Spielen" bis zu „Mathematischen Zaubertricks".

Mathematische Rätsel und Probleme
Mit einem Vorwort von R. Sprague. (Mathematical Puzzles and Diversions from „Scientific American", dt.) (Aus dem Engl. übers. von Patrick P. Weidhaas.) Mit 89 Abb. 5. Aufl. 1980. VIII, 158 S. DIN C 5. Kart.

Logik unterm Galgen
Ein Mathematical in 20 Problemen. (The Unexpected Hanging and Other Mathematical Diversions, dt.) (Aus d. Engl. übers. von C. Karrenbauer.) Mit 125 Abb. 2. Aufl. 1980. VI, 227 S. DIN A 5. Kart.

Mathematische Knobeleien
(New Mathematical Diversions, dt.) (Aus d. Engl. übers. von E. Bubser.) Mit 128 Abb. 2. Aufl. 1980. VIII, 204 S. DIN C 5. Gbd.